药品泡罩包装用硬片技术

陈 超　李建杭　主编

TECHNOLOGY FOR PHARMACEUTICAL PACKING BLISTER FILM

清华大学出版社
北京

本书封面贴有清华大学出版社防伪标签，无标签者不得销售。
版权所有，侵权必究。举报：010-62782989，beiqinquan@tup.tsinghua.edu.cn。

图书在版编目（CIP）数据

药品泡罩包装用硬片技术 / 陈超, 李建杭主编.
北京 : 清华大学出版社, 2024.7. -- ISBN 978-7-302-66773-5

Ⅰ . TQ460.6
中国国家版本馆CIP数据核字第2024E83N53号

责任编辑：孙　宇
封面设计：钟　达
责任校对：李建庄
责任印制：丛怀宇

出版发行：清华大学出版社
　　　　　网　　址：https://www.tup.com.cn，https://www.wqxuetang.com
　　　　　地　　址：北京清华大学学研大厦 A 座　　邮　　编：100084
　　　　　社 总 机：010-83470000　　邮　　购：010-62786544
　　　　　投稿与读者服务：010-62776969，c-service@tup.tsinghua.edu.cn
　　　　　质量反馈：010-62772015，zhiliang@tup.tsinghua.edu.cn
印 装 者：三河市龙大印装有限公司
经　　销：全国新华书店
开　　本：185mm×260mm　　　　印　张：19　　　　字　数：373 千字
版　　次：2024 年 7 月第 1 版　　　　　　　　　　印　次：2024 年 7 月第 1 次印刷
定　　价：198.00 元

产品编号：105773-02

编委会

主　编

　　陈　超（浙江省食品药品检验研究院）

　　李建杭（杭州塑料工业有限公司）

副主编

　　吴志刚（浙江衢州巨塑化工有限公司）

　　张敏利（浙江华海药业股份有限公司）

　　吕耀康（浙江工业大学化学工程学院）

编　委（按姓氏拼音排序）

蔡志威	陈　超	陈　悦	陈涛亮	程　磊	胡明生
金国荣	金玉奇	李　珏	李建杭	梁键谋	吕耀康
阮　昊	沈永亮	翁　晶	吴宇鹏	吴志刚	杨德明
尹作柱	章蔼静	张　鑫	张敏利	訾晓伟	

主编介绍

陈超：

浙江省食品药品检验研究院（浙江省药品接触材料质量控制研究重点实验室）高级工程师，长期从事药品包装材料药用辅料质量分析和标准研究等工作。兼任浙江省分析测试协会电镜微结构专业委员会理事、浙江省科技评审专家、浙江省标准化专家、浙江省药品GMP检查员、浙江省药品注册研制现场核查员、长三角绿色制药协同创新中心团队成员、浙江省药学会药物分析专业委员会委员。主持承担国家药典委员会《聚氯乙烯/聚偏二氯乙烯固体药用复合硬片标准提高》《预灌封注射器通则》《扫描电子显微镜法》《聚丙烯滴眼剂瓶（三件套）》等多个国家标准制订，参与20余个药品包装材料和辅料标准的研究课题，参与起草"浙江制造"团体标准《聚氯乙烯/聚偏二氯乙烯固体药用复合硬片》。以第一作者或通讯作者发表学术论文30余篇，分获岛津杯第十五届全国药物分析优秀论文一等奖、浙江省第十四届自然科学优秀论文三等奖和2019年浙江省药学会药物分析专业委员会学术年会优秀论文三等奖。以第一发明人授权发明专利3项、实用新型专利4项。作为子课题负责人承担浙江省重点研发项目2022C01182《药品包装用高阻隔PVC/PVDC复合材料的研发和产业化》，主持浙江省自然科学基金基础公益研究计划项目1项、浙江省药监局科技计划项目1项。作为第一完成人获2023年浙江省分析测试科技奖（ZJAIA奖）一等奖，作为主要参与人获得浙江省药学会科学技术奖三等奖。

李建杭：

杭州塑料工业有限公司（国内最早的药品泡罩包装用硬片生产企业）技术质量总监。1988年毕业于浙江大学化学工程专业，2000年12月取得高级工程师职称资格，从事药品包装材料研发及质量控制研究工作，兼任浙江省药品食品包装药用辅料行业协会专家委员会委员。主持研发PVDC系列复合硬片新产品，主持2022年浙江省"领雁"研发攻关计划项目《药品包装用高阻隔PVC/PVDC复合材料的研发和产业化》（2022C01182），主持起草"浙江制造"团体标准《聚氯乙烯/聚偏二氯乙烯固体药用复合硬片》（T/ZZB 2806—2022），参与国家药典委员会《聚氯乙烯/聚偏二氯乙烯固体药用复合硬片标准提高》国家标准制订。在国内外期刊发表多篇学术论文，授权多项发明专利。作为主要参与人获得浙江省药学会科学技术奖三等奖。

前 言

泡罩包装是当前药品包装的主流形式之一，它可以有效地保护药品，防止其受潮、氧化、污染等，在保障药品质量和安全性方面起着至关重要的作用。药品泡罩包装所用的泡罩材料即为药用硬片，目前已产品化的药用硬片有很多，既包括单一材质硬片，又包括由不同材质通过复合、涂布等工艺制成的复合硬片。

与一般工业产品不同，药用硬片与药品直接接触，对药品的质量保障起到关键作用。世界各国都对药用硬片的生产和使用有着严格和专业的监管要求，而不断发展的制药行业也需要性能更可靠、更低碳环保的药用硬片。因此，我们联合药用硬片的上下游产业链单位共同编写了这部专著，旨在全面深入地介绍药用硬片技术，为读者提供更专业的知识。

本书从药用硬片的历史和现状出发，着重在原料、研发、建设、生产、检测、备案、使用和监管等关键环节详细介绍了药用硬片的技术和法规要求，包括药用硬片概述、药用硬片的原料及工艺、药用硬片生产设备、药用硬片生产工艺及关键质量控制、药品泡罩包装设计及过程控制、药用硬片生产厂房设施设计要求、药用硬片生产质量管理要求、药用硬片标准介绍、药用硬片质量检验、药用硬片发展趋势共十章。我们希望本专著能为制药企业、包装企业、科研机构、检测机构、监管机构等相关领域的从业人员提供参考和借鉴，推动药品泡罩包装用硬片技术的进一步发展。

在本书的编写过程中，我们得到了众多专家、学者的支持与帮助。他们不仅提供了宝贵的意见和建议，还提供了丰富的资料和数据。在此，我向他们表示衷心的感谢。同时，我们也要感谢所有为本书付出努力的工作人员，正是他们的辛勤工作，才使本书能够顺利出版。

在本书的编写过程中，我们力求做到最好，但难免存在疏漏和不足之处。因此，我们真诚地希望各位读者在阅读本书时，能够给予建议和指正，以便我们在今后的修订中不断完善和提高。

最后，我们要强调的是，本书不仅是一部学术专著，更是一部具有实用价值的工具书。我们期待它能够为读者在药用硬片领域的探索提供有益的帮助，也期待它能够成为推动该领域发展的一股力量。

本书的撰写和出版经费来自浙江省科技计划项目"高性能高分子材料与改性应用——药包用高阻隔 PVC/PVDC 复合材料的研发和产业化"（编号：2022C01182）和工信部药品辅料包材检测评价及创新成果产业化公共服务平台的资助与支持。

主编

2024 年 2 月

目 录

第一章 药用硬片概述 … 1
第一节 泡罩包装系统简介 … 1
- 1.1 泡罩包装系统的历史和发展 … 1
- 1.2 泡罩包装系统基本概念 … 2

第二节 药用硬片简介 … 5
- 2.1 硬片 … 5
- 2.2 药用复合硬片 … 7

第三节 药用硬片的分类 … 10
- 3.1 材质 … 11
- 3.2 阻隔性能 … 11
- 3.3 成型方式 … 11
- 3.4 药品制剂 … 12

第四节 药用硬片的应用历史及发展趋势 … 12
- 4.1 药用硬片应用历史 … 12
- 4.2 药用硬片的发展趋势 … 13

第二章 药用硬片的原料及工艺 … 15
第一节 概述 … 15
第二节 基础材料的性能及工艺 … 16
- 2.1 聚氯乙烯 … 17
- 2.2 聚苯乙烯 … 19
- 2.3 聚对苯二甲酸乙二醇酯 … 22
- 2.4 聚丙烯 … 23

第三节 阻隔材料的性能及工艺 … 25
- 3.1 聚偏二氯乙烯 … 26
- 3.2 乙烯-乙烯醇共聚物 … 28
- 3.3 聚乙烯醇 … 31

    3.4 聚三氟氯乙烯 ································· 35
  第四节 热封材料的性能及工艺 ································· 40
  第五节 胶黏材料的性能及工艺 ································· 42
第三章 药用硬片生产设备 ································· 46
  第一节 PVC 压延设备 ································· 46
    1.1 配料系统 ································· 47
    1.2 塑化系统 ································· 47
    1.3 压延机组 ································· 50
  第二节 涂布复合设备 ································· 54
    2.1 放卷系统 ································· 54
    2.2 涂布系统 ································· 57
    2.3 烘干系统 ································· 65
    2.4 复合冷却收卷系统 ································· 67
  第三节 分切设备 ································· 70
    3.1 分切机的分类 ································· 70
    3.2 分切机的选型 ································· 70
第四章 药用硬片生产工艺及关键质量控制 ································· 74
  第一节 PVC 药用硬片的生产工艺及关键质量控制 ································· 74
    1.1 PVC 树脂过筛工序 ································· 74
    1.2 配料捏合工序 ································· 74
    1.3 行星挤出及炼塑工序 ································· 78
    1.4 压延工序 ································· 78
    1.5 后联工序 ································· 79
    1.6 分切工序 ································· 79
    1.7 关键质量控制 ································· 79
  第二节 药用复合硬片的生产工艺及关键质量控制 ································· 81
    2.1 涂布工序 ································· 81
    2.2 烘干工序 ································· 82
    2.3 复合（干复）工序 ································· 83
    2.4 熟化工序 ································· 83
    2.5 分切工序 ································· 83
    2.6 复合硬片工艺流程 ································· 84
    2.7 关键质量控制 ································· 85
  第三节 药用硬片挤出工艺及关键质量控制 ································· 85

    3.1 原料预处理 ……………………………………………………… 85

    3.2 高温加热熔化 …………………………………………………… 85

    3.3 挤出成型 ………………………………………………………… 86

    3.4 定型辊冷却定型 ………………………………………………… 86

    3.5 收卷 ……………………………………………………………… 86

    3.6 分切 ……………………………………………………………… 86

    3.7 关键质量控制 …………………………………………………… 86

  第四节 覆盖材料生产工艺及关键质量控制 ………………………………… 87

    4.1 药用铝箔 ………………………………………………………… 87

    4.2 药用复合铝箔 …………………………………………………… 88

第五章 药品泡罩包装设计要求 ………………………………………………… 89

  第一节 泡罩包装设计指导原则 ………………………………………………… 89

    1.1 泡罩包装标准化设计 …………………………………………… 89

    1.2 泡罩包装尺寸设计 ……………………………………………… 89

    1.3 泡罩成型材料 …………………………………………………… 91

    1.4 泡罩覆盖材料 …………………………………………………… 91

    1.5 泡罩包装的变更 ………………………………………………… 92

    1.6 泡罩板堆叠要求 ………………………………………………… 92

    1.7 儿童安全设计 …………………………………………………… 92

    1.8 密封区域设计 …………………………………………………… 94

    1.9 泡眼容积设计 …………………………………………………… 96

    1.10 泡眼布局/方向设计 …………………………………………… 97

    1.11 泡罩孔眼设计 ………………………………………………… 98

    1.12 可变数据要求 ………………………………………………… 98

    1.13 铝箔印刷原稿要求 …………………………………………… 98

  第二节 泡罩包装过程及质量控制 …………………………………………… 99

    2.1 泡罩包装工艺过程 ……………………………………………… 99

    2.2 泡罩包装设备 …………………………………………………… 103

    2.3 质量控制策略 …………………………………………………… 104

    2.4 验证策略 ………………………………………………………… 105

第六章 药用硬片生产厂房设施设计要求 ………………………………………… 108

  第一节 总体布局 ……………………………………………………………… 108

  第二节 洁净厂房设计要求 ……………………………………………………… 109

    2.1 生产工序布局 …………………………………………………… 109

　　　　2.2　洁净厂房建筑 …………………………………………………… 110
　第三节　公用工程设施和生产设备要求 ………………………………………… 117
　　　　3.1　基本要求 ………………………………………………………… 117
　　　　3.2　空调净化系统 …………………………………………………… 118
　第四节　自动化系统设计 ………………………………………………………… 120
　　　　4.1　自动输送及计量混料系统 ……………………………………… 121
　　　　4.2　在线检测系统 …………………………………………………… 121
　　　　4.3　物料转运系统 …………………………………………………… 123
　　　　4.4　生产执行系统 …………………………………………………… 123
　第五节　质量控制实验室要求 …………………………………………………… 124
　　　　5.1　理化实验室 ……………………………………………………… 124
　　　　5.2　微生物实验室 …………………………………………………… 130
　　　　5.3　配套设施 ………………………………………………………… 134

第七章　药用硬片生产质量管理要求 ………………………………………………… 137
　第一节　药包材监管历史 ………………………………………………………… 137
　第二节　质量管理要求 …………………………………………………………… 140
　第三节　机构与人员 ……………………………………………………………… 141
　第四节　物料与产品 ……………………………………………………………… 142
　第五节　文件管理 ………………………………………………………………… 143
　第六节　生产管理 ………………………………………………………………… 144
　第七节　质量控制与质量保证 …………………………………………………… 145
　第八节　其他 ……………………………………………………………………… 147
　　　　8.1　委托业务 ………………………………………………………… 147
　　　　8.2　发运与召回 ……………………………………………………… 149
　　　　8.3　用户管理服务 …………………………………………………… 149
　　　　8.4　客户审计 ………………………………………………………… 149

第八章　药用硬片标准介绍 …………………………………………………………… 152
　第一节　国外标准介绍 …………………………………………………………… 152
　　　　1.1　美国药典 ………………………………………………………… 152
　　　　1.2　欧洲药典 ………………………………………………………… 154
　　　　1.3　日本药局方 ……………………………………………………… 156
　第二节　国内标准介绍 …………………………………………………………… 157
　　　　2.1　国家药包材标准 ………………………………………………… 158
　　　　2.2　《中华人民共和国药典》 ……………………………………… 159

第三节　药用硬片方法标准介绍 161
 3.1　包装材料红外光谱测定法 161
 3.2　拉伸性能测定法 162
 3.3　气体透过量测定法 165
 3.4　热合强度测定法 167
 3.5　水蒸气透过量测定法 168
 3.6　药包材密度测定法 174
 3.7　药包材通用要求指导原则 175

第九章　药用硬片的质量检验 178
第一节　药用硬片理化指标检验 178
 1.1　红外光谱 178
 1.2　PVDC 涂布量 179
 1.3　水蒸气透过量 179
 1.4　氧气透过量 183
 1.5　拉伸强度 185
 1.6　耐冲击 186
 1.7　加热伸缩率 187
 1.8　热合强度 188
 1.9　氯乙烯单体 189
 1.10　偏二氯乙烯单体 190
 1.11　溶剂残留量 191
 1.12　溶出物试验 192
 1.13　剥离强度（冷成型硬片） 194
 1.14　保护层黏合性和耐热性（Al/PE 冷成型硬片） 195
 1.15　凸顶高度（Al/PE 冷成型硬片） 196
 1.16　颜色反应 197
 1.17　钡（PVC 硬片） 197
第二节　药用硬片微生物限度检验 198
 2.1　检测项目 198
 2.2　总体要求 198
 2.3　设备 199
 2.4　菌种及菌液制备 199
 2.5　阴性对照试验 200
 2.6　计数方法建立 200

    2.7　控制菌检查方法建立 …………………………………………… 202
    2.8　异常结果处理 ………………………………………………… 202
    2.9　微生物限度标准 ……………………………………………… 203
    2.10　检测频次 …………………………………………………… 203
  第三节　毒理检验 …………………………………………………………… 204
  第四节　稳定性研究 ………………………………………………………… 205
    4.1　稳定性研究 …………………………………………………… 206
    4.2　考察项目 ……………………………………………………… 207

第十章　药用硬片未来发展趋势 …………………………………………………… 211
  第一节　涂层和活性包装技术 ……………………………………………… 211
    1.1　涂层技术和高阻隔薄膜 ……………………………………… 211
    1.2　活性包装技术 ………………………………………………… 212
  第二节　智能包装和追踪技术 ……………………………………………… 213
    2.1　智能标签和传感器 …………………………………………… 213
    2.2　追踪技术 ……………………………………………………… 214
  第三节　防伪和认证特性 …………………………………………………… 215
    3.1　防篡改包装 …………………………………………………… 215
    3.2　全息图和安全油墨 …………………………………………… 216
    3.3　移动认证解决方案 …………………………………………… 216
  第四节　儿童安全和老年人友好的包装 …………………………………… 217
    4.1　防儿童开盒包装 ……………………………………………… 217
    4.2　可再密封的防儿童密封件 …………………………………… 218
    4.3　老年人友好的设计 …………………………………………… 219
  第五节　可持续性和环境考虑 ……………………………………………… 220
    5.1　可生物降解和可堆肥材料 …………………………………… 220
    5.2　轻量化和材料优化 …………………………………………… 221
    5.3　回收和闭环系统 ……………………………………………… 221
  第六节　用户友好的设计和患者依从性 …………………………………… 222
    6.1　基于日历的泡泡板包装 ……………………………………… 222
    6.2　色彩编码和剂量特定的包装 ………………………………… 223
    6.3　集成的药物管理器 …………………………………………… 224
    6.4　提醒标记和互动功能 ………………………………………… 224
  第七节　智能技术的整合 …………………………………………………… 225
    7.1　物联网连接性 ………………………………………………… 225

　　　　7.2　近场通信和移动应用 …………………………………………… 225
　　　　7.3　患者参与和支持 ………………………………………………… 226
　第八节　个性化医疗和定制化 …………………………………………………… 227
　　　　8.1　定制化包装设计 ………………………………………………… 227
　　　　8.2　按需打印和制造 ………………………………………………… 227
　　　　8.3　患者中心的信息和沟通 ………………………………………… 228
　第九节　总结 ……………………………………………………………………… 228
参考文献 ……………………………………………………………………………… 230
附　录　药品泡罩包装用硬片相关国家药包材标准 ……………………………… 237

第一章

药用硬片概述

泡罩包装（blister packaging）是药品包装的主要形式之一（图 1-1），适用于片剂、胶囊、丸剂、栓剂、粉剂等剂型的自动化包装。药用硬片是泡罩包装中重要组成部分，是成型泡罩的基础材料。

图 1-1　药品泡罩包装

第一节　泡罩包装系统简介

泡罩包装系统是在通过加热成型或冷冲压成型的药用硬片泡罩腔内充填好药品后，使用铝箔等覆盖材料，在一定温度、压力、时间条件下与泡罩成型材料热合密封所形成的密闭包装系统。药品的泡罩包装系统又称为水泡眼包装，简称为 PTP（press through packaging）包装（或铝塑包装），随着开启方式的多样化，现在称为泡罩包装。

1.1　泡罩包装系统的历史和发展

早在 20 世纪 30 年代，药品 PTP 包装已在欧洲开始使用，并稳步发展。国内在

20世纪70年代初引进铝塑包装机并进口聚氯乙烯（polyvinyl chloride，PVC）和药用铝箔用于口服固体制剂的包装，直到80年代才逐步实现国产化。随着改革开放和技术进步，各种新型的药品泡罩包装材料不断被开发应用，极大地满足了医药工业的发展需求。药品泡罩包装系统一般由泡罩成型材料（blister material）和覆盖材料（lidding material）组成，或者通过泡罩成型材料热封层之间热封形成容器，通常是单剂量包装。覆盖材料通常采用药用铝箔（或复合铝箔），而泡罩成型材料一般统称为药用硬片（film for drugs），包括单一材质硬片和由不同材质通过复合、涂布等制成的复合硬片。泡罩包装使每颗药片、丸剂或胶囊独立，是一种单剂量包装形式，使得用药的准确性、安全性提高，而且该包装方式方法简单、生产效率高，因此一直在迅速发展，业界也在开发新材料用作泡罩材料。泡罩包装根据泡罩成型材料阻隔性能、成型方式、避光性和特殊功能及包装系统的开启方式可以有不同的分类，在设计药品泡罩包装系统时可以根据药品的特性选择相应的泡罩包装。

1.2 泡罩包装系统基本概念

1.2.1 覆盖材料

覆盖于泡罩腔上的材料，通常为铝箔或复合铝箔，起到密封和承载文字图案信息的作用，是泡罩包装系统的组件。主要由医药工业用铝箔，两侧分别涂布油墨、保护层、黏合层而组成，也称作PTP铝箔。也可以根据功能性要求，在铝箔一侧复合纸张、聚酯薄膜等材料，称为药用复合铝箔。

1.2.2 泡罩成型材料

成型泡罩腔的基材，通常为聚氯乙烯硬片（图1-2），是泡罩包装系统的组件，也可以根据保护性要求，在其表面涂布聚偏二氯乙烯（polyvinylidene chloride，PVDC），或复合聚酰胺、铝箔（称作冷冲压成型固体药用复合硬片或冷成型铝），或复合聚三氟氯乙烯薄膜（称作阿克拉），以改善其对水蒸气、氧气的阻隔性能。也可以在药用聚氯乙烯硬片的配方中加入色母料、抗紫外线剂等成分，实现对可见光、紫外线等的阻隔。随着科技发展，新型的泡罩成型材料也在不断地被开发应用，比如：聚丙烯（polypropylene，PP）、聚酯（polyester，PET）等硬片。

1.2.3 泡罩包装机

泡罩包装机是实现口服固体制剂泡罩包装的设备，目前泡罩包装设备有全自动、自动和半自动泡罩包装机。结构主要包含：机体、放卷器、加热器、成型部、加料部、热合部、夹送装置、打印装置、冲裁、控制系统等。

图 1-2　聚氯乙烯药用硬片

1.2.3.1　泡罩包装机的放卷装置主要有两种形式

（1）卷膜手动拼接

泡罩卷膜在使用完成后，一般会通过拼接台，将新的卷膜通过耐热胶带粘贴到设备中的卷膜接头处。手动拼接卷膜需要将设备停机，拼接完成后再开机生产。该过程一般会停机 3～5 min，不利于生产效率的提升。在此过程中人工干预操作的情况也比较多。

（2）卷膜自动拼接

泡罩卷膜在使用完成后，卷膜接头通过自动拼接台，自动拼接工位检测到卷膜接头后，自动拼接台拼接机构会自行将两卷进行有效拼接。在拼接过程中，设备可以连续运转，提高生产效率。整个自动拼接过程中，无须人工干预即可实现全自动拼接。

1.2.3.2　泡罩包装机加热成型结构上有两种形式

（1）卷膜整体成型加热式

室温卷膜通过双层加热板，经过多次加热达到有效成型温度后，卷膜进入成型工位，通过不同形式的成型功能，实现泡罩成型。一般成型后，热态卷膜收缩变形，会引起泡罩板冲切后形变量大。为改变泡罩板形变大的问题，通常会在泡罩板中间增加一条或多条加强筋，来有效控制泡罩板形变。此方法会导致泡罩板偏大，有效利用面积降低。

（2）局部加热成型式

室温卷膜进入成型工位后，通过局部加热功能，将泡眼工位进行加热成型，在极短的时间内，实现泡罩的加热成型。在整个成型过程中，非成型区不受热，成型后的泡罩板版型平整。因此不需要在泡罩板设置加强筋，具有成本优势。

1.2.3.3 泡罩包装机的热封结构主要有两种形式

（1）辊压式

将已填料的成型泡罩与铝箔通过连续转动的两辊之间，经由热压使其封合。成型模一侧的辊轮应预先设计有与泡腔形状相同的空腔，使得成型模可紧贴辊轮，并可升温至热封温度并保持恒定。铝箔一侧的辊轮应平整且能够提供恒定的压力。该封合方式为连续式。

（2）平板式

当已填料的成型模和铝箔到达热封工位时，通过加热的热封板和下模板与封合材料表面接触，将其紧密压在一起并提供压力将其封合，封合后，热封板和下模板迅速分开，完成一个循环。该封合方式为间歇式。

1.2.3.4 控制和检测系统

（1）控制系统

采用可靠的自动控制系统监控关键工艺参数，包括成型预热温度和成型温度、成型压力、冷却温度、热封温度和压力。

（2）检测系统

视觉检测的照相系统安装在填装工位之后，可以探测泡腔内产品缺失、破损、颜色或形状不正确等缺陷。有缺陷的泡罩将在所有工序完成后被设备自动剔除。该技术是通过与预存于设备数据库中的图像进行比较，从而对泡罩产品进行检测。

1.2.4 泡罩成型方式

1.2.4.1 热吸塑成型（负压成型）

利用抽真空将加热软化的硬片吸入成型模的泡罩窝内，形成具有特定几何形状的泡罩成型方式。

1.2.4.2 热吹塑成型（正压成型）

利用压缩空气将加热软化的硬片吹入成型模的泡罩窝内，形成具有特定几何形状的泡罩成型方式。

1.2.4.3 冲头辅助热吹塑成型

利用冲头将加热软化的硬片压入成型模的泡罩窝内，当冲头完全压入时，通入压缩空气，使薄膜紧贴成型模腔内壁，形成具有特定几何形状的泡罩成型方式。

1.2.4.4 冷冲压成型

在常温下利用冲头将硬片压入成型模的泡罩窝内，使其产生塑性变形，形成具有特定几何形状的泡罩成型方式。

第二节 药用硬片简介

药用硬片按材质一般分为单一材质药用硬片（简称为硬片）和药用复合硬片（简称为复合硬片）。

2.1 硬片

硬片目前使用的以 PVC 硬片为主，但 PP、PET、聚乙烯（polyethylene，PE）等新材料的应用已是大势所趋。

2.1.1 PVC 药用硬片

PVC 药用硬片是主要由 PVC 树脂添加一定的加工助剂，通过挤出、压延等加工方法，生产出来的符合药用要求的一种包装材料（图 1-3）。PVC 药用硬片具有一定的透明性、阻隔性，具有较好的刚性、成型性，是目前普遍使用的药用泡罩包装材料。

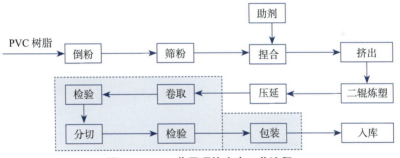

图 1-3　PVC 药用硬片生产工艺流程

PVC 药用硬片的原料主要有 PVC 树脂、稳定剂、加工助剂、增强剂、润滑剂等。原料的选用不仅要考虑硬片加工性和二次加工性（进行 PTP 包装），还要考虑药品生产的安全性。

2.1.1.1　PVC 树脂

PVC 树脂结构式为：$-[-CH_2-CHCl-]_n-$，它是由氯乙烯单体（vinyl chloride monomer，VCM）以悬浮法聚合而成。PVC 树脂的融熔温度与热分解温度很接近，非常难加工，因此在加工过程中必须添加稳定剂等各种助剂。

2.1.1.2　稳定剂

稳定剂的作用是阻止 PVC 在高温下分解，使加工过程正常进行。PVC 加工所用的热稳定剂主要是硫醇甲基锡和辛基锡。

2.1.1.3 增强剂

为了改善 PVC 的脆性,必须在加工过程中加入增强剂(也称抗冲改性剂),以提高它的抗冲击强度,保证在二次加工中的正常使用。主要是甲基丙烯酸甲酯 – 丁二烯 – 苯乙烯共聚物(methacrylate-butadiene-styrene copolymer,MBS)。

2.1.1.4 其他助剂

PVC 加工过程中还需加入润滑剂、加工助剂等其他助剂,主要是提高生产效率、片材塑性及二次加工的性能,除此之外还可以根据包装药品的特殊要求,如遮光、抗紫外线等添加遮光剂或紫外吸收剂。

2.1.2 PET 药用硬片

PET 药用硬片是以聚对苯二甲酸乙二酯(简称聚酯)树脂为原料(或可添加极少量滑爽剂),采用挤出成型工艺生产的药用硬片(图 1-4),是目前塑料硬片中成分最纯净的,其安全性较高,基本可以做到完全重复回收利用,以降低碳排放,因此是一种绿色环保的塑料包装材料。PET 药用硬片具有优异的刚性、透明性,与 PVC 类似的阻隔性、成型性,是未来替代 PVC 的首选的材料。

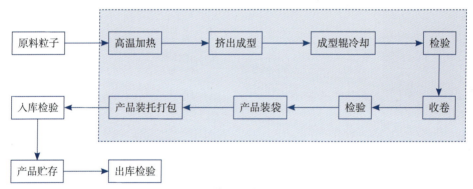

图 1-4 PET 药用硬片生产工艺流程

2.1.3 PP 药用硬片

PP 药用硬片是以 PP、高阻水聚丙烯(α-PP)为原料,采用共挤成型工艺生产的药用单片(图 1-5),作为替代 PVC 的绿色环保新材料,目前在日本、欧洲、美国使用较多。PP 药用硬片具有较高的水汽阻隔性,但透明性、成型性一般,阻氧性能较差。

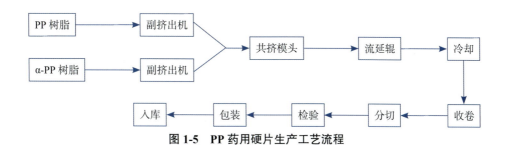

图 1-5　PP 药用硬片生产工艺流程

2.2　药用复合硬片

药用复合硬片一般是指不同材质的塑料材料通过共挤、复合或涂布等工艺制成的复合硬片，它组合了不同材质的优势性能，弥补了各自的性能"短板"，使得药用复合硬片关键性能远优于硬片。

2.2.1　PVDC 药用复合硬片

以 PVC 药用硬片作为基材涂布 PVDC 乳液制成的复合硬片，它既有 PVC 良好的刚性和成型性，又有 PVDC 提供的高阻隔性，可以更好地防止药品受潮、氧化，延长药品有效期。PVDC 药用复合硬片主要有三种结构（图 1-6）。PVC/PVDC 复合片的生产工艺是逆向凹版涂布，生产工艺流程见图 1-7。

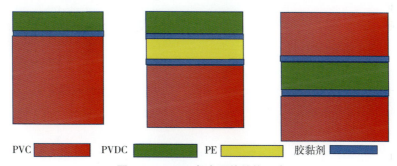

图 1-6　PVDC 复合硬片结构示意

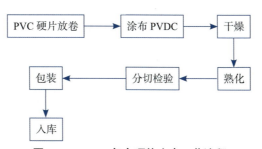

图 1-7　PVDC 复合硬片生产工艺流程

2.2.2 PE 药用复合硬片

以药用硬片（PVC、PET 等）为基材，涂布胶黏剂再与低密度聚乙烯（low density polyethylene，LDPE）膜复合制成的复合硬片，它既有药用单片良好的刚性、成型性，也有 PE 膜优良的热封性能，可实现复合硬片之间 PE 的热封，再经成型模具吹塑成型形成容器，用于灌装液体、栓剂药品。PE 药用复合药品主要有 2 种结构（图 1-8）。

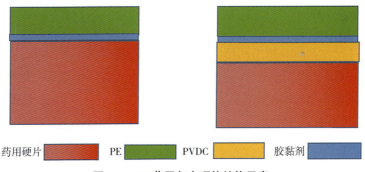

图 1-8　PE 药用复合硬片结构示意

PE 药用复合硬片的生产采用干式复合工艺，现在也有部分企业采用了无溶剂复合工艺（从本质上来说，无溶剂复合可以认为是干式复合，只是不需要溶剂烘干），生产工艺流程见图 1-9。

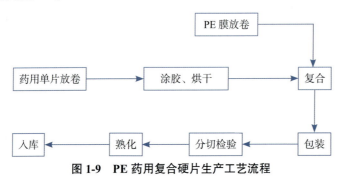

图 1-9　PE 药用复合硬片生产工艺流程

2.2.3 聚三氟氯乙烯药用复合硬片

以 PVC 药用硬片为基材，涂布胶黏剂再与聚三氟氯乙烯（polychlorotrifluoroethylene，PCTFE）膜复合制成的复合硬片，它既有 PVC 药用单片良好的刚性、成型性，又有 PCTFE 提供的超高水汽阻隔性，可以更好地防止易潮解药品变质，延长药品有效期。PCTFE 是现有的水汽阻隔性最好的高分子材料。PCTFE 药用复合药品主要有 2 种结构（图 1-10）。PCTFE 药用复合硬片的生产采用干式复合工艺，生产工艺流程见图 1-11。

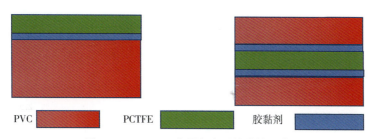

图 1-10　PCTFE 药用复合硬片结构示意

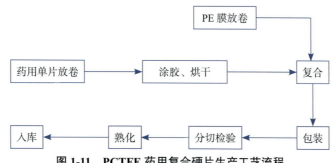

图 1-11　PCTFE 药用复合硬片生产工艺流程

2.2.4　冷成型铝复合硬片

冷成型铝复合硬片（简称冷铝）是使用胶黏剂将聚酰胺（polyamide，PA）、软态铝箔（Alu）、PVC 三层材料通过干式复合制成的复合硬片。它组合了双向拉伸 PA 具有对铝箔冲压成型的保护作用及铝箔表面的保护作用（尼龙的抗穿刺性），金属铝箔的高阻隔性，PVC 与药用铝箔的热封性及与药品的相容性，形成一个整体性能完全超越单一材质的药品包装材料。冷铝典型生产工艺是采用干式复合工艺（图 1-12），虚线框内的过程在 D 级洁净区域进行。

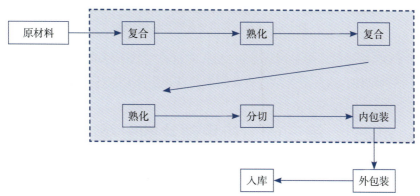

图 1-12　冷成型铝复合硬片药用复合硬片生产工艺流程

冷铝通用结构是由 25 μm PA、45 μm 软铝、60 μm PVC 单片三层组成，它在使用时与其他药用复合硬片的加热吹塑成型方式不同，采用冷冲压成型（cold punch molding to the forming），即在常温下利用冲头将硬片压入成型模的泡罩腔内，使其产生塑性变形，形成具有特定几何形状的泡罩成型方式。

2.2.5 环烯烃共聚物药用复合硬片

环烯烃共聚物（copolymers of cycloolefin，COC）药用复合硬片是以 COC、PP 为原料，采用共挤成型工艺生产的药用复合硬片（图 1-13），作为部分替代 PVDC 的绿色环保新材料，目前在日本、欧洲、美国使用较多。COC 药用复合硬片具有较高的水汽阻隔性，高透明性，成型性一般，阻氧性能较差。COC 药用复合硬片市售产品结构见图 1-14。

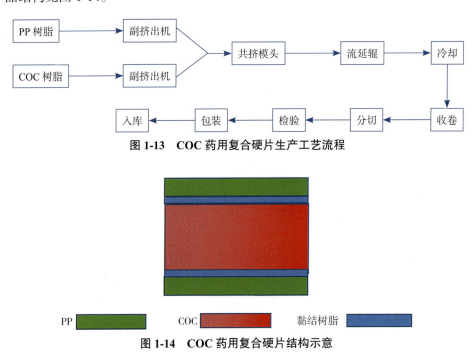

图 1-13　COC 药用复合硬片生产工艺流程

图 1-14　COC 药用复合硬片结构示意

由于 COC 树脂可以单独制成 COC 膜，它也可与其他的单片或复合硬片复合，组合出不同的结构，这些组合结构有共同的特点，弥补 COC 阻氧性能的"短板"。

第三节　药用硬片的分类

药用硬片可以根据材质、阻隔性能、成型方式进行分类，也可以按所包装的药品制剂来分类。

3.1 材质

药用硬片可以按材质分类，比如：单一材质与复合材质，或关键材质如：PVDC、PCTFE 等，亦可按含卤素材质与非卤素材质分类（表 1-1）。用非卤素材料替代卤素材料或者说尽量减少含卤素材料的使用量是绿色环保的要求，也是药用硬片的发展方向。

表 1-1 材质分类表

材质	典型材料结构
含氯（卤素）	PVC、PVC/PVDC、PVC/PE/PVDC、PVC/PE、PVC/PCTFE、PA/AL/PVC、PVC/PVDC/PE、PET/PVDC/PE
非卤素	PET、PP、COC、PET/PE、AL/PE

3.2 阻隔性能

药用硬片阻隔性能主要分为阻水性能和阻氧性能两种。根据阻水性能按水蒸气透过量不同可分成高阻隔、中阻隔、一般阻隔三种（表 1-2）。

表 1-2 阻水性能分类表

阻隔性能	水蒸气透过量（mg/24 h/泡罩）
高阻隔	≤ 0.5
中阻隔	≤ 5
一般阻隔	≤ 20

注：试验条件为温度为（25±2）℃，相对湿度为（75±5）%RH（《中华人民共和国药典》4010 水蒸气透过量测定法）。

药用硬片按阻水性能分类，可分为高阻隔、中阻隔、一般阻隔（表 1-3）。

表 1-3 阻隔性能分类表

阻隔性能	典型材料结构
高阻隔	PVC/PCTFE、PVC/PE/PVDC、PA/AL/PVC
中阻隔	PP、COC、PVC/PVDC
一般阻隔	PVC、PET、PVC/PE

3.3 成型方式

药用硬片按成型方式分类，可分为热成型、冷冲压成型、热成型+冷冲压成型（表 1-4）。

表 1-4　成型分类表

成型方式	典型材料结构
热成型	PVC、PP、PET、COC、PVC/PE、PVC/PVDC、PVC/PE/PVDC、PVC/PCTFE
冷冲压成型	AL/PE、PA/AL/PVC
热成型＋冷冲压成型	PVC+PA/AL/HSL

3.4　药品制剂

药用硬片按所包装药品制剂分类，可分为口服固体制剂、栓剂、口服液体制剂等（表 1-5）。

表 1-5　包装药品制剂分类表

药品制剂	典型材料结构
口服固体制剂	PVC、PP、PET、COC、PVC/PVDC、PVC/PE/PVDC、PVC/PCTFE、PA/AL/PVC
栓剂	PVC/PE、AL/PE
口服液体制剂	PVC/PE、PVC/PVDC/PE、PET/PE、PET/PVDC/PE

第四节　药用硬片的应用历史及发展趋势

4.1　药用硬片应用历史

早在 20 世纪 30 年代，药品的泡罩包装首先在欧洲开始应用，并稳步发展，在世界范围内传播使用。1962 年，PVC 硬片被首次应用在药品泡罩包装；1966 年，PVDC 乳液涂布复合的 PVC/PVDC 复合硬片被首次应用在药品泡罩包装，极大地改善了 PVC 硬片的阻隔性能。我国 70 年代初引进药用泡罩机械设备，但泡罩包装用 PVC、铝箔等材料仍需依赖进口，直到 1984 年杭州塑料厂等国内生产厂家开始引进国外的大型 PVC 压延生产线，开始生产 PVC 药用硬片；1986 年开始从日本引进药用铝箔生产线，到 20 世纪 90 年代才逐渐实现泡罩包装材料的国产化，推动了药品泡罩包装的快速发展。PVC/PVDC 药用复合硬片在 1992 年由杭州塑料工业有限公司开发上市，开始取代进口产品，在高阻隔包装中的使用逐步增加。据 QYResearch（北京恒州博智国际信息咨询有限公司）调查，2019 年全球药品泡罩包装市场价值为 64.5 亿美元，并以每年 5.6% 的速度持续增长，PVC/PVDC 药用复合硬片作为药品泡罩包装的主力军，在欧洲、美国是高阻隔包装的主流，在国内也呈快速增长趋势。2021 年国内市场规模约 1.5 万吨。在国外，瑞士 Perlen Converting AG、新加坡 BILCARE SINGAPORE PTE.LIMITED、德国 KLOCKNER PENTAPLAST GMBH

&CO.KG、泰国 Kloeckner Pentaplast Ltd、印度 ACG Pharmapack Pvt Ltd、日本住友电木株式会社都是国际知名的具有 PVC/PVDC 药用复合硬片产品的先进药用包装制造商，在国外市场中超过 1/3 的药品泡罩包装使用 PVC/PVDC 复合硬片。

进入 21 世纪以来，药用硬片有了长足的发展，主要表现在药品包装中泡罩包装占比增加、增长速度最快，新材料（如 PP、COC、PET 等）的使用。

4.2 药用硬片的发展趋势

PVC 硬片在药品泡罩包装发展过程中有着非常重要的地位，对制药行业的快速发展起了非常重要的作用，在目前药用硬片中占据了 60% 以上的份额，如果算上以 PVC 为基材的复合硬片则占比会更高。PVC 材料本身包含以下特点：

（1）PVC 配方复杂，添加剂（包含有增塑剂、有机锡稳定剂等）占比 10% 以上，安全风险较大。

（2）PVC 聚合单体氯乙烯（VCM），被列入一类致癌物清单。

（3）在对氯乙烯等含氯塑料的焚烧过程中，若焚烧温度低于 800 ℃，含氯垃圾不完全燃烧，极易生成二噁英。

为了保护环境及保护人体健康，各国陆续颁布法规或技术标准，逐步限制 PVC 的使用。欧洲的一些制药公司希望在 2030 年前实现用 PET 完全替代 PVC，目前此项目正处于起步阶段。

近年来欧盟颁布指令，禁止直接接触食品的包装物含有氟化物，因此对出口欧洲的包材或使用含氟包材的药品应谨慎对待。

从以上情况看，应用非 PVC 药用硬片是非常明显的发展趋势。对于复合硬片采用绿色环保的原料也是方兴未艾，PET、PP 硬片作为复合基材，使用水剂胶黏剂、无溶剂黏合剂替代溶剂胶黏剂，也成为发展方向。根据在研药品的特性个性化定制药用硬片也是泡罩材料的发展方向，比如抗紫外线甚至部分可见光波段的透明硬片、含有吸氧特性的硬片可以吸附透过硬片的氧分子、超高阻隔性能的药用硬片等。

与泡罩材料密切相关的泡罩包装设备的发展，比如加工速度提升、设备幅宽增加以提升生产效率，以及智能制造的应用，对药用硬片的上机性能提出了更高的要求。

近年来创新药、生物药等高新领域的研究发展迅速，生态、绿色、环保理念日益深入人心。材料学、电子信息学等领域的科学技术进展，对药包材提出了新的需求，推动了药包材产业的快速发展。药包材在满足基本的安全保护要求的基础上，还需要实现环保、智能、便利等更高层次的需求。

绿色包装是以环境友好、资源节约为核心要素，在包装设计、研发、生产、使用和再生循环的全生命周期中，对生态环境和人类健康无害或危害小，并且能够节能降耗，符合可持续发展理念的包装产品及相关技术。随着科技的进一步发展，新型生物可降解等绿色包装材料逐步展现出与传统材料相似或更优的功能和特性，同时又符合可持续发展理念，是未来药包材发展的必然趋势。

用药安全性主要体现在药品开启方式的创新，特别是在儿童安全、长者便利等方面。信息型智能泡罩包装一方面有助于改善患者的服药依从性，避免服药错误，从而保障用药安全，例如智能泡罩包装可以跟踪每个药品取出的时间和位置信息，有利于政府和企业对药品的流通环节进行监管，方便药品信息溯源。

根据国家药典委员会的计划，药包材标准体系将进行全面修订，将药包材标准纳入 2025 年版《中华人民共和国药典》，形成以类别中通则与品类小通则的形式规定药包材的生产要求、使用要求、安全性要求和质量控制要求，对一些非安全性指标以企业标准或质量协议来规定，基于风险管理和生命周期全过程管理，围绕保障药品安全性和有效性的理念，借鉴欧洲、美国、日本等国家和地区药典标准的优点，设置更合理的标准架构和技术要求，与国际水平接轨，形成更符合行业发展需求的监管体系等，从而更好地推动药包材与药品行业的高质量发展。因此对制药企业来说，药用硬片个性化的要求将盛行，也是药用硬片生产企业技术能力的体现。

第二章

药用硬片的原料及工艺

第一节 概述

药品包装离不开包装材料,药品包装材料对药品的稳定性和使用的安全性有着十分重要的影响。药品的包装盒成品涉及药品生产企业和生产包装材料企业,药品流转过程中涉及交通运输、仓储、销售等部门,只有选择恰当的包装材料和包装方式,才能有效地保障药品的质量。药品包装材料要想实现对药品的保护功能,促进包装技术发展,就必须具备较好的力学性能、物理性能、化学稳定性、加工性能、生物安全性及绿色环保性等。药品包装材料的力学性能主要包括弹性、强度、塑性、韧性和脆性等。缓冲防震性能主要取决于弹性,形变量越大,其弹性越好,缓冲性能越佳。强度分为抗压性能、抗拉性能、抗跌落性能、抗撕裂性能等,用于不同场合和范围的药品包装材料,其承受外力的形式不同,其强度指标对于不同的药品包装材料具有不同的意义。塑性是指药品包装材料受外力作用发生形变且没有破裂现象的性能,形变大但是不破裂,则塑性好。韧性是指药品包装材料在塑性形变和断裂过程中吸收能量的能力,吸收的能量越多,则材料的韧性越好,其发生脆性断裂的可能性越小。药品包装材料的物理性质主要包括密度、吸湿性、阻隔性、导热性、耐热性和耐寒性等。药品包装材料应具有较大优势的性价比,具有密度小、质量轻、易流通等特点。吸湿性是指材料在一定温度和湿度条件下,在空气中吸收或释放水分的能力。药品包装材料吸湿性的大小,对于控制水分、保障药品质量具有重要的意义。阻隔性是指药品包装材料对气体和水汽的阻隔性能,对于有防湿、保香需求的药品包装具有十分重要的意义。耐热性和耐寒性是指药品包装材料的耐高温和耐低温性能,使药品包装材料不会因为温度变化导致力学性能变差而失效。药品包装的化学稳定性是指药品包装材料在外界环境的影响下,不易发生化学变化的性能,如老化和锈蚀等。药品的加工性能是指药品包装材料能够适应生产过程中的加工需求,对于某些特殊的药品,要求包装材料具有可印刷、易着色等性能,还能根据特定的需要加工成不同形状的包装容器。因此包装材料的加工性能决定了其推广应用的成败。药品包装材料的生物安全性是指药品包装材料必须无毒、无菌、无放射性等。也就是说，药品包装材料必须对人体不产生伤害，对药品无污染、无有害影响，表现出材料的生物惰性功能。药品包装材料的绿色环保是指药品包装材料应具备绿色环、无污染、自然分解、容易回收等特性。

目前按照材料的组成分类，常见的药品包装材料主要包括塑料、玻璃、橡胶及金属包装 4 类。塑料包装是当前药品包装产业的主导产品，发展前景比较好。这类包装材料主要由聚氯乙烯、聚酯及聚烯烃构成，他们因具有良好的安全性、化学稳定性、密封性及洁净性，同时方便储存、运输及临床应用等优势，被广泛应用于胶囊剂、颗粒剂、丸剂、片剂等固体制剂及液体制剂的包装。泡罩包装是塑料药品包装的新秀，是药品包装技术的集大成者。泡罩包装由于具有密封性能好、易实现系列化包装、携带方便、工艺先进、安全卫生等优势被广泛地应用于中药片剂、散剂、胶囊、粒丸等包装。

泡罩包装的结构一般是铝箔/黏合剂/PVC 片材，铝箔采用 99% 的电解铝经过压延制作而成的，选用 PVC 片材与铝箔热封，取其良好的相容性能，且容易成型和密封，成本低；但是纯 PVC 硬片对水汽和氧气的阻隔性能比较低，已经无法满足某些特定药品对水汽和氧气的阻隔要求，目前药品泡罩包装的药用硬片向多元化和高性能发展。药用硬片向高性能化发展，单一的材料很难满足高性能化发展的需求，通常需要将多种材料有机地结合起来，实现优势互补，从而生产出高性能的包装产品。以聚丙烯为例，聚丙烯虽然耐冲击性能、强度都比较好，且有一定的阻隔水汽的效用，但是阻氧性能比较差，难以满足高端药品包装的需求。目前高性能药用硬片采用的工艺主要是多层共挤出和复合的方式进行生产。多层共挤出的方式为：将结构层材料（PP、PVC、PET 及 PE 等）、阻隔层材料（PVDC、EVOH 及 PCTFE 等）、热封材料（PE 等）、功能性树脂采用流延共挤出的方式加工成高性能的复合片材。而复合的方式为：将加工好的结构片材（PP、PVC、PET 及 PE 等）涂上环保的黏合剂，再涂上高阻隔的 PVDC 乳液、EVOH 及 PVA 的水溶液或者复合 PVDC 及 PCFFE 等薄膜，再涂上环保黏合剂，最后复合一层热封性能好的 PP 及 PE 膜。无论是多层共挤还是复合的方式，均是将基础层材料、阻隔层材料及热封层材料结合起来，以达到各种材料的优势互补实现高性能包装，本章将重点介绍泡罩包装常用的塑料包装材料。

第二节　基础材料的性能及工艺

基础材料一般在硬片的外表面，其成本较为低廉，对阻隔层及热封层有比较好的保护和支撑作用，在复合硬片中占比最高，决定了复合硬片的刚性。基础材料主要为聚氯乙烯、聚丙烯、聚苯乙烯、聚酯等。

2.1 聚氯乙烯

聚氯乙烯树脂是由氯乙烯单体经过均聚而成的高聚物。聚氯乙烯是一种低结晶、高极性的热塑性聚合物。其玻璃化转变温度依据分子量的大小为 75～105 ℃，其维卡软化点及熔融温度均比较高，纯聚氯乙烯树脂的加工温度一般为 160～210 ℃。由于聚氯乙烯中含有碳氯键，当温度达 120 ℃ 时，聚氯乙烯开始脱去氯化氢，脱去的氯化氢会加速聚氯乙烯的分解，因此聚氯乙烯在加工过程中必须加入增塑剂、热稳定剂、改性剂、内润滑剂及外润滑剂以改善其加工性能，并制成各类聚氯乙烯制品。聚氯乙烯按照不同的聚合方法分为乳液法聚氯乙烯、悬浮法聚氯乙烯、本位法聚氯乙烯、微悬浮聚氯乙烯及溶液法聚氯乙烯等。此外聚氯乙烯的改性品种有氯化聚氯乙烯、高分子量聚氯乙烯、交联聚氯乙烯及一些特殊性能的专用聚氯乙烯。其中悬浮法聚氯乙烯的产量最高且应用量最大，其产量约占聚氯乙烯树脂总产量的 85%。

悬浮法聚氯乙烯树脂是一种白色粉末，粒径为 60～250 μm，表观密度为 0.4～0.6 g/cm^3。硬质聚氯乙烯制品的密度为 1.4～1.6 g/cm^3，软质聚氯乙烯制品的密度为 1.2～1.4 g/cm^3。聚氯乙烯没有明显的熔点，在 80～85 ℃ 开始软化，130 ℃ 变为黏弹态，160～180 ℃ 变为黏流态，分解稳定为 200～120 ℃，脆化温度在 −60～50 ℃。对光和热的稳定性差，在 100 ℃ 以上或者长期暴晒会分解产生氯化氢。与其他类热塑性塑料相比，具有较高的机械强度，而耐磨性超过硫化橡胶，硬度和刚性优于聚乙烯。难燃烧，离开火源能自熄。介电性能良好，对直流和交流电的绝缘能力与硬质橡胶相似，是一种介电损耗较小的绝缘材料。不溶于水、乙醇、汽油，能溶胀或者溶解于醚、酮、氯化脂肪烃和芳香烃。常温下有较强的耐酸性，可耐任何浓度的盐酸，90% 以上的硫酸，50%～60% 的硝酸及 20% 以下的烧碱溶液，对盐稳定。聚氯乙烯塑料有硬质和软质两种类型。在聚氯乙烯加工成塑料制品过程中，当增塑剂的添加量小于 10% 时，得到的是硬质塑料；当增塑剂添加量在 10%～30% 时，得到的是半硬质塑料；当增塑剂添加量大于 30% 时，得到的是软质塑料。悬浮法聚氯乙烯的性能指标见表 2-1。

表 2-1 聚氯乙烯的性能指标

项目	硬质	软质	项目	硬质	软质
密度（g/cm^3）	1.4～1.6	1.2～1.4	热导率 [W/(m·K)]	0.12～0.29	0.12～0.16
制品收缩率（%）	0.001～0.005	0.010～0.050	比热容 [J/(kg·K)]	1 046.6～1 465.3	1 265～2 093.3
吸水性（浸 24 h）（%）	0.1～0.4	0.25	线膨胀系数（10^{-5}/℃）	5～18.5	7～25

续表

项目	硬质	软质	项目	硬质	软质
拉伸强度（MPa）	35~55	10~21	连续耐热稳定（℃）	65~80	65~80
断裂伸长率（%）	2~40	100~450	体积电阻率（Ω·cm）	10^{12}~10^{16}	10^{11}~10^{13}
拉伸模量（GPa）	2.5~4.2	—	相对介电常数		
压缩强度（MPa）	55~90	6.2~11.7	60 Hz	3.2~3.6	5.0~9.0
弹性模量（GPa）	1.5~3.0	0.015	103 Hz	3.0~3.3	4.0~8.0
弯曲强度（MPa）	80~110	—	介电损耗正切		
弯曲模量（GPa）	2.1~3.5	—	60 Hz	0.007~0.02	0.08~0.15
缺口冲击强度（kJ/m²）	22~108	—	103 Hz	0.009~0.017	0.07~0.16
邵氏硬度	D65~85	A50~100	介电强度（kV/mm）	9.85	14.7~29.5
动摩擦系数（棉布）	0.23	0.45	耐电弧（s）	60~80	—

聚氯乙烯树脂与辅助料按照配方要求混合后，可采用挤出、吹塑、压延、注射、模塑、滚塑、涂刮和发泡等工艺方法加工成塑料制品，包括管材、片材、板材、薄膜、人造革、电缆料、异形材、丝、瓶、唱片、鞋等。聚氯乙烯树脂被广泛应用于包装、建筑、电子电器、农业、汽车、化工及生活消费品领域。聚氯乙烯成型的工艺条件和制品的力学性能见表 2-2。

表 2-2 PVC 的加工与力学性能

	指标名称	硬制品	软制品	
			非填充	填充
加工性能	压延成型温度（℃）	140~205	140~176	140~176
	压缩成型压力（MPa）	5.19~13.72	3.42~13.72	3.43~13.72
	注射成型温度（℃）	149~213	160~196	160~196
	注射成型压力（MPa）	68.6~275.67	55.17~173.26	55.17~173.26
	压缩比	2.0~2.3	2.0~2.3	2.0~2.3
	相对密度	1.35~1.45	1.16~1.35	1.3~1.7
力学性能	拉伸强度（MPa）	34.76~62.23	10.29~24.11	6.86~24.11
	断裂伸长率（%）	2.0~40	200~450	200~400
	压缩强度（MPa）	55.37~90.16	6.17~11.76	6.86~12.45
	弯曲强度（MPa）	68.98~123.97	—	—
	邵氏硬度	D65~85	A50~100	A50~100
	冲击强度（J/m²）	21.65~107.8	随增塑剂的种类和剂量变化	随增塑剂的种类和剂量变化

通常由于环保及产品性能的原因，当前 PVC 薄膜在食品包装和农膜方面的应用受到了一定的限制，正在逐渐被 PE、PET 等其他塑料薄膜产品所替代。

2.2 聚苯乙烯

聚苯乙烯（polystyrene，PS）树脂是苯乙烯系列中产量最大的品种，它以苯乙烯为原料，用本体聚合或者悬浮聚合的方法制得。聚苯乙烯是一种无色透明、无味、无臭而有光泽的粒状固体。其制品酷似玻璃，敲击时有清脆的金属声、易裂；熔融温度为150～180 ℃，热变形温度为70～120 ℃，长时间使用温度为60～80 ℃，热分解温度为300 ℃；易燃烧，燃烧时产生大量黑烟，同时散发出特殊的臭味；制品刚度和表面硬度大、吸水率低，在潮湿环境中应能保持其力学性能和尺寸稳定性；光学性能极好，仅次于丙烯酸类树脂；电性能优良，体积电阻率和表面电阻率都比较高；耐辐射性能也比较好；有良好的加工性能和着色性，价格也比较低廉；可溶于芳香烃、氯代烃、脂肪族烃和酯等，可耐某些矿物油、有机酸、碱、盐、低级醇及水溶液的作用。但聚苯乙烯制品存在质脆易裂，冲击强度比较低，耐磨性差，易燃，不耐沸水等缺陷。

为了改善聚苯乙烯树脂的不足之处，通过共聚、掺混、复合及填充等改性方法，行业专家又开发出了许多含有苯乙烯的高性能树脂及塑料。如高冲击聚苯乙烯（high impact polystyrene，HIPS）树脂、苯乙烯–丙烯腈共聚物（styrene-acrylonitrile copolymer，SAN）、MBS、丙烯腈–丁二烯–苯乙烯共聚物（acrylonitrile butadiene styrene copolymer，ABS）等，使苯乙烯树脂的冲击强度、耐热性、耐候性和耐应力开裂性均有所提高。通用级聚苯乙烯树脂溶体流动性好，加工性能佳，易于成型，易着色，尺寸稳定性好。可采用注塑、吹塑、挤塑、热成型、焊接、发泡、黏结、涂覆和机加工等方法成型。用于仪表、仪器、玩具、电器、日用品、家电、文具、包装及泡沫缓冲材料。通用级聚苯乙烯的性能参数见表2-3，聚苯乙烯树脂的国家标准GB/T 12671—2008见表2-4，聚苯乙烯制品及树脂的卫生标准规定见表2-5、表2-6。

表2-3　通用级PS性能参数

项目	性能参数	项目	性能参数
密度（g/cm^3）	1.04～1.09	脆化温度（℃）	30
拉伸强度（MPa）	≥58.8	洛氏硬度	65～80
断裂伸长率（%）	1～2.5	体积电阻率（Ω·m）	10^{17}～10^{19}
弯曲强度（MPa）	58.6～78.4	相对介电常数（50～10^6 Hz）	2.15～2.65
冲击强度（kJ/m^2）	11.8～15.7	介电损耗正切（50～10^6 Hz）	(1～2)×10^{-4}
维卡软化点（℃）	80～82	介电强度（20 ℃）（MV/m）	≥20
长期使用温度（℃）	60～80	吸水性（24 h）（%）	0.03～0.1

表 2-4　GB/T 12671—2008 PS 树脂的技术要求

项目	PS, MLN,085-08			PS, MLN,090-04		
	优级	一级	合格	优级	一级	合格
颗粒外观　色粒(个/kg)	≤ 10	≤ 20	≤ 40	≤ 10	≤ 20	≤ 40
熔体质量流动速率(g/10 min)	6～10	5.5～10.5	5.0～11	2.5～4.5	2.0～4.5	2.0～5.0
拉伸断裂应力（MPa）	≥ 40	≥ 37	≥ 34	≥ 45	≥ 40	≥ 40
简支梁冲击强度 (kJ/m²)		≥ 7.5	≥ 6.5		≥ 8.0	≥ 7.0
维卡软化温度（℃）	≥ 90	≥ 85	≥ 80	≥ 95	≥ 90	≥ 85
负荷变形温度（℃）		≥ 80	≥ 75		≥ 80	≥ 75
残留苯乙烯单体含量 (mg/kg)	≤ 500	≤ 700	≤ 800	≤ 500	≤ 700	≤ 800
透光率（%）		≥ 85			≥ 85	
模塑收缩率（%）		由供方提供数据			由供方提供数据	
项目	PS, ELN,095-02			PS, MLN,100-02		
	优级	一级	合格	优级	一级	合格
颗粒外观　色粒(个/kg)	≤ 10	≤ 20	≤ 40	≤ 10	≤ 20	≤ 40
熔体质量流动速率(g/10 min)	1.3-2.5	1.0～3.0		2.0～3.0		1.5～3.5
拉伸断裂应力（MPa）	≥ 45	≥ 40		≥ 50	≥ 47	≥ 43
简支梁冲击强度 (kJ/m²)		≥ 9.0	≥ 8.5		≥ 8.0	≥ 7.0
维卡软化温度（℃）	≥ 100	≥ 95	≥ 90	≥ 100	≥ 95	≥ 90
负荷变形温度（℃）		≥ 85	≥ 80		≥ 80	≥ 75
残留苯乙烯单体含量 (mg/kg)		≤ 500		≤ 500	≤ 700	≤ 800
透光率（%）		≥ 85			≥ 85	
模塑收缩率（%）		由供方提供数据			由供方提供数据	

表 2-5　PS 树脂卫生标准

指标名称	指标	指标名称	指标
干燥失重（100 ℃, 3 h）（%）	≤ 0.2	乙苯（%）	≤ 0.3
挥发分（%）	≤ 1.0	正己烷提取物（%）	≤ 1.5
苯乙烯（%）	≤ 0.5		

表 2-6　PS 制品卫生标准

指标名称		指标	指标名称	指标
蒸发残渣	4% 乙酸	≤ 30 mg	脱色实验	冷餐油或用无色油脂	阴性
	65% 乙醇	≤ 30 mg			
高锰酸钾消耗量（水）		≤ 10%		乙醇	阴性
重金属（4% 乙酸）		≤ 1%		浸泡液	阴性

高冲击聚苯乙烯也可称为高抗冲聚苯乙烯、橡胶接枝共聚型聚苯乙烯。HIPS 为白色透明珠状或者粒状树脂，其制品具有较高的韧性和抗冲击性，冲击强度为通用级聚苯乙烯的 7 倍以上；着色性、化学性质、电性质及加工性能与通用级聚苯乙烯相同，但其拉伸强度、硬度、热稳定性及透光性与通用级聚丙烯相比略有下降；通

过控制树脂的相对分子量和添加剂的用量，可得到不同品级的 HIPS，熔体流动速率也得到调节，能够得到流动性比较好的树脂品级；树脂中加入橡胶，使 HIPS 的冲击强度得到提高，以橡胶含量和树脂性能的差别，将其分为中抗冲击、高抗冲击及超高抗冲击三种级别增韧聚苯乙烯。高抗冲聚苯乙烯树脂具有良好的加工性能，可采用注射和挤出法加工成型多种塑料制品。还可以用机械进行二次加工。如采用注射机注射成型电视机、收录机的外壳和零件；冰箱内衬材料和家用电器中的配套用零件；仪表、汽车、医疗设备和电器等设备中应用零部件；也可用作做家具、玩具和生活日用品及包装材料等。

丙烯腈–丁二烯–苯乙烯（ABS）共聚物，通常称为 ABS 树脂。这种树脂以丙烯腈、丁二烯及苯乙烯三种单体共聚而成，但是在实际的聚合过程中形成的是聚丁二烯、苯乙烯–丙烯腈二元共聚物，以及在聚丁二烯骨架上接枝苯乙烯–丙烯腈支链的接枝共聚物的掺混物。ABS 树脂为浅黄色珠状或者粒状树脂，其制品具有坚韧、质硬、刚性好、无毒、无味、吸水率高、极好的低温冲击抗性能、尺寸稳定性、电性能、耐磨性、抗化学药品性、染色性及成型加工性和机械加工性能都比较好。ABS 的熔融温度在 217~237 ℃，热分解温度在 250 ℃ 以上；树脂耐水、无机盐、酸和碱类，不溶于大部分醇类和烃类溶剂，但容易溶于醛、酮、酯和某些氯代烃；热变形温度较低，不透明，可燃，耐候性较差。ABS 树脂具有较好的成型加工性能，可采用注射、挤塑、压延、吹塑、真空和发泡等多种方法成型加工。由于树脂吸湿性小，一般情况下原料不需要干燥处理。注射成型时熔料温度为 200~240 ℃，注射压力为 50~100 MPa，成型模具温度为 40~80 ℃。注射成型时机筒温度由进料口至模具端分别为 170~180 ℃、180~220 ℃、180~220 ℃，口模处为 180~210 ℃，螺杆长径比为 20∶1，压缩比为 2.5~3。制品可焊接，也可黏结，还可以进行切削加工。ABS 制品凭借综合性能好、价格较低和易于成型的优点，目前已经被广泛应用于电子电器、家用电器、办公用设备、仪器仪表、机械和汽车等工业设备配件中，如电视机、收录机、电冰箱、电话、计算机、吸尘器、电风扇及空调外壳及一些零部件；在仪器仪表和轻纺工业中，用来制作仪表盘、仪表箱、纱锭、钟表、照相机及乐器等；建筑工业中用于排水、排气管道、管件、门窗框架、百叶窗和安全帽等；汽车工业中用于车内外的一些组件、散热器格栅、灯罩、仪表面板和控制板等。

甲基丙烯酸–丁二烯–苯乙烯共聚物是一种聚苯乙烯和 ABS 树脂的改性产品，为浅黄色透明粒料。与聚苯乙烯树脂比较，其耐热性和强度有所提高，有较好的耐寒性，在 –40 ℃ 下还有优良的韧性，使用温度可达 80 ℃。与 ABS 树脂相比，透明度比较好，透光率可达 85%；耐无机酸、碱、去污液和油脂等性能良好，但不耐芳烃、酮类、脂肪烃和氯代烃等；相对密度为 1.07~1.11，热变形温度为 84 ℃。甲基丙烯酸–丁二烯–苯乙烯共聚物可用注射、挤塑、吹塑和压塑等方法成型板、管、膜和片材塑料制品；注射温度为 210~240 ℃，模具温度低于 80 ℃；挤塑温度为 140~180 ℃，模具温度为 210 ℃ 左右。甲基丙烯酸-丁二烯-苯乙烯共聚物与聚氯乙烯相容性很好，常用作 PVC 硬质塑料的改性剂，用于改善 PVC 的冲击强度，使制品的耐冲击性能提高 6 倍以上；改善耐老化性和加工性。一般来说，透明的 PVC 制品均采用甲基丙烯酸-丁二烯-苯乙烯共聚物作为改性剂，用于制造玩具、仪表零件及矿灯罩等，再加上它符合 FDA 标准，所以可用作食品、医药包装材料。

2.3 聚对苯二甲酸乙二醇酯

聚对苯二甲酸乙二醇酯（polyethylene terephthalate，PET）为结晶性聚合物，密度为 1.3~1.38 g/cm^3，熔点为 255~260 ℃，难以燃烧，着火点为 480 ℃，裂解温度在 420 ℃。对苯二甲酸具有极佳的韧性，其薄膜的拉伸强度可以和铝箔相媲美，其拉伸强度为聚乙烯的 9 倍，尼龙和碳酸酯的 3 倍。在 -20~80 ℃ 温度范围内依旧能够保持优良的物理机械性能。PET 有较好的氧气和二氧化碳阻隔性，经过双轴取向拉伸可进一步提高其阻隔性和拉伸性能。PET 制品的成型收缩率较大，为 0.7%~1%；吸水性低，≤ 0.13%。

自 PET 问世以来，由于它的纤维性能优良，因此被广泛应用于合成纤维工业。而在塑料工业方面，过去一直局限于制造双向拉伸薄膜，近年来被广泛应用于制造中空容器，俗称聚酯瓶。如今无定型 PET 片材由于具有晶莹通透的外观、良好的阻隔性、可长期保存药品、卫生、良好的韧性及延伸性、较高的性价比及良好的可回收性被加工成各种包装产品，这些包装产品也越来越受到消费者的青睐。PET 与其他塑料一样，性能与分子量有关，而分子量又是由特性黏度决定的。特性黏度（Ⅳ）越低，即分子量越低，片材的加工性能比较好，但是冲击强度就会比较差；特性黏度越大，即分子量越高，虽然冲击强度比较高，但是流动性差，成型的难度越大。因此生产 PET 透明片材选用特性黏度为 0.6~0.7 de/g。其性能指标见表 2-7。

PET 树脂的结晶化温度高、成型加工难度较大。一般可挤出成片，然后经过横向拉伸成薄膜，也可以挤出或注射后成型吹塑容器类制品，薄膜还可以真空镀铝、铜或银金属层。PET 树脂的主要用途是用作纤维，其次用作薄膜和工程塑料。纤维主要用于纺织织物；PET 薄膜用作电器绝缘材料，如电容器、电缆间绝缘、电动机、变压器、印刷电路和电线电缆的包扎材料；PET 可制成片基和片带，如电影片基、录音录像带基；PET 复合膜是工业、食品和医疗器械、电器零件的包装材料；此外 PET 薄膜还可用于真空镀铝、铜或银，制成金属化薄膜，用作金银线、微型电容器薄膜及各种装饰品。此外，PET 可以采用挤出-吹塑和注射-吹塑等成型方式加工成包装容器。PET 瓶具有透明、质轻、强度高、耐化学药品及气密性好等优点，被用于包装各种饮料、酒、醋和食用油和化妆品等。PET 是一种吸湿性聚合物，水分较高时容易发生水解（宜小于 50 ppm），使 PET 的黏度下降，导致 PET 制品的力学性能和透明度下降。原料投产前要在 120~130 ℃下干燥处理。干燥时间为 5~8 h。干燥后的原料最好存放在 120 ℃保温箱或者漏斗里内且存放时间不超过 2 h，否则需要重新干燥。

表 2-7　PET 性能指标

项目		单位	指标
特性黏度	可调范围	de/g	0.6~0.7
	均方根偏差		±0.01
	绝对偏差		0.015
熔点		℃	≥259
二氧化钛含量	可调范围	%	0~1.0
	偏差		±10
凝胶粒子（平均粒径）	大于 10 μm	个/mg	≤0.4
	大于 20 μm		无
端羧基		mol/t	≤30
二甘醇		%	≤1.3
灰分（不包括二氧化钛）		%	≤0.025
铁		%	≤0.0003
色相	L 值	—	>80
	b 值		<7
285~292 ℃熔体停留 15 min 的特性黏度降		—	<0.01
切片内凝胶及黄色或者黑色的固体		—	无
切片尺寸（约）		mm	$\phi 5 \times 4$ 或 $4 \times 4 \times 2.5$
切片含水		%	<0.4

2.4　聚丙烯

聚丙烯（polypropylene，PP）是由丙烯单体聚合而得到的，其相对分子量为 10 万~30 万。PP 的密度为 0.90~0.91 g/cm^3，属于通用工程塑料。PP 凭借其无毒、无味、透明度高、较好的力学性能、较好的表面强度、良好的耐摩擦性、极佳的耐化学腐蚀性及防潮性能，被广泛应用于薄膜、管材、板材、编丝、纤维，各种瓶类及中空容器和注射成型盒、杯、盘、各种工业配件等。PP 在合成时由于使用催化剂的品种不同，其生产出来的 PP 分子结构也略有差异。按 CH$_3$ 排列方式的不同，PP 形成了三种不同的立体结构，分为等规 PP、间规 PP 和无规 PP。三种 PP 中，目前以等规 PP 应用量最大。

等规 PP 树脂是构型规整的高结晶度（结晶度高达 95%）的热塑性树脂。等规 PP 树脂为乳白色蜡状物，无色、无味、无臭，密度为 0.90~0.91 g/cm^3；机械强度、刚性、耐环境应力开裂性好于高密度聚乙烯，其耐磨性好、硬度高、高温冲击性好，耐反复折叠性好；耐热性能好，热变形温度为 114 ℃，维卡软化点大于 140 ℃，熔点为 164～167 ℃，使用温度在无负荷情况下可达 150 ℃，可在 130 ℃ 中消毒应用，连续使用温度最高为 110～120 ℃；化学稳定性好，除了强氧化性酸对其有腐蚀作用外，与大多数化学药品不发生化学反应，不溶于水，几乎不吸水，在水中 24 h 吸水率仅为 0.01%，但相对分子量较低的脂肪烃、芳香烃和氯化烃对它有软化和溶胀作用；绝缘性能优良、耐电压和耐电弧性好；制品在使用过程中易受光、热和氧的作用而老化，在大气中放置 12 天就会老化变脆，室内放置 4 个月就会变质，需要添加紫外光吸收剂和抗氧剂来提高制品的耐候性；其制品的透明性要高于高密度聚乙烯制品；制品的耐寒性能比较差，低温冲击强度低，韧性不好，静电度高，染色性、印刷性和黏合性能差，应用时可在原料中添加助剂或采用共混、共聚的方法来改善这方面的性能。等规聚丙烯的质量指标见 GB/T 12670—2008，详见表 2-8。

表 2-8　等规 PP 主要性能

项目	性能参数	项目	性能参数
密度（g/cm^3）	0.90～0.91	连续耐热温度（℃）	120
吸水性（%）	0.02～0.03	脆化温度（℃）	-10
成型收缩率（%）	1.0～2.5	热膨胀系数（10^{-5}/℃）	6～10
拉伸强度（MPa）	30～40	热导率[W/（m·K）]	8.8×10^{-2}
拉伸模量（GPa）	1.1～1.6	比热容[J/（g·K）]	1.92
伸长率（%）	>200	体积电阻率（Ω·cm）	≥10^{16}
冲击强度（缺口）（kJ/m^2）	2.2～6.4	介电强度（kV/mm）	32
洛氏硬度（R）	95～105	相对介电常数（10^6 Hz）	2.25
熔融温度（℃）	165～170	介电损耗角正切（10^6 Hz）	0.005～0.001 81
热变形温度（1.82 MPa）（℃）	56～67	耐电弧（s）	125～185

PP 树脂可采用挤出机和注射机进行挤出成型、注射成型塑料制品，也可以采用挤出、注射成型后对型胚进行中空吹塑的方式进行加工。此外它还可以采用熔接、热成型、电镀和发泡及纺丝等方法进行成型加工，必要时还需要进行二次加工。成型加工出来的塑料制品有：板材、管材、薄膜、纤维、扁丝，各种瓶类及中空容器和注射成型的盒、杯、盘及各种工业配件等制品。PP 加工方式见表 2-9。

等规 PP 是一种质轻、无毒、价格便宜、性能优良、成型较为容易和用途广泛的工程塑料。PP 制品的应用如下：PP 挤出吹塑薄膜是一种生产设备简单、生产效率高、价格便宜的制品，在食品包装、纺织领域及民用生活用品包装方面应用广泛；挤出流延薄膜能与其他种类塑料薄膜，如纸张和铝箔为基材，复合成两层或者两层以上的薄膜，用于外层是一种强度高、尺寸稳定、阻隔性能好、耐热性好、耐寒性好及可印刷的薄膜，用于内层是一种热封性能好、耐油性好和卫生性好的薄膜，用

表 2-9 PP 树脂的成型方法

熔体流动指数（g/10 min）	成型方法	制品
0.15～0.4	挤出	板、管、棒、片
1～5		拉伸带
3～6		单丝、扁丝
8～12	挤出-吹塑	薄膜
0.4～1.5		中空容器
1～9	注塑	工业零件、日用品
1～2	双向拉伸	BOPP 膜
10～20	熔融纺丝	纤维

于中间层是一种阻隔性能好能代替玻璃纸的薄膜；挤出片后进行拉伸的薄膜，强度高，各种性能优良，在食品包装及各种工业用品包装中应用广泛；PP 编织袋柔软、手感好、强度大、耐水、耐磨、耐化学腐蚀、抗虫害及微生物入侵、无毒无味、不污染环境，早已经替代麻袋，大量用于豆、高粱、玉米等各种谷物的包装及各种建筑材料的包装；PP 注射成型的周转箱质轻、耐水、外形尺寸稳定，有一定的刚性和强度，在商品周转和销售包装方面应用广泛；PP 注射成型的各种工业零件，如轻负荷用小齿轮、轴套、风扇，汽车配件用仪表盘、保险杠和车厢内装饰件等；PP 挤出成型管材可用于各种液体输送管路，目前国内生产的均聚丙烯管、嵌段共聚聚丙烯管和无规共聚聚丙烯管，用于饮用水管或其他输液管，安装简单，耐化学腐蚀，符合卫生要求，应用时间长。

第三节 阻隔材料的性能及工艺

常规的基础片材能够给整个药包片材提供很好的刚性，能够很好地保护泡罩包装的完整性，但是阻隔性一般都比较差，无法满足药品超高阻隔的要求，必须要与高阻隔材料进行复合。目前药品包装常用的阻隔材料有聚偏二氯乙烯、乙烯-乙烯醇共聚物、聚乙烯醇及聚三氟氯乙烯等。常用的包装材料的阻隔性能见表 2-10。

表 2-10 主要包装材料的阻隔性能

聚合物类型	氧气	氮气	二氧化碳	水蒸气
	$cm^3/(m^2 \cdot 24h)$，23℃			$g/(m^2 \cdot 24h)$，38℃
PVDC	4～10	0.1～0.8	0.3～0.7	0.4～1.0
PA6	35	—	43～59	93～155
PP	300	60	1 200	3.6～10.2
PVA	0.1～1	0.05～0.5	0.2～0.4	300～400
PET	74～138	12～24	35～50	27.4～46.7
PVC	77～310	—	140～400	13.2～71.3

续表

聚合物类型	氧气	氮气	二氧化碳	水蒸气
	$cm^3/(m^2 \cdot 24h)$，23 ℃		$g/(m^2 \cdot 24h)$，38 ℃	
LDPE	500~700	200~400	2 000~4 000	15.2~23.4
HDPE	200~500	13~300	2 000~4 000	3.5~11.1
PS	600~800	40~50	2 000~4 000	10.5~33.6
PAN	11.6	—	6	31~47.2
EVOH（32%乙烯）	0.2	0.02	0.9	47
EVOH（44%乙烯）	1.8	0.13	1.4	95

3.1 聚偏二氯乙烯

纯聚偏二氯乙烯（polyvinylidene chloride，PVDC）聚合物是偏二氯乙烯的均聚物，由于其超高的对称性，使得均聚 PVDC 树脂的洁净度非常高，极难熔融，其熔融稳定温度为 388~401 ℃，而其分解温度为 205 ℃，这导致偏二氯乙烯无法加工应用，不具有使用价值。我们目前使用的 PVDC 树脂大都为共聚 PVDC 树脂，按共聚单体的种类可以分为 VDC-MA 共聚树脂、VDC-VC 共聚树脂、VDC-BA 共聚树脂及 VDC-AN 共聚树脂。VDC-MA 共聚树脂和 VDC-VC 共聚树脂是产业化的包装树脂，是目前产量最大的 PVDC 树脂。VDC-AN 共聚树脂主要应用方向为阻燃纤维，且随着技术的发展和成熟将得到更广泛的应用。本文重点介绍 VDC-MA 共聚树脂和 VDC-VC 共聚树脂。

PVDC-VC 树脂是以 VDC 和 VC 为主要原料，以纤维素为分散剂采用悬浮聚合的工艺制成，因为 VDC 和 VC 的竞聚率（r_1=3.2，r_2=0.3）差异较大，通常采用高活性的引发剂低温聚合制成。而 PVDC-MA 树脂是以 VDC 和 MA 为主要原料，以纤维素为分散剂采用悬浮聚合工艺制成，因为 VDC 和 MA 的竞聚率（r_1=1，r_2=1）比较接近，通常采用低活性的引发剂高温聚合制成。然而 PVDC 树脂属于热敏树脂，对于合成技术及加工技术有着较高的要求，目前仅有韩国 SK 集团、日本吴羽株式会社、中国巨化集团拥有 PVDC 树脂的合成技术。PVDC 树脂在加工应用前通常需要加入增塑剂、润滑剂、抗氧剂、紫外光稳定剂、成核剂、功能性树脂等助剂，以增加其热稳定性，提升产品质量和生产效率。PVDC 树脂具体的生产流程见图 2-1。

PVDC-VC 树脂在加工应用前会加入增塑剂以软化树脂，降低其加工温度，增塑剂的加入会较大幅度地降低树脂的阻隔性能，但是韧性会提高，适宜加工成单层膜；反之阻隔性能好，但膜的韧性比较差，适宜共挤出做成高阻隔膜。PVDC-VC 树脂中 VC 的占比越高其阻隔性能越差，但膜的韧性越好，适宜加工成单层膜；反之阻隔性能好，但膜的韧性比较差，适宜共挤出做成高阻隔膜。分子量较高的 PVDC-VC 树脂拥有更好的韧性和更高的熔体强度，适宜加工成单层膜和高阻隔挤

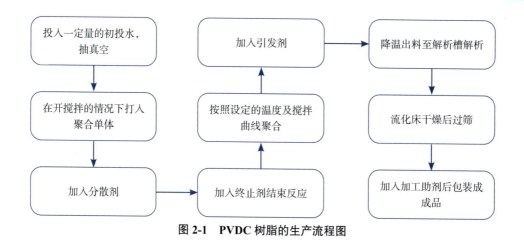

图 2-1　PVDC 树脂的生产流程图

出；分子量较低的 PVDC-VC 树脂拥有较低的韧性和黏度，适宜高阻隔共挤出。根据分子量及组分的不同，PVDC-VC 树脂可以单吹成单层膜应用于缠绕膜、肠衣包装及保鲜膜的包装；可以与 PE、PP、EVA、PS 及 PA 等材料进行多层共挤加工成多层共挤薄膜及硬片用于防护服、软食品包装及热刚成型包装；也可以仿成单丝，加工成单丝和假发。PVDC-MA 树脂在加工应用前会加入增塑剂以软化树脂，降低其加工温度，增塑剂的加入会较大幅度地降低树脂的阻隔性能，但是韧性会提高，适宜加工成单层膜；反之阻隔性能好，但膜的韧性比较差，适宜共挤出做成高阻隔膜。PVDC-MA 树脂中 MA 的占比越高其阻隔性能越差，但膜的韧性越好，适宜加工成单层膜；反之阻隔性能好，但膜的韧性比较差，适宜共挤出做成高阻隔膜。分子量较高的 PVDC-MA 树脂拥有更好的韧性和更高的熔体强度，适宜加工成单层膜和高阻隔挤出。根据分子量及组分的不同，PVDC-MA 树脂可以多层共挤吹塑工艺加工成收缩膜应用于冷鲜肉及海产品的收缩包装；可以使用多层共挤的吹塑的方式加工成多层共挤薄膜用于奶酪包装；可以与采用多层共挤的方式加工成硬片制成热刚成型包装；可以采用流延共挤出的方式制成 PVDC 流延膜用于培根和热狗的包装；可以采用纺丝工艺加工成单丝；也可以吹成单层膜，与其他的基材膜进行复合。

乳液聚合是单体和水在乳化剂作用下配制成的乳状液中进行的聚合过程，体系主要由单体、水、乳化剂及溶于水的引发剂四种基本物质组成。相比于本位聚合和溶液聚合的后期黏度的极速上升，导致散热困难，造成局部过热导致分子量的分布变宽，严重时会引起爆聚造成产品报废甚至发生事故，乳液聚合的聚合反应发生在乳胶粒子的内部，虽然乳胶粒子内部的黏度会很高，但由于连续相是水，整个体系的黏度并不会太高，不会影响整个体系的传热。此外乳液聚合以水为分散介质，不需要使用溶剂，因此也不需要回收溶剂，这减少了引起火灾和环境污染的可能性。同时对于某些可以直接应用合成的乳液的案例，如乳胶漆、乳液泡沫橡胶、黏合剂及皮革/纸张/织物的处理剂，乳液聚合的方式生产聚合物具有明显的优势。目前PVDC乳液的生产方式是将VDC、丙烯酸酯类单体、苯乙烯、有机硅单体等共聚单体，以水为分散介质，在乳化剂和水溶性引发剂的作用下合成共聚型PVDC乳液。按照聚合方式，PVDC乳液可以分为间歇乳液聚合、半连续乳液聚合、连续乳液聚合、预乳化工艺及种子乳液聚合。目前PVDC乳液的聚合方式以种子聚合和预乳化工艺为主。按照不同的应用，PVDC乳液可以分为薄膜、纸张/织物涂布PVDC乳液，硬片涂布PVDC乳液及钢铁防腐PVDC乳液。下面按照PVDC乳液的应用场景详细介绍。

PVDC涂布乳液主要由VDC和丙烯酸酯以种子乳液聚合的方式得到，为了实现涂膜较高的阻隔性和加工的爽滑性，VDC比例在91%～93%，以实现快速的结晶。PVDC涂布膜，又称K膜，即将PVDC乳液涂布在BOPP、BOPET、BOPA、CPP及CPE上，经过干燥处理就得到了对氧气和水汽有较高阻隔性的薄膜。PVDC乳液在涂布加工过程不同于PVDC树脂吹膜和挤出的加工，胶乳的涂布只存在涂层铺展和加热干燥过程。在最后的成膜中不含额外的添加剂，因而涂层尽管只有2～3 μm厚，但其对氧气、水蒸气的阻隔性相当于25 μm厚的吹塑薄膜的阻隔性。相比于吹塑PVDC薄膜，PVDC涂布膜实现了包装的轻量化和经济性，目前已经被广泛地应用在月饼包装、法式面包包装、蛋糕包装及肉制品包装。

硬片涂布PVDC乳液主要由VDC与丙烯酸酯以种子乳液聚合的方式得到，为了实现硬片的长期韧性及阻隔性，VDC的比例在90%～92%，以保证硬片的长期韧性，在加工成泡罩包装后可以对包装的药片提供很好的保护。将PVDC乳液涂布在PET、PVC、PP等硬片上，干燥后就得到了PVDC复合硬片，为了保证超高的阻隔性能，通常需要涂布9～10次，目前主流的PVDC复合硬片的涂布量分别为40、60、90 g/m^2，需要超高阻隔性的复合硬片需要涂到120 g/m^2。PVDC复合硬片具有极好的阻隔性能，透氧值在3 cm^3/（m^2·d），透水值在0.8 g/（m^2·d）。为了保障良好的阻隔性及加工性能，一般使用底涂和面涂两种PVDC乳液，底涂提供良好的阻隔性能和柔韧性，面涂提供良好的爽滑性和一定的阻隔性。目前硬片涂布PVDC乳液的主要的生产厂家有旭化成集团、索尔维集团及浙江巨化股份有限公司，旭化成采用底面合一的范式，即在底涂添加一些爽滑剂就变成了面涂，而索尔维和巨化股份采用低VDC含量的PVDC乳液为底涂，VDC含量略高的PVDC乳液为面涂，以实现PVDC复合硬片的爽滑性。

3.2　乙烯-乙烯醇共聚物

19世纪50年代美国DuPont公司率先制备出乙烯-乙烯醇共聚物（ethylene

vinyl alcohol copolymer，EVOH）树脂。1972 年日本 Kuraray 公司实现 EVOH 的工业化生产。1984 年日本合成化学工业公司建成该公司首条 EVOH 生产线。2007 年中国台湾长春石化公司 EVOH 树脂生产线投产。国内大陆目前尚无 EVOH 生产厂家，产品主要依靠进口。因此，国内大陆急需开发 EVOH 生产技术，实现工业化生产，满足巨大的市场需求。由于乙烯醇和乙醛存在互变异构，且以醛形式存在为主，乙烯醇含量相对较低。EVOH 合成通常包括聚合过程与醇解过程。聚合过程是乙烯与乙酸乙烯在甲醇等有机溶剂中共聚，得到乙烯 - 乙酸乙烯共聚物（ethylene vinyl acetate copolymer，EVA），简称 EVA 共聚物。皂化过程是聚合过程中 EVA 共聚物在有机溶剂中，以氢氧化钠等强碱作为催化剂，通过皂化反应得到 EVOH 及副产物乙酸甲酯。目前 EVOH 聚合工艺主要有乳液聚合法、溶液聚合法、悬浮聚合法。乳液聚合法制备的 EVA 共聚物中杂质含量高，处理工艺繁琐，对后续皂化过程影响较大，不适合用皂化法生产 EVOH 共聚物。溶液聚合法可控制 EVA 共聚物聚合度、支化度及相对分子质量分布，控制方便，操作较为简单。悬浮聚合法制备的 EVA 共聚物纯度较低，且该方法只能间断生产，操作繁琐且生产能力不足。目前 EVA 共聚物生产多采用高压法连续本体聚合生产工艺。EVA 共聚物的皂化工艺主要有均相皂化法和非均相皂化法。均相皂化法是将 EVA 共聚物溶于甲醇等低级直链脂肪醇溶剂中，然后加入碱溶液，EVA 共聚物在一定条件下进行皂化反应，最后洗涤除去乙酸钠和乙酸甲酯等杂质，得到 EVOH 共聚物。均相皂化法具有设备简单、反应易控、反应速度快、生产周期短等优点，但在制备过程中需使用大量的醇类溶剂，且产物中杂质含量高，需用大量水洗涤，工艺路线长。非均相皂化法是 EVA 共聚物以粒子或粉末形式在溶剂中形成悬浮液，在维持树脂原型的条件下进行皂化反应。非均相皂化法一般在高温、高压条件下进行，可以直接控制 EVOH 共聚物的粒径，省略了后续造粒过程，工艺流程短。用非均相皂化法制备的 EVOH 共聚物中几乎不含乙酸钠等杂质，无须反复洗涤，工艺过程较短，此外，还有熔融态、水分散皂化和挤出皂化等皂化方法，但目前实现工业化生产的主要是均相与非均相皂化法。EVOH 生产主要工艺流程如图 2-2 所示。

  EVOH 是一种兼具聚乙烯加工性能和乙烯醇气体阻隔性能的高分子材料。EVOH 是高结晶体，其性质主要取决于共聚单体乙烯及乙烯醇的相对摩尔分数，当乙烯含量增加时，阻湿性能增加，加工性能增加，而其气体阻隔性能下降；当乙烯含量降低时，阻湿性能下降，加工性能下降，而气体阻隔性能增加。目前常规使用的典型产品的乙烯的摩尔分数为 27%～48%。高阻隔性是 EVOH 最显著的特征。EVOH 分子结构中含有特殊的链段结构，分子中的大量羟基使得分子间存在很多较强键合作用的氢键，黏聚力较强，分子链堆积紧密，小分子不能透过，因而阻隔性能优异。EVOH 可以有效地阻止氧气、二氧化碳等气体的渗透，其阻气性比 PA 高

100倍，比PE、PP高10 000倍，比常用阻隔性材料的PVDC高数十倍，另外其对非极性的油类、有机溶剂也有极好的阻隔性能。由于EVOH具有优异的阻隔性能且无毒环保，被广泛应用于包装材料。用于食品包装材料时，它既可以防止氧气等气体从外部渗入，避免所包装的食品、饮料等被污染变质，又可在包装袋内部冲加氮气或二氧化碳，延长食品贮藏时间，提高食品保香性。此外，EVOH可以阻止油类、有机溶剂的渗透，被用于医药产品、保健产品、化妆品、汽车油箱等。

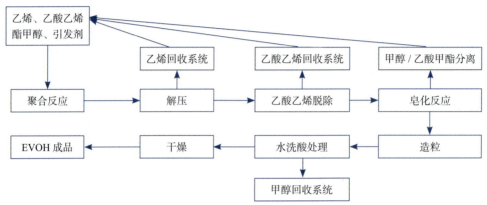

图2-2　EVOH生产工艺流程图

由于EVOH分子中含有羟基，因而具有很强的亲水性和吸湿性能。EVOH吸湿后，其阻隔性能会下降。这是由于相对湿度增加，EVOH会吸收水分增塑，会导致其玻璃化转变温度降低。正常湿度下EVOH是玻璃态，湿度增加，EVOH由玻璃态转变为高弹态，在高弹态时聚合物内分子链段结合没有玻璃态时紧密，分子链更加容易发生相对运动，从而产生小分子扩散的通道，促进小分子的扩散。因为EVOH吸湿性能较强，在应用上受到一定的限制。但由于包装材料通常为多层结构，生产时在EVOH层两侧复合其他阻湿性能优良的材料，保证EVOH层的相对湿度较低，从而使其在奶制品、酒类等水性物质包装领域得到广泛应用。另外很多研究机构及生产厂家加大对EVOH吸湿性的研究，已研制出受湿度影响较小的EVOH新品种。

在EVOH合成过程中，无须添加增塑剂等额外添加剂。由EVOH分子结构看，其分子链中仅含有C、H、O三种元素，在加工及燃烧时不会产生有毒有害物质，卫生性能优良，安全无毒，是绿色环保型材料，符合国际食品卫生管理标准，适用于食品药品等多种商品包装。EVOH的强度、弹性模量和曲折性能较好，具有一定的力学强度。在低温时EVOH比较硬，脆性大，耐冲击性能较差。在应用时，一般将EVOH与其他物质进行共混改性，改进其低温下耐冲击性能差的缺点，提高其耐弯曲疲劳性能、耐冲击性能、拉伸性能等。EVOH具有优异的抗老化性及耐候性，长时间使用其透明性、光泽性、机械性能、阻隔性等变化很小。EVOH表面电阻小，不容易带静电，具有较好的抗静电性能，可用于电子元件包装，不易吸附灰尘。另外，EVOH 还具有良好的成型加工性，采用传统的加工设备即可进行加工，产生的边角料可以循环利用。因此，EVOH 具有高性能、低成本、低污染等优势，开发利用前景广阔。

乙烯 - 乙烯醇树脂可以熔融加工，而且具有很高的强度、韧性和透明度。它可以同 PE、PP、PET、尼龙和其他树脂进行共挤出和层合的方式进行加工。乙烯 - 乙烯醇树脂对大多数聚合物的附着力都很差，为克服这一困难，需使用特殊结构的黏接树脂。但尼龙除外，无须使用黏接树脂，乙烯 - 乙烯醇树脂就可以很好地黏附到尼龙上，最典型的结构为 PA/EVOH/PA/ 黏合层 /PE。由于对水、气敏感，通常是通过共挤出将乙烯 - 乙烯醇作为中间层置于包装材料中，而外层则采用聚烯烃或其他水汽阻隔好的聚合物，最典型的结构为 PE/ 黏合层 /EVOH/ 黏合层 /PE。EVOH 也可以采用复合的方式进行应用，将 EVOH 配成水溶液，将电晕好的基材模涂上一层胶黏剂，烘干后涂上一层 EVOH 水溶液，烘干后再涂上一层胶黏剂，最后再复合一层基材膜，最典型的结构为 BOPE/ 黏合剂 /EVOH/ 黏合剂 /CPE。

2016 年世界 EVOH 总产能为 157 000 吨。EVOH 市场需求年均增长率为 6.5% 左右，其中，欧洲地区的消费量约占总消费量的 30%，北美地区约占 3%，亚洲地区约占 22%，其他地区约占 5%。消费领域主要有阻隔性气体包装薄膜、汽油箱、EVOH 多层复合瓶、共挤出塑料片材等，其中阻隔性气体包装薄膜和汽油箱为主要消费领域，占比约 65%。随着包装材料的更新换代及汽车工业的快速发展，我国对 EVOH 需求量快速增长。国内 EVOH 尚未实现工业化生产，主要通过进口来满足市场需求。目前国际上 EVOH 生产企业主要集中在日本可乐丽集团、日本合成化学工业集团和中国台湾长春石油化工公司等企业。由于 EVOH 应用范围越来越广，国内正逐步加大对 EVOH 树脂的研究，如中国林业科学研究院林产化学工业研究所已成功开发出 EVOH 树脂合成技术；中石化四川维尼纶厂已建成年产 500 吨 EVOH 树脂中试生产线；青岛浩大实业有限公司、陕西林桦包装科技有限公司、洛阳巨尔乳业有限公司、天津奶业集团等公司均已建成 EVOH 包装材料生产线，进一步推动了国内 EVOH 树脂及其下游产品的发展。

3.3 聚乙烯醇

聚乙烯醇（polyvinyl alcohol，PVA）是由乙酸乙烯酯（vinyl acetate，VAc）经聚合然后醇解而制成。目前，我国 PVA 的生产主要有两种方法，一种是以乙烯为原料制乙酸乙烯，再制得 PVA；另一种是以乙炔（分为电石乙炔和天然气乙炔）为原料制备乙酸乙烯，再制得 PVA。电石乙炔合成法是最早实现工业化生产，其工艺特点是操作比较简单、产率高、副产物易于分离，目前我国生产厂家大多采用该工艺进行生产，且大部分使用高碱法进行生产。乙炔高碱法产品能耗高、质量低、成本高，污染环境较为严重，国外逐渐淘汰该工艺。天然气乙炔为原料的生产方法，不但技术成熟，而且生产的乙炔有利于综合利用，乙酸乙烯的生产成本较电石乙炔法低 50%～70%。石油裂解乙烯直接合成法由日本可乐丽公司（原仓敷人造丝公司）首次开发成功并成功实现工业化生产，其工艺流程包括乙烯的获得及 VAc 合成、精馏、聚合、聚乙酸乙烯（polyvinyl acetate，PVAc）醇解、乙酸和甲醇回收五个工序。石油乙烯法的工艺特点是生产规模较乙炔法大，产品质量更好，生产设备易于维护、管理和清洗，热能利用率较高，能量节约明显，生产成本较低。目前，国际上主要以石油乙烯法为主，约占世界总产能的 75%，我国目前有中石化上海石油化工公司、北京东方石油化工公司以及长春（江苏）化工有限公司等采用该法生产。2012 年 10 月，广西广维化工有限责任公司开发的全球首条生物质制取聚乙烯醇生产线全线贯通，并生产出合格的聚乙烯醇产品。该项目以广西丰富的甘蔗、薯类等生物质资源为原材料，采用乙醇 – 乙烯法生产聚乙烯醇，即薯类、甘蔗作物发酵制乙醇、脱水制乙烯、醇解制聚乙烯醇，最终获得聚乙烯醇。开辟了生物质制取聚乙烯醇的绿色化工产业。

国外主要生产聚乙烯醇的企业有：日本可乐丽株式会社、日本积水化学工业株式会社、日本合成化学株式会社、日本尤尼吉卡（JVP）、美国杜邦公司等，2020 年全球合计产能约 185 万吨，绝大部分采用乙烯法。2020 年国外主要 PVA 装置的情况见表 2-11。

表 2-11　2020 年国外主要 PVA 装置的情况

企业名称	装置规模（万吨）	工艺路线	备注
日本可乐丽株式会社	25.8	乙烯法	日本冈山 9.6 万吨，日本柏崎 2.8 万吨，德国 9.4 万吨，美国 4 万吨
日本积水化学工业株式会社	15	乙烯法	西班牙 4 万吨，美国 10 万吨，日本本土 1 万吨
日本合成化学株式会社	7	乙烯法	—
日本尤尼吉卡（JVP）	7	乙烯法	—
日本 DK 株式会社	3	乙烯法	电气合成与积水合资公司
美国杜邦公司	6.5	乙烯法	—
美国首诺公司	2.8	乙烯法	欧洲 1.6 万吨，本土 1.2 万吨
德国瓦克	1.5	乙烯法	
英国辛赛模	1.2	乙烯法	
KPA（新加坡）	4	乙烯法	可乐丽与合成化学合资公司
朝鲜顺川工厂	1	电石乙炔法	
朝鲜"二八"维尼纶厂	0.5	电石乙炔法	
合计	75.3	—	

我国聚乙烯醇树脂的产能主要分布在 7 家企业，主要代表企业有安徽皖维高新

材料股份有限公司、中国石化集团重庆川维化工有限公司、宁夏大地循环发展股份有限公司、内蒙古双欣环保材料股份有限公司等，2020年合计产能为99.6万吨，60%以上的PVA生产装置采用电石乙炔法生产。主要生产企业的装置运行情况见表2-12。其中安徽皖维高新材料股份有限公司隶属于皖维集团，是国家高新技术企业，具有较强的科技创新和自主研发能力，是我国聚乙烯醇行业的龙头企业。据统计，2012—2020年皖维高新营业收入总体呈增长趋势，截至2021年上半年营业收入为37.53亿元，同比增长39.38%，其中聚乙烯醇业务收入为11.06亿元，同比增长9.53%，占总营收的29.47%。截至2020年皖维高新聚乙烯醇产量为26.58万吨，同比增长11.96%，销量为22.8万吨，同比增长4.18%。

表 2-12　2020 年中国主要 PVA 企业产能统计

生产厂家	生产工艺	产能（万吨）
安徽皖维高新材料有限公司	电石乙炔法	20
	电石乙炔法	6
	生物乙烯法	5
中国石化集团重庆川维化工有限公司	天然气乙炔法	16
上海石化股份有限公司化工事业部	石油乙烯法	4.6
宁夏大地循环发展股份有限公司	电石乙炔法	13
内蒙古双欣环保股份有限公司	电石乙炔法	13
台湾长春集团	石油乙烯法	12
中国石化长城能源化工有限公司	电石乙炔法	10
合计	—	99.6

高阻隔性是PVA最显著的特征。PVA分子结构中含有特殊的链段结构，分子中的大量羟基使得分子间存在很多较强键合作用的氢键，黏聚力较强，分子链堆积紧密，小分子不能透过，因而阻隔性能优异。PVA的性质与EVOH的性质非常相近，PVA也可以有效地阻止氧气、二氧化碳等气体的渗透，另外其对非极性的油类、有机溶剂也有极好的阻隔性能。也是由于氢键的作用使聚乙烯醇致密性好、结晶度高，这导致了PVA熔点高，再加上其熔点与分解温度十分接近，加工难度非常大。与EVOH相似，PVA吸湿性强，吸水增塑后，其玻璃化转变温度会降低，分子链之间会倾向于相互运动，这促进了小分子在PVA分子链之间的扩散，从而导致了阻隔性能的下降。为了克服PVA易于吸潮的缺陷，通常将吸湿性强的PVA膜夹在两层阻湿性比较好的薄膜如PE膜或者PP膜中间，从而用复合的方式充分利用PE或PP膜良好的阻湿性及PVA良好的阻气性，具体的工艺如下：用黏合剂将PVA膜复合在PE膜或者PP膜中间；用聚乙烯醇水溶胶在PE或者PP膜上涂布复合，聚乙烯醇既是黏合剂又是阻隔层。制备聚乙烯醇薄膜，一般有两种方法：溶胶涂布法或者流延法（湿法）和挤出吹塑法（干法）。此外，聚乙烯醇可以与

其他可降解材料共混改性后直接生产可降解薄膜，但是共混的聚乙烯醇不适合作为包装的阻隔层应用。

近年来随着环保要求的提高，PVA因具有良好的阻隔性、生物降解性及价格低廉，被广泛应用于食品包装、高档服装包装、光学膜等。但是PVA耐水性差，吸湿以后性能急剧下降，影响了PVA材料的推广和普及。行业专家尝试对PVA进行改性，以提高其性能的稳定性，拓展PVA材料的应用领域。根据不同的改性机制，聚乙烯醇复合膜的改性方法一般分为4类：①物理改性，包括共混改性、热处理改性等。共混改性过程比较简单，而且容易拓展复合膜的其他功能，因此是目前最常用的改性方法之一。②纳米复合改性，这类方法是将相容性较好的纳米材料与PVA溶液混合之后采用流延法或者静电纺丝法制备成复合膜。③化学交联改性，这类方法一般使加入的化学试剂与PVA分子链上大量的羟基反应形成化学键，从而在复合膜内部形成更加致密的网状结构，进而能够显著提升PVA复合膜的阻隔性能、力学性能和热稳定性等。④协同改性，使用2种及以上的方法或者材料对PVA合膜进行改性。使用单一方法或者材料一般只能较好地改进PVA复合膜某一方面的性能，不能满足PVA复合膜在实际应用中对多种性能的需求（比如耐水性、光学性能和亲水性的结合），因此采用协同改性的方法可以获得综合性能更加优异的复合膜。

在全球PVA的消费结构中，聚合助剂、聚乙烯醇缩丁醛（polyvinyl butyral，PVB）、纺织浆料和黏合剂是PVA的主要下游消费市场。在国内，PVA的下游消费市场则主要为聚合助剂、织物浆料、黏合剂等。PVA通常在悬浮聚合中作为保护胶类物质使用，以提高悬浮聚合体系的分散稳定性。PVA也被广泛用作乳液聚合过程中的稳定剂，协同乳化剂提高乳液聚合体系的稳定性、聚合物乳液的稳定性；以PVA制作的浆料，不腐败变质，对棉、麻、涤纶、丙纶以及人造纤维都具有良好的黏着性，浆膜光滑强韧，能使纱的强度增加，减少断头，而且用量省，退浆简便，因此被广泛用于化纤长短纤维、黏胶纤维的上浆以及纺织品后加工方面；用PVA制作的黏合剂，具有不腐败变质、质量稳定等特点，可代替淀粉、水玻璃或与之并用。由于PVA水溶液对纸的黏合力大，成膜性好，皮瓣强韧，可代替价格昂贵、容易腐败的干酪素制作颜料黏合剂，涂布纸的白度和光泽度好，不易卷曲，成本低，因此在美术纸、工艺纸等高级纸张方面有广泛的用途；良好的拉丝性能奠定了PVA作为维纶纤维原料的地位。用PVA制造的维纶纤维具有色泽白、强力高、吸湿性好、耐磨、耐晒、耐腐蚀等优点，可与棉、毛、黏胶纤维混纺或纯纺，用于衣着及篷布、帘子线、渔网、绳索等工业用途，并且是石棉的良好替代品；用PVA制作的纸张表面施胶剂，可增加纸品的表面强度和内部的抗张力、伸长度、耐破裂度、耐折和耐摩擦强度，增加纸张的光泽及平滑性，提高纸张耐水、耐油及耐有机溶剂性，改善印刷适应性。PVA还可以用作纸管或纸板的接着剂，邮票背胶的再湿接着，颜料涂布工程的胶合剂与纸品的内部上胶；高强度 PVA 纤维在建材中的应用已日益广泛，被用于建筑物中混凝土的加强，如水泥板、下水道、正面观台的地面、停车场等；也可用作水泥和玻璃纤维的理想替代物，室内装潢的纤维的补张中，而且在内墙涂料及胶黏剂中，PVA 也正在得到越来越广泛的应用；PVA 薄膜目前在 PVA 下游所占市场份额不大，但近年来应用越来越广泛，对 PVA 进行改性，以改善 PVA 材料的耐水性和降解性等性能，可以极大地扩展 PVA 薄膜的应用范围。例如水溶性 PVA 薄膜，在欧洲、美国、日本已经被广泛用于各种产品的包装，拜耳等很多大公司也都在使用。

3.4 聚三氟氯乙烯

聚三氟氯乙烯（polytrifluorochloroethylene，PCTFE）作为最早研发生产的热塑性氟塑料之一，始终受到科研工作者的广泛关注。PCTFE 最早由 Schloffer 和 Scherer 在 1934 年首次制备得到并于 1937 年发表了相关专利，随后美国为支持曼哈顿计划开发了一系列低分子 PCTFE 油蜡产品。1957 年，美国 3M 公司开始制备高分子质量的 PCTFE 树脂并以商品名 Kel-F 进行出售。在此之后，日本大金（Daikin）公司、美国霍尼韦尔（Honeywell）公司、法国阿科玛（Arkema）公司均推出了自己的 PCTFE 产品。我国的 PCTFE 研制起步较，在 20 世纪 60 年代初试制成功，1966 年建成年产 25 吨 PCTFE 树脂的生产装置。目前，全球 PCTFE 树脂产品供应主要集中于日本大金公司、美国霍尼韦尔公司及 3M 公司，国内 PCTFE 生产厂家主要有上海三爱富新材料科技有限公司、浙江巨塑化工股份有限公司、中昊晨光化工研究院有限公司等。

目前，PCTFE 主要通过三氟氯乙烯的悬浮聚合和乳液聚合进行制备，反应一般通过自由基引发，常采用过硫酸盐/亚硫酸盐氧化-还原引发体系，此外也可由紫外光或 γ 射线辐射引发聚合。悬浮聚合制备 PCTFE 一般在低温低压下进行，以水或水/醇混合液作为反应介质，反应过程中需要加入促进剂、pH 缓冲剂、链转移剂和分子质量调节剂来促进反应以及调节产物特性。在聚合过程中由于受引发剂、链转移及重排作用等影响，PCTFE 分子链端会引入羧基、酰氟基等不稳定端基，在后续加工时不稳定端基受热分解或发生交联反应，导致 PCTFE 热稳定性下降、制品受热易变色、熔体黏度增加等一系列问题。在 PCTFE 的生产过程中，乳液聚合的应用也非常广泛。乳液聚合法制 PCTFE 所需的组分包括单体、表面活性剂、引发剂、乳化剂、pH 缓冲剂和分散介质等。不同的组分选择及配比对反应过程和 PCTFE 产物性能有较大影响。早期乳液聚合使用在水介质中与碱金属亚硫酸氢盐相配合的碱金属过硫酸盐类水溶性引发剂，乳化剂采用全氟羧酸或氯氟代羧酸及其盐，后来将银盐作为促进剂加入合体系中，既可提高聚合速率又不降低聚合物的熔融黏度。

PCTFE 分子链由碳原子、氟原子和氯原子组成，不含有氢原子，如图 2-3 所示。PCTFE 是一种热塑性树脂，其分子量在 10 万 ~ 20 万，分子结构中的氟原子使聚合物具有化学惰性、一定的耐温性，不吸湿性及不透气性。分子结构中氯原子的存在使聚合物具有良好的加工流动性、透明性及良好的硬度。由于 PCTFE 分子结构中 C-Cl 键的引入，除了耐热性及化学惰性比 PTPE 及 TFE-HFP 共聚物较差外，硬度、刚性、耐蠕变性均较好，渗透性及熔点、熔融黏度都比较低。

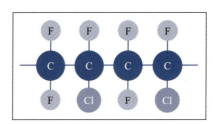

图 2-3　PCTFE 的分子结构图

PCTFE 具有良好的化学惰性、耐热性和耐化学腐蚀性，较高的机械强度和韧性，优良的介电性能和光学性能等。然而 PCTFE 的基本性能取决于其分子量和结晶度。高分子量的 PCTFE 的熔融温度为 211 ~ 216 ℃，玻璃化转变温度为 71 ~ 99 ℃。即使在 250 ℃ 的高温条件下，PCTFE 仍然能保持良好的热稳定性能，PCTFE 失去强度的温度大约为其熔融温度，分解温度大于 310 ℃。PCTFE 具有极佳的耐寒性，即使在液氮、液氧及液化天然气中仍然不会脆化和蠕变，PCTFE 制品的有效使用温度范围为 –240 ~ 205 ℃。无定形 PCTFE 和结晶型 PCTFE 的比重分别为 2.075 和 2.185。高结晶度的 PCTFE 透明度比较差，延伸率也比较低，但是具有较强的气体和液体渗透能力；低结晶度的 PCTFE 具有良好的透明度、硬度高且延伸性比较好。较高的氟元素含量使 PCTFE 几乎耐所有的化学物质和氧化剂，只在高温条件下能被熔融的金属碱、氯磺酸及氟气所破坏，在高温下能够溶解或者溶胀于苯及苯的同系物和多卤化物。在所有的工程塑料中，PCTFE 具有最低的水汽渗透率，不渗透任何气体，不助燃，是一种具有良好保护功能的聚合物。综上所述，PCTFE 具有良好的机械性能和化学性能，这使其成为一种性能优良的特种工程热塑性塑料。PCTFE 的主要性能见表 2-13，其阻隔性能见表 2-14。

PCTFE 熔点为 205 ~ 215 ℃，具有良好的热塑性、水汽阻隔性、耐高温和低温和极佳的电学性质，主要用作薄膜软包装材料和低温耐腐蚀材料而被广泛应用于电子电器、化工和医疗等领域。PCTFE 膜的水蒸气透过率是所有塑料中最低的，因其对水汽、气体及化学药品的低渗透甚至于不渗透性，被广泛应用于药物、电子元件、医疗器械、军用物品、发光组件和航空航天领域的封装膜，约占 PCTFE 市场

表 2-13　PCTFE 主要性能

		ASTM	测试条件	单位	数值
物理性能	比重	D1505	—	—	2.11
	分子量	—	—	—	$(1\sim5)\times10^6$
	结晶度	—	—	%	40~80
	成型收缩率	—	—	cm/cm	0.015~0.03
	折光率	D-542	n_D	—	1.425
	吸水率	D-570	24 h	%	0.00
热性能	比热	—	—	Cal/g/℃	0.22
	导热系数	C-177	—	Cal/s/cm^2/℃/cm	$4.7\sim5.3\times10^{-4}$
	热膨胀	D-696	—	Y℃	$4.5\sim7.0\times10^{-5}$
	熔融温度	D4591	—	℃	211
	熔融黏度	—	—	P	107（230 ℃）
	马丁耐热	—	—	℃	
	热变形温度	—	4.6 kg	℃	
	分解温度	—	—	℃	
	使用温度	—	—	℃	
	燃烧性	—	—	—	不燃
机械性能	抗张强度	D-638	23 ℃	kg/cm^2	320~420
	弹性模量	—	—	MPa	1423
	挠曲强度	D-790	23 ℃	kg/cm^2	520~650
	压缩强度	D-690	25 ℃，1% 压缩张力	kg/cm^2	91~120
	抗张模数	D-638	23 ℃	kg/cm^2	1500~21 000
	冲击强度	D-256	23 ℃，缺口	ft.Ib/in	2.5~2.7
	延伸率	D-882	—	%	70~130
	硬度	D-676	邵氏	—	D76
	负载变形	D-621	100 ℃，70 kg/cm^2	%	
			25 ℃，140 kg/cm^2，24 h	%	0.2
	摩擦系数	—	运动（钢）	—	0.10
			静止（钢）		0.08
	磨耗	—	—	—	14~15
电性能	介电常数	D-150	60 Hz		2.274~2.8
			10^3 Hz		2.3~2.7
			10^6 Hz		2.3~2.5
	分散因素	D-150	10^3 Hz		0.023~0.02
	介电强度	D-149	短时间	kV/0.1 min	12
	耐电弧	D-495	—	s	2 360
	体积电阻	D-257	—	Ω·cm	$>10^{19}$
	表面电阻	D-257	—	Ω	$>10^{14}$

表 2-14 PCTFE 对水汽、气体和液体的渗透性

水蒸气透过性		试剂透过性	
薄膜厚度（mm）	水蒸气透过率 [g/(100 m² · d)]	试剂名称	透过率 [g/(100 m² · d · mil)]
2	0.02	氨水 28%	< 0.02
3	0	盐酸 37%	< 0.02
4	0	苯	< 0.02
5	0	甲酸	< 0.02
7	0	氢氧化钠 50%	0.03
8	0	溴素	0.01

用量的 75%。1999 年，美国消费 454 吨 PCTFE 薄膜，平均价格 60 美元/kg，年均消费量增长率为 4%。目前市场上主要以美国 Honywell 生产的 Aclar 薄膜为主，其广泛应用于对水分敏感的制品和零件的包装，如与 PVC 和 PE 做成层合材料可用于儿童用维生素的泡罩包装以防止维生素受潮和褪色，但由于 PCTFE 膜的热封性能较差，一般需经电晕放电处理提高其表面能，然后用热熔胶黏剂层压。PCTFE 压缩强度大，特别适宜用作化工设备的耐高压防腐蚀垫片，使用压力可达到 25 MPa。PCTFE 具有极好的尺寸稳定性，热膨胀系数为 50%，且低温下具有极大的机械强度，在 110 ℃ 条件下密封性能最好，特别适宜做低温机械的零部件，如液化天然气运输船、储存罐等的耐低温阀片。PCTFE 具有优良的耐腐蚀性能，被广泛用于制作防腐蚀泵的阀门，用于输送温度不高于 100 ℃ 的任意浓度的各种强酸、强碱、强氧化剂等强腐蚀流体，特别是用于输送氢氟酸时，最能发挥其优良性能。目前低温耐腐蚀 PCTFE 约占 PCTFE 市场用量的 20%，主要产品为日本大金 Neoflon 系列 M300 H、M300 P、M300 PL 和 M400 H 四个牌号。PCTFE 早期一个很大的用途是用于热裂解制取低分子质量 PCTFE（又称氟氯油），由于采用调聚法从三氟氯乙烯（chlorotrifluoroethylene，CTFE）直接生产氟氯油的工艺渐趋成熟，这一方法已逐渐被淘汰。氟氯油化学稳定性好、润滑性能优异，主要用作航空航天和核工业等领域，作为苛刻条件下的惰性润滑剂、密封剂、压力传递液、阻尼液等使用。此外，PCTFE 因具有良好的电气性能，还可用于制作在潮湿环境中使用的插件、印刷电路板、电缆包覆材料等。

PCTFE 虽然具有一系列优良性能，但其在熔融状态下黏度大导致其加工难度大，可加工温度范围窄，结晶速率比较大且结晶度很高导致材料制品脆性很大，极易产生裂纹，从而限制了其应用。此外，在某些特殊环境下的应用，对材料某一性能提出了更高的要求，对 PCTFE 材料进行改性，可适应不同应用需求，以拓宽其应用范围。目前对 PCTFE 的改性研究主要集中于共聚改性、共混复合改性和化学改性。PCTFE 的共聚改性丰富了含氟塑料的种类，拓展了 PCTFE 材料的应用领域。其中，

乙烯 - 三氟氯乙烯共聚物（ethylene-chlorotrifluoroethylene copolymer，ECTFE）及三氟氯乙烯 - 偏氟乙烯共聚物最为常见。ECTFE 是三氟氯乙烯的交替共聚物，共聚单体乙烯的引入使 ECTFE 在保持了原有的优良性能，同时改善了其加工性和热塑性。ECTFE 可通过注塑、静电喷涂和旋转模塑等传统方法制造片材、板材、纤维及涂层。三氟氯乙烯 - 偏氟乙烯共聚物是由偏氟乙烯和三氟氯乙烯的无归共聚物，分子链中偏二氟乙烯（vinylidene fluoride，VDF）的摩尔分数决定了聚合物的性能。VDF 的摩尔分数较低时，共聚物仍能保持半结晶状态，但结晶度会明显低于 PCTFE，可以作为一种热塑性塑料使用；当 VDF 含量增加时，VDF 对 PCTFE 分子链结晶度的破坏比较严重，分子链呈现无定型状态显示出橡胶的特性，该氟橡胶具有阻燃性能好、优异的耐氧、耐热及耐溶剂性能，且具有良好的介电常数和压电特性。除此以外，CTFE 也可与丙烯、异丁烯及丙烯酸酯类的单体进行共聚，由于这些单体都是给电子体，因此在聚合过程中更易与 CTFE 形成交替共聚物。聚合物共混改性是获得具有优良综合性能材料的高效途径之一。由于 PCTFE 聚合物的熔点与分解温度十分相近，导致其加工温度窗口很小，不利于加工。针对 PCTFE 韧性差、制品易开裂的问题，李季等研究了核 - 壳结构丙烯酸酯共聚物 PCTF 性能的影响，研究表明：核 - 壳结构丙烯酸酯共聚物的加入在缩短 PCTFE 塑化时间的同时，改善 PCTFE 的韧性，降低了 PCTFE 结晶度，减小了晶粒尺寸，但未改变棒状晶体的形态。冯钠等也以丙烯酸酯类树脂（acrylate resin，ACR）和聚偏氟乙烯（polyvinylidene fluoride，PVDF）作为增韧剂，通过熔融共混制备 PCTFE 共混物，发现 ACR、PVDF 的加入均大幅度提高了 PCTFE 的冲击强度，显微照片显示共混物断面呈明显的韧性断裂特征。除增韧改性外，许多研究也聚焦于 PCTFE 的增强改性。如韦昌佩等利用偶联剂表面处理后的碳纤维（carbon fiber，CF）与 PCTFE 进行机械共混，制备出了 CF 增强的 PCTFE 复合材料。该材料拉伸强度和弯曲强度较纯 PCTFE 有明显增加，但断裂伸长率和冲击强度却明显下降。近些年来，行业专家对 PCTFE 的表面改性也做了大量研究。目前普遍认为 PCTFE 分子链中的氯原子具有特殊的反应活性，这使得 PCTFE 相较于其他氟树脂具有非常独特的反应性，可通过亲核取代或消除反应对 PCTFE 引入新的官能团。如 Siergiej 等在氢气环境下通过将苯基锂与 PCTFE 在四氢呋喃（tetrahydrofuran，THF）中反应得到苯基修饰的 PCTFE 材料，红外光谱与元素分析结果表明 PCTFE 中的氯原子被苯基所取代。Okubo 等利用常压非热等离子接枝聚合的方法对 PCTFE 薄膜进行表面改性，经改性的薄膜水接触角由 91° 下降为 42°，在 T 型剥离试验中，改性后的 PCTFE 薄膜与铝箔剥离强度达到了 13.3 N/mm。

第四节 热封材料的性能及工艺

聚乙烯是塑料包装制品中使用量最大的一类包装原材料，其主要原材料是乙烯，而乙烯是通过石油裂解及精馏产出的。由于乙烯是无毒的，因此在各类聚乙烯原料中，即使含有 200~300 ppm 的乙烯，其依旧是无毒无害的高分子材料，可以直接作为与食品及药品相接触的包装材料使用。各种聚乙烯的熔融温度和热分解温度相差都比较大，但是熔融流动性均较好，可以使用挤压、注射、压塑及吹塑等方法来生产各种包装制品。各类聚乙烯都是非极性的聚合物，它们之间有着很好的相容性，可以相互之间以任何比例混合，以改善其加工性能和应用性能。由于各类聚乙烯的熔融温度都比较低，且具有很好的热黏性，在软塑料包装中常作为热封层使用。

聚乙烯的种类很多，按照其产业化的时间来分：1939 年产业化的第一代聚乙烯，即高压聚乙烯，也称为低密度聚乙烯；1953 产业化的第二代聚乙烯，即低压法聚乙烯，也称为高密度聚乙烯；1977 年产业化的第三代聚乙烯，即线性低密度聚乙烯；1984 年产业化的第四代聚乙烯，即超低密度聚乙烯及 1958 年产业化的超高分子量聚乙烯和 20 世纪 90 年代出现的茂金属聚乙烯。薄膜生产用的聚乙烯的结构和性能见表 2-15。

LDPE 是密度为 0.91~0.925 g/cm^3 的白色蜡状固体颗粒，无味、无臭、无毒，是典型的结晶型聚合物，其结晶度为 55%~65%。LDPE 是一种非极性的高分子材料，极易带静电，表面能低，因此在印刷、复合前必须进行电晕处理以提高其表面能，在加工过程中应该注意预防静电，避免静电积累造成质量事故或者火花放电引起火灾。LDPE 透明度良好，热封性能优良，可广泛应用于低温冷冻包装材料的生产。LDPE 具有优良的阻水性能，是制作各类食品及防潮包装的优质原料。但是 LDPE 阻气性能差，易透过各类气体。LDPE 具有一定的耐油性，但其耐油性和耐有机溶剂性均不如聚丙烯。LDPE 具有易燃性，燃烧时，火焰无烟无色，且有烧滴现象并有蜡烛气，这是鉴别聚乙烯额一个重要特征。LDPE 挤出吹膜时应该选择熔融指数为 2~6 g/10 min 的吹膜级粒子，它不仅有良好的开口性能，还具有很优良的热封性能，挤出机的均化温度在 150~180 ℃，吹胀比在 2~3，牵引比应该与吹胀比均衡。挤吹或者注吹中空容器时，选择熔指小于 2 g/10 min 的挤出级或者注吹级 LDPE 粒子，大于 2 g/10 min 的粒子加工时容易造成厚薄不均或者根本难以加工出品质好的容器。挤出流延 LDPE 膜时，一般选择熔指为 8~15 g/10 min 的 LDPE 粒子，如果原料熔指太高会导致薄膜的强度过低，其加工温度视薄膜的用途而定。若该薄膜用于热封，那么其加工温度最好不要超过 200 ℃；若用于复合，为了提高其与其他基材的牢固度，其加工温度可以提高到 300 ℃，甚至更高的温度，但是 LDPE 原料在此高温加工下的停留时间不宜太长，否则会造成原料的分解。

表 2-15　薄膜生产用的聚乙烯的结构和性能

聚乙烯	共聚单体	相对密度	制备方法	力学性能	备注
高密度聚乙烯（high density polyethylene, HDPE）	无支链	0.94~0.96	齐格勒–纳塔工艺	拉伸强度高，耐冲击强度低	脆性薄膜，具有良好的气体透过性能
低密度聚乙烯（low density polyethylene, LDPE）	无规短支链和长支链	0.91~0.925	自由基聚合，采用高压釜或者管状反应釜	非牛顿熔体，具有良好的冲击强度	具有良好的吹塑挤出性能，适用于软质薄膜的生产
线性低密度聚乙烯（linear low density polyethylene, LLDPE）	1-丁烯 1-己烯 1-辛烯	0.91~0.92	齐格勒–纳塔工艺	强度失重，有弹性，熔体比 LDPE 更具牛顿性	薄膜的透明度和光泽度比较高，难于挤出
极低密度聚乙烯（very low density polyethylene, VLDPE）	1-丁烯 1-己烯 1-辛烯	0.89~0.91	单点茂金属催化	具有韧性、弹性，强度适中	薄膜的透明度和光洁度高，可以生产极薄的薄膜
长支链 VLDPE	1-丁烯 1-己烯 1-辛烯	0.89~0.91	限定结构（Geometry）单点催化	有韧性、弹性，强度适中，非牛顿熔体	易于加工，熔体强度高
超低密度聚乙烯（ultra low density polyethylene, ULDPE），弹性体	1-丁烯 1-己烯 1-辛烯	<0.89	单点茂金属催化	有弹性，拉伸强度和模量低	热塑性弹性体，熔融温度低且范围窄，适于热封

中密度聚乙烯的密度为 0.926~0.940 g/cm³，其与 LDPE 的性能非常相近，由于密度的提高，其结晶度高达 70%~80%。由于密度和结晶度的提高，MDPE 的熔融温度、制品的强度和硬度都有了很大的提高。高密度聚乙烯的密度为 0.94~0.965 g/cm³，结晶度超过 90%，因此其刚性、强韧性、机械强度、耐溶剂性能及耐应力开裂都比 LDPE 强很多。熔指小于 1 g/10 min 的 HDPE 具有很高的强度，特别适合于吹塑垃圾袋；熔指在 3~20 g/10 min 的 HDPE，特别适合生产大型高强度的包装容器；熔指在 30~50 g/10 min 的 HDPE，特别适合用来注射周转箱。HDPE 的成型温度为 180~250 ℃，其强度特别高，但其透明性特别差。

LLDPE 除了具有 LDPE 的一些特性外，还具有极好的热封性和抗热封污染性。对于一般的塑料，其热封温度越高，其热封强度越大；然而对于 LLDPE，只需要使用较低的温度就可以得到较高的热封强度，适宜于高速热合机使用。LLDPE 的熔融黏度相当大，差不多是 LDPE 的 10 倍，而 LLDPE 的熔融黏度对温度不敏感，而对加工应力的敏感性非常强，这表明 LLDPE 不能通过提高温度的方法来降低黏度，而只能提高加工速度，即提高剪切应力提高熔融流动性，因此加工 LLDPE 的螺杆需要经过特殊的设计，其主电机的功率往往是 LDPE 的 2 倍以上。本领域的技术人员通常在 LLDPE 中掺一些 LDPE 以改善其加工性能。

茂金属聚乙烯和常规的各类聚乙烯不一样，它不是采用常规的 Ziegler-Natta 催化剂聚合工艺，而是用二茂基氯和甲基铝氧化物组成的新型茂金属催化剂生产的。茂金属催化剂具有活性高、活性中心单一的特点，可用于制备相对分子质量分布窄、透明度好、力学性能好和热封性能俱佳的高性能聚合物。茂金属催化剂优良的共聚性，可使大多数单体与乙烯发生共聚。茂金属线型低密度聚乙烯具有较低的熔点且具有明显的熔区，并且在韧性、透明度、热封性能等方面明显优于传聚乙烯。生产高强度薄膜专用料是茂金属催化剂的最显著应用，茂金属催化剂制备的聚乙烯在结构上的特征优势，进一步扩展了聚乙烯的应用领域，使得茂金属聚乙烯在薄膜、管材、食品包装等行业具有广泛的用途。

超高分子量聚乙烯作为一种综合性能十分优异的高分子聚合物，比模量和比强度都比较高且具有不俗的耐低温性、耐化学腐蚀、耐冲击和耐磨损特性。相比于常规的塑料，超高分子量聚乙烯由于分子量非常大，分子之间会产生大量的缠结，这使得其硬度和耐热性都比较差，但是可以通过交联改性或者改性等方式改善这些性能。超高分子分子量聚乙烯薄膜通常以高分子量聚乙烯为基础材料，将其加工成一定厚度的薄膜材料，被广泛应用于包装、纺织、食品、农业及医疗领域，但是由于其分子量非常高，其熔融流动性差，因此难以通过一般加工方法加工。

第五节　胶黏材料的性能及工艺

胶黏剂属于高分子材料，随着生产工艺的进步，多功能、高性能的胶黏剂得到日益广泛的应用，主要应用在包装、印刷、建筑工程、纺织印染、制鞋、生物医药等行业。我国胶黏剂产量将居世界第一位，销售额居世界第二位。随着胶黏剂应用的范围越来越广，个性化的需求也不断增多。据统计我国胶黏剂的生产企业超过千家，胶黏剂的品种也超过 3000 多种。得益于胶黏剂的应用，各行业简化了工艺、节约了能源、降低了成本，最终提高了经济效益和社会效益。目前绿色环保、节约资源及可持续发展是时代的主题，绿色经济更是我国以后主要的发展方向，即水性化、固体化、无溶剂化、低毒化。本领域技术人员不但需要对现有胶黏剂进行改进，还需积极开发反应型、多功能型、环保型胶黏剂。

现在使用的胶黏剂都是采用多种组分合成的树脂胶黏剂，单一组分的胶黏剂难以满足使用中的要求。合成胶黏剂由主剂和助剂构成，主剂又称主料、基料或黏料；助剂有固化剂、增塑剂、稀释剂、填料、偶联剂、防老化剂、阻聚剂、乳化剂、络合剂及稳定剂等，根据不同的应用要求还可能包括阻燃剂、发泡剂、着色剂和防霉剂。

主剂是胶黏剂的主要成分，主导胶黏剂的黏结性能，同时也是区别胶黏剂的重要特征。主剂一般由一种或者两种，甚至三种高聚物组成，要求具有良好的黏附性和润色性等。常用的黏料有天然高分子化合物（如蛋白质、皮胶、鱼胶、松香、桃胶及骨胶等）、热固性树脂（如环氧树脂、酚醛树脂、聚氨酯树脂、脲醛树脂及有机硅树脂等）、热塑性树脂（如聚乙酸乙烯酯、聚乙烯醇、缩醛类树脂及聚苯乙烯树脂）、弹性材料（如丁腈胶、氯丁橡胶及聚硫橡胶等）及各种合成树脂、合成橡胶的混合体或接枝、镶嵌和共聚体等。为了满足特定的物理化学特性，加入的各种辅助组分称为助剂，例如：为了使主体黏料形成网型或体型结构，增加胶层内聚强度而加入固化剂（它们与主体黏料发生反应并产生交联作用）；为了加速固化、降低反应温度而加入固化促进剂或催化剂；为了提高耐大气老化、热老化、电弧老化、臭氧老化等性能而加入防老剂；为了赋予胶黏剂某些特定性质、降低成本而加入填料；为降低胶层刚性、增加韧性而加入增韧剂；为了改善工艺性降低黏度、延长使用寿命加入稀释剂等。主要包括：固化剂、增韧剂、稀释剂、填料及改性剂等。

聚氨酯胶黏剂中含有强极性和高化学反应活泼的异氰酸酯基和氨酯基，与泡沫塑料、木材、皮革、织物、纸张、陶瓷、玻璃橡胶等含有活泼氢的材料具有优良的化学黏结力，且黏结牢固。可以通过调整聚氨酯胶黏剂的配方调节黏结层的刚柔性，使其适应不同材料的黏结。聚氨酯胶黏剂可加热固化，也可以常温固化，胶接工艺简单，操作性能良好，且固化时没有副反应，黏结层基本没有什么缺陷。目前在药品及食品包装行业，各包装厂商主要用的是聚氨酯胶黏剂。聚氨酯胶黏剂的类型和品种比较多，其分类方法也很多，行业通常按照反应组成与用途、特性进行分类。按反应组成分类，可以分为多异氰酸酯胶黏剂、含异氰酸酯的聚氨酯胶黏剂、含羟基聚氨酯胶黏剂和聚氨酯树脂胶黏剂；按照用途与特性分类可分为通用型胶黏剂、食品包装用胶黏剂、鞋用胶黏剂、建筑用胶黏剂、结构用胶黏剂、超低温用胶黏剂、发泡型胶黏剂、厌氧型胶黏剂、导电性胶黏剂、热熔胶型胶黏剂、压敏性胶黏剂、封闭性胶黏剂、水性胶黏剂及密封胶黏剂等。

黏结键间的作用力主要有化学键力、分子间力、界面静电引力和机械作用力。化学键力又称为主价键力，存在于原子（或离子）之间，有离子键、共价键及金属键三种不同形式。胶黏剂与被黏物质之间如果能引入化学键连接，其黏结强度会显著提高，例如聚氨酯胶黏剂黏橡胶、纤维素等物质可能会发生化学反应产生新的化学键从而提高黏结强度。分子间力又称为次价键力，有取向力、诱导力、色散力和氢键这几种形式。低分子物质的色散力较弱，高分子物质的色散力相当可观。非极性高分子物质的中，色散力占全部分子作用力的 $80\% \sim 100\%$。氢键具有饱和性和方向性，比化学键力小得多，但大于范德华力。当金属材料与非金属材料密切接触时，金属材料容易失去电子，而非金属材料容易得到电子，这样电子会从金属材料迁移到非金属材料从而产生接触电势，并形成双电层而产生静电引力。胶黏剂充满被黏物质表面的缝隙或凹凸处，固化后在界面产生啮合力。机械连接力的本质是摩擦力，在黏结多孔材料、织物和纸张时非常重要。

聚氨酯胶黏剂的制备、应用性能均与异氰酸酯的化学反应活性有关，因此研究聚氨酯胶黏剂之前必须了解异氰酸酯的化学反应活性。异氰酸酯是由氮、碳、氧三种原子组成的累积二烯结构的基团，这种双键累积与杂原子的堆砌使其很容易受亲核中心的进攻。异氰酸酯与活泼氢化物的反应就是由于活泼氢化物分子中亲核中心进攻 -NCO 基团中的 C 原子而引发的（图 2-4）。

$$RNCO + NuH \longrightarrow RN=C(OH)Nu \longrightarrow RNHCONu$$

图 2-4　异氰酸酯与活泼氢化物反应

Nu 可为氨基、烷氧基、酯基等，不同的亲核试剂可进行不同的化学反应，形成特定的反应产物，这些亲核反应构成了聚氨酯胶黏剂的制备和应用基础。如 RNCO 可以和醇反应生成氨基甲酸酯，而多元醇与多异氰酸酯反应生成聚氨基甲酸酯，简称聚氨酯；异氰酸酯与水反应首先生成不稳定的氨基甲酸，然后由氨基甲酸分解成二氧化碳与胺，若在过量的异氰酸酯存在下，所生成的胺会与异氰酸酯继续反应生成脲；芳香族的异氰酸酯会形成二聚体，该二聚体在高温下会解离成原来的二聚体；脂肪族或芳香族异氰酸酯会在催化剂的作用下可发生三聚，该反应不可逆，可利用该反应引入交联和支化，从而提高胶黏剂的耐热性。

影响聚氨酯结构和性质的主要因素为软硬段结构、异氰酸酯结构、聚氨酯分子量及交联度等。聚氨酯软段由低聚物多元醇组成（通常为聚醚或者聚酯二醇），硬段由多异氰酸酯或其与小分子扩链剂组成。由于两种链段的热力学不相容，导致两者会有微观的相分离，在聚合物基体内部形成相区或微相区。聚氨酯中存在氨基、脲、酯、醚等基团会产生较多的氢键，其中氨酯键和脲键产生的氢键对硬段相区的形成具有较大的贡献，聚氨酯的硬段起增强作用，提供多官能度物理交联，软段基本被硬段相区交联。聚氨酯的优良性能是由于微相区形成，而不是简单由硬段和软段之间的氢键所致。

几乎所有被黏物质的表面都存在不平整现象，有些多孔料还存在毛细孔渗透现象。在界面润湿未达到平衡时，液态胶黏剂在被黏物面上的浸润是一个复杂的过程，也是黏结成败的关键。一般来说，液态胶黏剂与被黏物表面的接触角应该越小越好，以使其容易润湿；对基材表面最好进行必要的处理，用物理或者化学的方法清除薄弱的界面层，或制造适当的表面粗糙度也能加强浸润，增大黏结力。除了浸润及渗透，聚氨酯胶黏剂的极性基团及反应性基团还能与各种基材发生物理及化学作用，形成黏结力。在黏结金属、玻璃、陶瓷等高表面能物质时，固化物中含有内聚能较高的氨酯键和脲键，在一定条件下能在黏结面上聚集，形成高表面张力胶黏层。一般来说，胶黏剂异氰酸酯或者其衍生物的百分含量越高，胶黏层的表面张力越大，胶越坚韧，能与金属等基材更好地匹配，黏结强度越高。在黏结非极性塑料如 PE 等低表面能物质时，其表面能很低，用极性的胶黏剂黏结时可能遇到困难，这可用表面电晕、化学腐蚀或使用底涂的方法增加表面的极性从而提高表面能。对于 PVC、PET 及 FRP 等塑料，由于表面有较多的极性基团，它们能与胶黏剂中的氨酯键、酯键、醚键等基团形成氢键，形成具有一定黏结强度的接头。织物、木材等多孔材料，具有一定的吸湿率，其表面含有丰富的醚基、酯基、羟基、羧基及酰胺基等极性基团，极易与胶黏剂中 NCO 反应，还容易渗入纤维之间，形成牢固的黏结。

我国的聚氨酯胶黏剂技术与世界先进水平相比，仍有不小的差距。主要是中、低档的产品比较多，溶剂型的比例过大；溶剂含量高，固化剂异氰酸酯预聚物中游离单体含量超标；总体的产业规模较小而分散，生产设备、工艺及控制手段相对落后；特种原料及助剂，如特种聚酯多元醇、特种催化剂、脱水机、增黏剂、封闭剂、硅烷改性剂等助剂较为缺乏，有些价格比较昂贵。因此需要加快推进行业技术进步，调整产品结构，使新产品向无溶剂、少溶剂、水基型热熔型、UV 固化型、反应性热熔型等方向发展，向室温固化或低温固化方向发展，向资源可再生利用方向发展。

第三章

药用硬片生产设备

生产设备是生产药用硬片的基础,选择合适的成型设备及配套辅助设备至关重要,本章将对药用硬片主要品种的生产设备进行详细讲述。

第一节 PVC压延设备

压延机是采用压延法生产薄膜或片材的一种专用设备。它是将热塑性塑料原料和一些加工助剂按规定的配方进行搅拌混合,并通过行星螺杆式挤出机将达到或接近黏流态温度的物料挤出,再通过一系列相向旋转着的水平辊间间隙,使物料承受挤压和延展,而使其成为规定尺寸的连续片状制品,经在线厚度检测、杂质检测后收卷。其产品广泛用于农业薄膜、工业包装薄膜、建筑装潢片材、药品、食品包装片材等。设备整体示意图如图3-1所示。

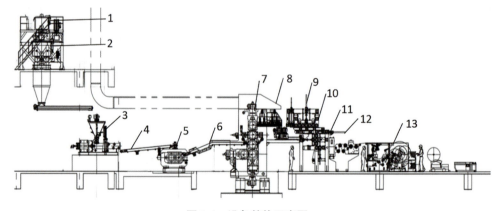

图3-1 设备整体示意图

1.高速混合机;2.冷却搅拌机;3.行星螺杆式挤出机;4.传送带;5.两辊炼塑机;6.传送带;7.两辊及以上压延机;8.引离辊;9.牵引辊;10.冷却辊;11.β测厚仪;12.夹持辊;13.收卷机。

1.1 配料系统

配料系统由物料输送管路系统、高速搅拌机、冷却搅拌机、料斗、螺旋输送机组成,物料输送管路一般采用304级不锈钢管进行铺设,确保物料不受外界的污染。

高速搅拌机的作用是将按工艺配方要求的各组分物料投入混合锅内后,由底部的搅拌桨叶不断地对物料进行旋转和上下两个方向的搅拌,使物料达到均匀混合。高速搅拌机示意图如图3-2所示。

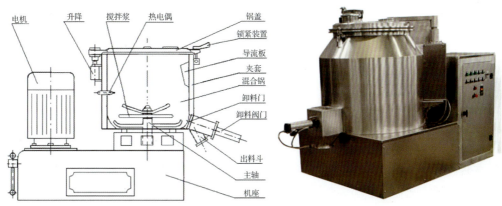

图 3-2　高速搅拌机示意图

冷却搅拌机的作用是冷却经过高速搅拌机混合后的物料温度,保持物料的分散状态。因为经过高速搅拌机混合后的物料,由于剪切力的作用产生了一定的热量,温度会超过110 ℃,将导致物料分解并释放出氯化氢气体,腐蚀设备。同时使物料膨胀变色,呈现一种湿润软材的状态,不利于物料后续的输送。

经过冷却并分散后的物料被储存在料斗内,并通过螺旋输送机按设备产能情况均匀、平稳地将物料输送至下一个工艺环节——塑化系统。

1.2 塑化系统

压延机的塑化系统由驱动系统、强迫加料系统、行星挤出机、两辊炼塑机以及加热控制系统组成。塑化系统示意图如图3-3所示。

1.2.1 驱动系统

驱动系统由主电机、齿轮箱、控制系统组成,动力为配用直流电机或变频电机,两种电机通过调速可使挤出机主螺杆在0～65 r/min范围内工作。

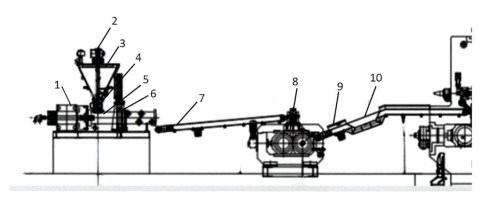

图 3-3　塑化系统示意图

1. 主电机和齿轮箱；2. 强制进料器；3. 料斗；4. 金属分离器；5. 送料段；6. 行星螺杆；7. 输送带；8. 开炼机；9. 隧道式金属检测仪；10. 输送带。

1.2.2　强迫加料系统

强迫加料系统由料斗、金属分离器、送料螺杆组成（图3-4）。料斗承接来料，并采取自由落体和强制进料两种送料方式。自由落体送料是螺旋输料机构横向置于料斗底部，变频电机经摆线针轮减速机给螺旋输料机构提供动力，料斗内的粉料通过螺旋输料机构自由落入挤出机送料段入口。强制送料则通过安装于料斗顶部的摆线针轮减速器和直流调速电机作为传动并通过贯穿于料斗中心的搅拌杆与料斗底部的螺旋输料螺杆相联，粉料通过螺旋螺杆强制输送到挤出机送料段入口。料斗内装有两个料位计来控制料斗内粉料的储存量。在料斗的上方安装金属分离器，金属分离器的作用是在粉料输送过程中，实时监测物料中是否有金属异物，一旦发现金属异物，该仪器通过与之配套的电磁气动分离阀将混入物料中的金属异物准确地剔除掉，达到保护挤出螺杆的作用。

图 3-4　强迫加料系统

1.2.3　行星挤出机

行星挤出机由螺套以及塑化段（主螺杆、行星螺杆、内齿套）组成。

从料斗送来的粉料将送入塑化段，塑化段是压延机挤出塑化系统的核心部件，它由主螺杆、行星螺杆、内齿套组成，俗称"三大件"。行星挤出机通常由转动系统"挤压系统"加料系统和温控系统组成。其挤压系统具有独特的结构，行星挤出机正是因其挤压系统的特点而得名。行星挤出机的挤压系统由加料段和行星段组成。其加料段相当于普通的单螺杆挤出机的加料段。该段建立很低的压力，螺槽中仅部分充满物料。加料段部分的机筒设有水冷系统，同时在与行星段机筒连接处有隔热层，防止两段机筒的温度相互影响。行星挤出机最重要的部分为行星段，其主要起到使物料"熔融塑化"混炼的作用。该段由一根中心螺杆、若干根行星螺杆以及壁内开齿的机筒构成，这三个部件是行星挤出机关键的三大件。其中心螺杆"行星螺杆"和机筒均由高拉伸强度与耐磨的合金钢制成。螺杆与机筒内齿之间的间隙一般为0.2～0.4 mm。行星螺杆的根数与行星段直径成正比，一般为6～18条。产量与行星螺杆根数呈线性关系。在运行过程中，旋转的中心螺杆驱动行星螺杆自转，同时像行星一样围绕中心螺杆公转，使行星螺杆浮动在主螺杆与机筒内齿之间。由于行星段螺旋齿有45°的螺旋角，所以，主螺杆转动时会产生轴向力，使行星螺杆轴向往前移动，因此，在行星段机筒末端设置有止推环，其内径应小于行星螺杆轴心所成之圆的直径。止推环接触行星螺杆的面承受很大的滑动摩擦，其耐磨性非常关键，所以止推环一般镀有耐磨层或由硬质合金制成，以提高耐磨性能。行星段可设计成两段式，中间设置分散环，分散环可增加背压，加强物料剪切，使物料更早开始熔融，还可提高混炼及排气性能。主螺杆及内齿套内均加热油，其温度可在100～250 ℃范围内调控，视生产PVC制品类型不同而调节加热温度。行星螺杆长短搭配，来料经行星螺杆长短差形成的空间强行进入三大件啮合传动的间隙中，并在其中被预热。强行进行剪切、挤压，使粉料摩擦生热进一步软化，当粉料到达出料端时，PVC粉料已熔融而变得黏稠，黏稠的料被挤出时经前置刀盘切断后，再经传送带进入开炼机进行排气，进一步塑化（图3-5）。

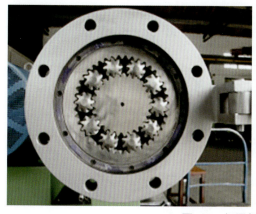 

图3-5 行星螺杆和挤出物料

1.2.4 两辊炼塑机

两辊炼塑机主要由机架、炼塑辊、翻料装置和安全装置等组成（图3-6）。主要用于将塑胶和其他添加剂充分混合、塑炼、脱挥和加热，从而使原材料具有良好的物理、化学和机械性能。其原理是通过两个加热辊筒的相向旋转挤压，将物料加热、塑炼、拉伸、剪切，从而获得物理和化学性能的改善。

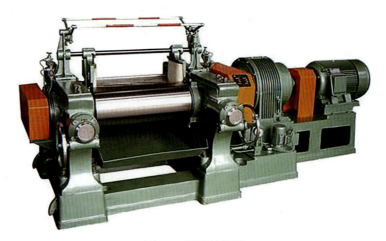

图 3-6 两辊炼塑机

1.2.5 加热控制系统

压延机挤出塑化系统的导热油加热系统由主螺杆加热系统一套、行星挤出机加热系统两套和开炼机导热油加热系统一套组成。导热油加热控制系统，是配套的电加热导热油模温机，模温机内部有电加热管以及温度自动调节装置，根据使用要求需要配置不同温度等级的导热油，在压延机设备中，一般要求配置的导热油型号不得低于320#，可加热到200 ℃以上。

1.3 压延机组

压延成型设备由压延成型主机、压延成型辅机及其控制系统等三大部分组成，统称为压延机组。

1.3.1 压延成型主机

压延成型主机是由两个或两个以上的辊筒，按一定形式排列，在一定温度下，将橡胶或塑料压制延展成一定厚度和表面形状的胶片（图3-7）。压延机按照辊筒数目可分为两辊、三辊、四辊和五辊压延机等；按照辊筒的排列方式又可分为"L""T""F""Z""S"型等。目前应用较多的是倒 L 型的四辊或五辊压延机（图 3-8），其辊筒为合金冷硬铸铁，每个辊筒都有一台直流电机驱动。除中辊外，其余辊筒可来回移动调整辊距，并在数字仪上显示。辊筒内腔均为钻孔式加热结构，采用导热油或其他介质加热，这样在辊筒的长度方向上加热温度比较均匀。辊筒的表面需要精磨成镜面，特别是最后的两个辊筒的表面光洁度将直接影响压延片材的表观质量。

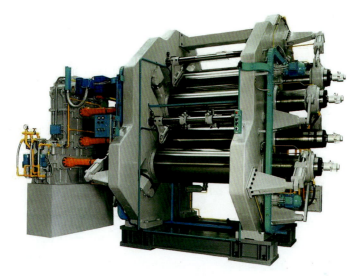

图 3-7　压延成型主机

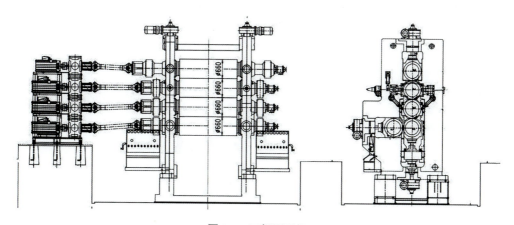

图 3-8　五辊压延机

压延成型主机主要由机架、辊筒、辊筒轴承、辊距调整装置、挡料装置、轴线交叉装置、润滑装置、安全装置、加热冷却系统、传动系统及控制系统等所组成。设备各组件功能分别如下：

（1）机架是压延机的骨架，由一个底座、两个互相平行的机架和一个横梁组合而成，起支承其他零部件和承受压延负荷的作用。

（2）辊筒是压延机的主要成型部件，辊筒之间构成辊隙，达到对材料进行压延的目的。

（3）调距装置和挡料装置分别用以调节压延制品的厚度和存料槽的宽度。

（4）润滑装置用来对辊筒轴承、传动系统进行必要的润滑和冷却，其润滑油的温度和流量均需自动调节和控制。

（5）辊筒轴线交叉装置和反弯曲装置主要用于校正辊筒的弯曲变形，提高制品横向厚度尺寸精度。

（6）加热冷却系统对辊筒进行加热和冷却。

（7）安全装置用于发生事故时紧急停车，以保护人身和设备的安全。

（8）传动系统为辊筒提供转速和扭矩。

（9）控制系统对整个压延机进行控制。

1.3.2 压延成型辅机

压延成型辅机包括引离辊组、牵引辊组、后联冷却辊组、收卷系统和加热冷却装置等，也称为"后联"（图3-9）。经压延主机压延成型的薄膜或片材，被引离辊组引出后，需要对材料进行进一步的整形和冷却，使之冷却到常温状态后进行收卷，最终完成压延薄膜或片材的生产。

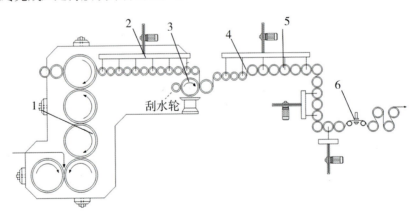

图3-9 压延成型辅机示意图

1.五辊压延主机；2.引离辊组；3.压花辊组；4.牵引辊组；5.冷却辊组；6.测厚仪。

这些辊筒的组合的主要作用是把包裹在压延机下辊上的片材剥离牵引出来，通过设置各组辊筒不同的速度、温度梯度，最终将片材按产品工艺要求进行冷却定型，并达到可卷取成卷的产品。

引离辊组需要经过多组引离辊，其前后两个辊筒为一组，且旋转方向相反，这些辊筒的转速需按一定比例递增，每组辊筒分为上下辊，其中上面一排或下面一排辊筒通过液压缸可整体上下移动，当所有引离辊成为水平状态时，压延片材可通过每组引离辊的交叉传递被引出。

后联冷却辊组一般由多组辊筒组成，每两支相向转动的辊筒成为一组，常规由7~9组辊筒组成，压延薄膜或片材在这些辊筒组中成"S"型运行，因为"S"型的包裹可以形成最大的包角，使材料得到均匀且充分的冷却。一般前3~4组为平整组，后4~5组为冷却组，各组辊筒以一定的温度梯度。逐步将材料冷却至常温状态。

后联冷却系统的各组辊筒的传动与温度控制。后联冷却系统的辊筒速度以及温度的正确与稳定，对压延产品的质量也有非常重要的影响。因此，后联冷却系统的传动控制，一般为1~2组辊筒配置一套电机驱动系统。各组驱动控制需要与压延主机系统紧密关联，各组辊筒既可与主机同步也可按一定的比例系数进行速度修正。

收卷系统的作用是将经过整形和冷却后的薄膜或片材，在常温状态下进行卷取，最终完成压延薄膜或片材的生产形成PVC卷材。

压延机的收卷系统，可分为夹持牵引和双工位自动张力控制收卷架两部分。夹持牵引是由一根钢棍和一根柔性的橡胶辊组成，同时在钢棍前配置一组张力传感器。工作时，柔性橡胶辊由气缸推动，钢棍由电机驱动，对材料形成牵引力。材料所受到的力被张力传感器获知，并将机械力转换为电压信号，电压信号输入自动张力控制器，与设定张力进行逻辑比较运算，并将运算结果作为张力修正指令发送到电机控制器，指令电机控制器作出相应的力矩输送变化，通过不断地接收、反馈、运算、输出的重复执行，使材料以一个相对稳定的张力被牵引到收卷架进行收卷。

1.3.3 控制系统

压延机的温度控制精度对压延产品品质有着极其重要影响，压延机一般采用导热油作为传热介质的循环加热设备，该设备称为"导热油模温机"（图3-10）。其运行过程是：高温导热油从压延机辊筒回到模温机，控制系统会根据设定的温度与导热油实际温度作对比并进行判断，当导热油实际温度低于设置温度时，模温机启动加热管进行加热使导热油温度上升，反之则启动冷却电磁阀，利用冷却水对导热油进行降温，在导热油循环过程中，逐步使导热油的温度与设置的温度相一致。循环高温油泵将导热油输送到压延机辊筒进行热交换，达到控制辊筒表面温度的目的，然后导热油继续循环回到模温机并进行往复循环。模温机的温度控制精度要达到±1℃，只有精准控制压延机辊筒的温度才能保证压延产品的质量。

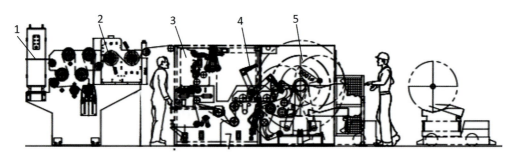

图 3-10　压延机控制系统示意图

1. 测厚仪；2. 表面处理电晕机；3. 收卷张力检测；4. 裁切刀组；5. 双工位收卷架。

第二节　涂布复合设备

涂布复合设备是生产 PVC/PVDC 的关键设备，涂布复合设备可以实现涂布及复合两种功能。涂布复合机主要由第一放卷、涂布、烘干、第二放卷、复合、冷却、收卷以及控制系统组成。其工艺流程如图 3-11～图 3-13 所示。

2.1　放卷系统

涂布复合机的放卷系统分为第一放卷和第二放卷两部分。放卷系统由塔式双工位翻转架、放卷轴、纠偏系统、裁切架、引出牵引架以及张力控制系统、电机驱动和电器控制系统组成。放卷系统的主要功能是将需要涂布或复合的基材按一定的方向匀速且保持恒定的张力输送至涂布系统，其核心是匀速和保持基材的张力恒定，确保基材以一个平整、匀速的状态进行涂布或复合，避免发生基材的打皱、跑偏、拉伸变形的问题。放卷系统各部位功能简介如下。

2.1.1　塔式双工位放卷架

该放卷架机械部分由设备基座、双工位回转架、放卷轴以及纠偏系统组成，回转架可以实现 360° 正反两方向回转，实现不停机换卷的功能（图 3-14）。

2.1.2　放卷轴

承载基材的轴，一般采用气胀轴，放置于放卷架上，通过张力控制系统控制放卷张力，保证基材张力恒定和速度稳定。

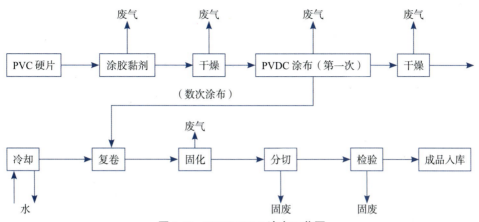

图 3-11　PVC/PVDC 涂布工艺图

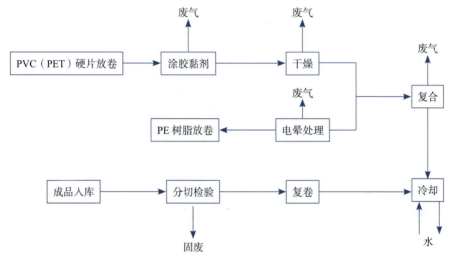

图 3-12　PVC（PET）/PE 复合工艺图

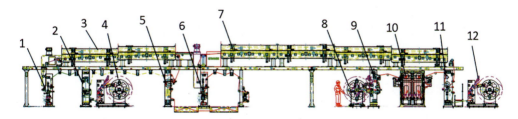

图 3-13　涂布复合设备整机示意图

1.涂布；2.引出；3.前段烘箱；4.放卷；5.引出；6.涂布；7.后段烘箱；8.收卷；9.收卷切刀组；10.储料装置；11.引出；12.放卷。

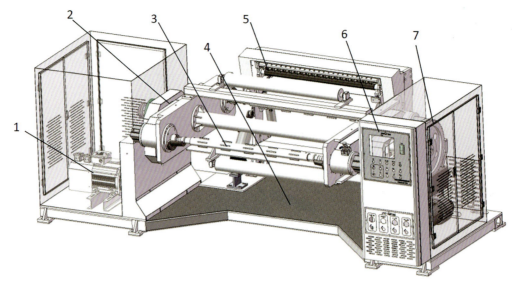

图 3-14 放卷架示意图

1.放卷轴驱动电机；2.回转架；3.收卷轴；4.底盘；5.裁切架；6.张力控制人机界面；7.回转架执行结。

2.1.3 纠偏系统

采用超声波传感器，对放卷出来的基材进行定位，保证基材不出现左右偏移。两个工位的放卷轴为双电机独立驱动，采取矢量变频控制，保证基材的张力稳定。

2.1.4 裁切架

裁切架由裁切臂、推动气缸、裁切执行气缸和裁刀组成。当裁切架接收到裁切预备指令时，裁切臂在推动气缸的作用下，向预备放卷基材靠近，当系统检测到工作基材最小卷径时，系统发出裁切指令，裁切气缸动作推动裁刀迅速执行裁切动作，将工作基材切断并同时将工作基材的尾部用压辊将其与预备基材进行黏结并带动预备基材进入工作状态，张力系统同步进行张力切换，实现自动不停机换卷。

2.1.5 引出牵引架

引出牵引架为刚柔结合对辊式结构，由一根钢制主动辊和被动的柔性橡胶辊组成夹持辊组，带动从放卷架出来的基材，以一个稳定的速度和张力输送到涂布系统（图 3-15）。在引出牵引架上设置了摆辊式张力检测系统，张力检测系统对基材的张力进行实时监测和反馈给设备中央处理器（PLC）进行数据运算并实时对放卷架的驱动电机输出扭矩进行调整，保证基材的张力恒定。

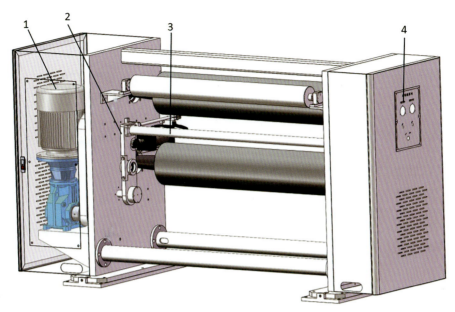

图 3-15　引出牵引架示意图

1. 牵引驱动电机；2. 摆辊式张力检测机构；3. 牵引钢棍组；4. 张力调节系统。

2.2　涂布系统

涂布系统从组成结构上可分为：涂布机构和电气控制系统。涂布系统是涂布复合机的核心机构，PVC/PVDC 产品质量的好坏，很大程度上取决于涂布系统的设备精良程度以及作业工艺。一个设计优良、制造精准的涂布系统是获得良好涂布产品的关键。

2.2.1　涂布机构

涂布机构一般由胶液（或 PVDC）循环系统（包括胶桶、输送泵、胶槽、供胶管、回流及溢流管）刮刀组、网纹辊、压辊等组成，是涂布系统的核心机构，也是保证 PVDC 涂布量及均匀度的关键，如图 3-16 所示。

2.2.1.1　胶液（或 PVDC）循环系统

胶液（或 PVDC）循环系统可实现胶液黏度、工作浓度均匀，进而保证上胶量（或 PVDC 涂布量），其中输送泵的选用最关键，应选择脉冲气泵。

2.2.1.2　刮刀组

涂布刮刀是一种涂布设备中常用的刮液元件，通常由刮板、底板和夹持导轨组成。其主要作用是将刮涂液体均匀地涂布在基材上，具有涂布均匀、刮涂厚度可控、涂布速度快等优点，很好地满足了不同的涂布要求。

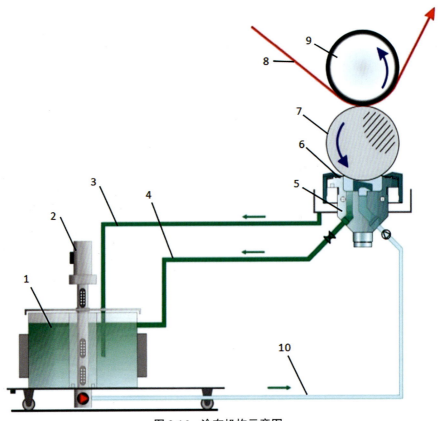

图 3-16　涂布机构示意图

1.胶桶；2.输送泵；3.溢流管；4.回流管；5.封闭胶槽；6.刮刀组；7.网纹辊；8.PVC 片基；9.压辊；10.供液管。

涂布刮刀的结构主要包括两种类型：平板结构和弯曲结构。平板结构刮刀的底部呈直线，适用于表面平整度较高的涂布工艺。弯曲结构刮刀的底部呈弧形，适用于复杂表面的涂布工艺。

涂布刮刀的材质非常关键，不同的材质特性决定了其涂布效果和使用寿命。一般涂布刮刀的材质包括塑料、橡胶、不锈钢和碳纤维等。具体选择应根据涂布质量要求、刮刀使用寿命需求和经济效益进行权衡考虑。

涂布刮刀被广泛应用于涂布工艺，其涂布效果和涂布速度直接影响着产品的外观和质量。在印刷、电子、家电、建筑、医疗和食品等行业中都有涂布刮刀的应用。例如，在印刷行业中，涂布刮刀的刮涂厚度和刮涂速度对印刷品的印刷质量和生产效率都有非常大的影响。

涂布刮刀的设计与选择直接影响着涂布工艺和产品质量。正确的设计和选择可以提高涂布均匀度和涂布速度，防止刮涂不均和漏涂现象的发生，同时还可以减少涂布废品率和生产成本。因此，在涂布刮刀的设计和选择中应考虑刮涂液体性质、涂布黏度、刮涂厚度、刮涂速度、涂布基材等因素，综合权衡选择涂布刮刀结构和材质。

综上所述，涂布刮刀作为涂布设备的重要组成部分，其设计和选择对涂布工艺和产品质量影响巨大，应该引起足够重视。在使用涂布刮刀过程中，还应根据具体情况及时清洗和更换刮刀，以保证涂布品质和涂布效率。

2.2.1.3 网纹辊

网纹辊是浸入胶槽的胶液里，通过紧贴网纹辊下半部分的刮刀组将辊面多余的胶液刮除，同时 PVC 基材通过压辊紧贴网纹辊顶部，将网纹辊网穴中的胶液转移至基材表面，故刮刀组和网纹辊组合好比是涂布机构的心脏。产品的涂布质量的优劣很大程度上取决于这个组合的品质。网纹辊是由辊体、基层材料、表面镀层、网穴、网墙组成（图3-17）。

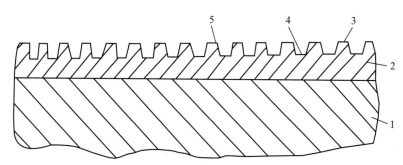

图 3-17 网纹辊的组成示意图

1. 辊体；2. 基层材料；3. 表面镀层；4. 网穴；5. 网墙。

（1）辊体：辊体又叫辊芯，其加工尺寸精度对涂布有直接影响。因此，需要进行精细加工，保证辊体具有良好的机械精度，使之尺寸精度、表面粗糙度均符合网纹辊的质量要求。

（2）基层材料：网穴需要在基层材料上进行雕刻加工，基层材料一般是在辊体的基础上另加上去的。基层材料对网纹辊的寿命和使用性能十分关键。选择基层材料时应从材料的强度、耐腐蚀性和加工性能等方面综合考虑。

（3）表面镀层：在加工完网穴的网纹辊表面镀上一层铬或陶瓷，称为表面镀层。它的主要作用是提高网纹辊的耐磨性和阻挡涂布液对基层材料的腐蚀性。一般表面镀层的厚度为 0.012~0.018 mm。

（4）网穴：是存储涂布液的孔穴。不同网穴的形状和角度不同，它的使用特性和效果也截然不同。常见网穴的形状如图 3-18 所示。

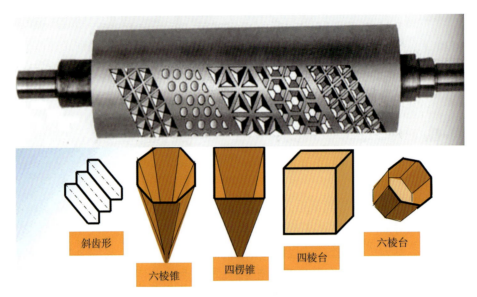

图 3-18　常见网穴的形状示意图

* 斜齿形（也称为斜线性）网穴的特点是保证涂布液的流动性且供液量较大，具有良好的涂布液转移性，可使用较高黏度的涂布液。

* 六棱台形的网穴着液、释液性能都较好，涂液传递过程中不容易产生龟纹，适用于有较高表观质量要求的涂布产品。六棱台形网穴还有较高的机械强度，可减少刮刀对网纹辊的磨损，提高网纹辊使用寿命。六棱台形网穴相比四棱台形网穴有更大的着液、释液量，实践证明六棱台形的网穴还能有效地避免莫尔条纹的产生。

* 四棱台形的网穴着液、释液性能较好，是目前使用最多的网穴形式。

网纹辊除网穴形状影响涂布适应性外，网穴的排列角度也对涂布有一定的影响。常用的网穴排列角度有 30°、45°、60°，如图 3-19 所示。

  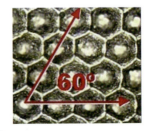

图 3-19　常用的网穴排列角度示意图

* 30°六边形网穴有较好的释液性，但网纹辊表面的水平网墙容易受到刮刀的磨损。此外，由于网纹辊高速旋转时，水平网墙会破坏涂布液流动的均匀性，难以形成均匀的涂层。这种角度的网穴，较适合于上光涂布工艺，也适合于不用刮刀的涂布设备。

* 45°菱形网穴工作性能较好,能有效地避免涂层龟纹。但它的网穴底部容易出现涂液栓塞的现象,使涂液转移不完全,这样也增加了清洗网纹辊的难度,因此,45°的网穴角度不适合用于较为精细的涂布工艺。

* 60°网穴的单位面积利用率最高,其网墙窄、余留面积小,且网穴具有较浅的深度和较宽的开口,使其传液量明显增大,涂液传递顺畅,清洗也容易。

网纹辊的网穴形状与角度,需要根据涂布产品的特性和质量要求进行科学的设计,才能生产出高品质的涂布产品。

(5)网墙:网穴与网穴间的隔墙,它使网穴成为一个独立的存储空间,无数个被网墙包围的独立的网穴组成了有着均匀存液的涂布网纹辊。网墙的厚度、硬度决定了网纹辊的寿命和涂布质量。

2.2.1.4 网纹辊的制造工艺

网纹辊的制造工艺:辊体预加工 → 网纹处理 → 后处理。

(1)辊体预加工是指网纹辊加工网线之前的机械加工工艺过程,主要包括镀前加工、电镀和镀后加工等工艺过程。网纹辊的基材一般选用优质碳素钢管,大多选用中碳钢管,钢管壁厚度为 7~10 mm,辊体一般采用带轴辊体形式,即用法兰盘和芯轴与钢管连接在一起。

镀前加工工艺过程为:粗加工 → 动平衡 → 轴与法兰盘加工 → 焊接 → 机械加工 → 调质处理 → 半精加工 → 精加工。电镀是指在辊体表面镀镍和镀铜,以便在辊体表面形成网纹的基材层。

(2)网纹处理:是在辊体表面形成所要求的网穴。网纹辊网穴加工主要有以下几种方法。

* 机械加工法:是用金刚石刀头或专用滚刀具直接在辊体表面加工网纹的工艺方法,也称为"挤压法",这种加工方法工艺比较简单,成本较低。一般仅限于加工 200 线/英寸以下的网纹辊。

* 照相腐蚀法:是利用光栅掩膜技术进行服相、腐蚀的网纹辊制作方法。由于其制作技术要求较高,成本也较机械加工法高,因此其应用受到限制。

* 电子雕刻法:是利用光电转换原理,在电子雕刻机上雕刻网穴的加工方法。这种加工工艺,网纹加工质量高,质量稳定性好,并可以加工高网线的网纹辊,是目前加工高质量网纹辊的典型工艺。

* 激光雕刻法:经镀铬后网纹辊虽然可提高耐磨性能,但是由于镀铬层厚度较小,网纹辊使用寿命受到限制。因此,开发出陶瓷网纹辊制造技术。其制造工艺是,在辊体表面喷涂 0.6 mm 左右的陶瓷,经研磨、抛光,最后用激光束在陶瓷表面直接雕刻出网穴。陶瓷网纹辊表面具有很高的硬度,维氏硬度可达 1 300,其耐磨性为镀铬辊的 5 倍以上,目前正在推广应用。

（3）后处理：在进行网纹处理完成后，需要进一步对网纹辊的表面进行处理。机械加工法、照相腐蚀法和机关雕刻法制作的网纹辊需要在网纹处理完成后进行网穴清洁、镀铬、抛光，使之具有良好的表面耐磨、耐腐蚀性能。激光雕刻的陶瓷网纹辊在网纹雕刻完成后需要对辊筒表面进行精磨，去除网墙上的细小毛刺，使其表面光滑洁净。

2.2.1.5　涂布的常见组合

（1）精密网纹辊涂布

一般也称为微凹涂布（图3-20），这种涂布方式的特点是，网纹辊的直径较小，一般在 20~100 mm，网纹辊的宽度随着被涂布基材的宽度增加而加大。较为常见网纹辊直径一般选择在 50~60 mm。网纹辊的旋转方向通常与基材的运动方向相反，所以这种涂布方式也称为"逆向微凹涂布"。网纹辊的旋转速度一般设置在机械速度的 100%~130%，涂布厚度为 1~80 μm，适用涂布液黏度为 1~1 000 cps，涂层表现均匀，适合涂布涂层较薄的涂布产品。

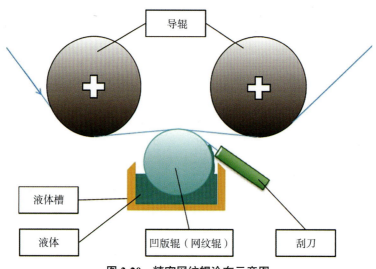

图 3-20　精密网纹辊涂布示意图

微凹涂布的优点：

* 可以涂布很薄的涂层，由于没有背压辊，所以在涂布面没有胶辊印、褶皱等缺陷。

* 由于没有背压辊，所以基材可以全幅宽满涂，而不用担心涂液会涂到背胶辊上。

* 由于刮刀是轻接触网纹辊，所以刮刀和网纹辊的磨损都较小。

* 微凹辊直径小，重量轻，涂布不同涂布量的产品时，更换微凹辊较为方便。

* 逆向涂布可以获得比较平整的涂层，涂布量分布均匀。

微凹涂布的缺点：

* 微凹涂布须将微凹辊浸入液体槽内，涂布液须处于满溢状态，生产完毕后，胶槽内有 10~20 kg 的余胶，造成浪费。

* 微凹辊使用完必须进行十分仔细的清洁，否则容易造成网穴堵塞以及网辊锈蚀。

* 微凹辊涂布的供胶系统较为复杂，清洗耗时耗力，一般清洗需要 1~2 h。

（2）逗号刮刀涂布

逗号刮刀涂布（图 3-21）的特点是刃刮刀和辊刮刀的组合。胶液厚度的影响比刃刮刀小，涂层厚度容易调节，能涂布高黏度的涂布液。

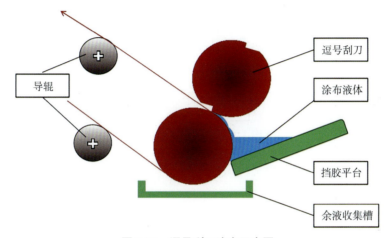

图 3-21　逗号刮刀涂布示意图

逗号刮刀涂布的优点：

* 逗号刮刀的强度、硬度高，刃口直线误差小，可以采用气动微调机构来调节和控制刮刀的位置，涂布量控制和刮胶精度较高。

* 可涂布较厚的涂层，涂层厚度一般在 20~450 μm。

* 涂布时，涂液是从挡胶平台自上而下流向刮刀和基材之间，胶液能被充分使用，浪费极少。

逗号刮刀涂布的缺点：

* 逗号刮刀的涂布质量与其组成单元的运作关系较大，刮刀与基材、传动辊的调节难度较大，往往容易造成涂布不均匀，易出现横向或纵向不规则条纹。

* 涂布时，涂液容易从挡胶板和传动辊之间流出，密封性不够完整。

（3）凹版涂布

凹版涂布（图 3-22）是根据不同涂布量的要求制作不同网线密度的网纹辊，并将其浸润在涂布液中，网纹辊转动带起涂液，刮刀将网穴以外的涂液刮净，通过压辊将网穴中的涂布液挤压转移到涂布基材上形成涂层。传统凹版（网纹辊）的直径一般在 150～300 mm，压辊直径一般在 80～170 mm，涂布厚度（湿剂）一般在 10～25 μm，适用涂布液黏度为 10～2 000 cps。

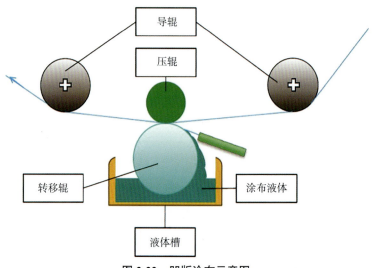

图 3-22　凹版涂布示意图

凹版涂布的优点：

* 涂布量较为精准。

* 涂层表现较好。

凹版涂布的缺点：

* 涂布量相对固定，虽通过刮刀角度或调整凹版转速可以进行涂布量的微调，但调节余地较小，一般可在 ±10% 以内进行调节。

* 凹版的网穴较难清洁，容易因发生网穴堵塞而出现缺涂或漏液。

* 涂布对基材的平整度有较高要求，不然容易在压辊处造成基材褶皱。

* 更换不同幅宽的基材需要更换与之相匹配的压辊。

（4）夹缝涂布

夹缝涂布（图 3-23）是一种高精度的涂布方式，涂布液由存储器通过供给管路压送到喷嘴处，并使胶液由喷嘴喷出，从而转移到涂布基材上。夹缝涂布涂层厚度一般 ≥ 20 μm，涂液黏度一般为 1 000～50 000 cps。

夹缝涂布的优点：

* 涂布效果好，精度高。

* 能不连续涂布，而且涂布范围（幅宽）可以自由调节，不需要挡板，不会出现因边缘厚度不同而污染的现象。

* 清洗拆卸比较容易。

* 有助于保持涂布液的洁净水平，涂布液流动的通道可被密封，防止其他污染物的进入。

夹缝涂布的缺点：

* 夹缝涂布头的结构较为复杂，机械加工精度要求较高，因此成本较其他涂布方式高。

* 由于精度较高，所以操作比较困难，对操作人员的操作水平有较高的要求。

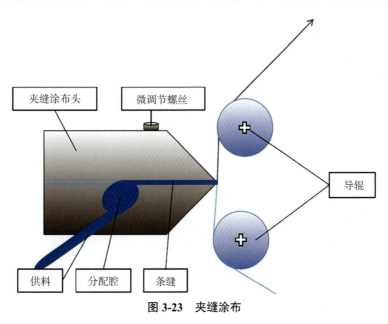

图 3-23　夹缝涂布

2.3　烘干系统

烘干系统很大程度上决定着涂布的质量水平。涂布时，涂液经涂布系统涂布并附着在涂布基材上后，即进入烘干系统，一台涂布机的烘干系统的干燥水平的高低，直接影响涂层的分布、附着力、光学性能、表观品质以及内在的物理性能。

烘干系统是整台涂布机体积最大的设备单元，能源消耗约占整台设备的 80%，所以烘干系统也是涂布机的重要组成部分。在设备的选型、制造、使用上也需要给予高度的重视。

烘干系统干燥的对象是涂层中的溶剂（涂层大致可分为溶剂型及水基型，水也是溶剂的一种），涂层经过烘干系统后，溶剂蒸发，涂液失去流动性而凝固。在涂层凝固前，涂层面是不能与任何物体接触的，因此烘干只能使用对流或辐射干燥的方法。按烘干使用的能源性质，可以将烘干系统分为：红外干燥、烘缸干燥和热风干燥。每一大类根据不同的设备特征分为若干小类。

2.3.1 红外干燥

红外干燥器是一种利用红外线对涂布纸进行干燥的装置,其热源可以是燃气,如液化气、煤气等,也可以是电能,通过一种专用的红外陶瓷板或其他能量转换元件发出红外辐射。红外干燥的波长一般在红外或远红外的波段,温度高达1 000℃,辐射干燥可直接作用到涂层的内部,因此具有较高的干燥速率。带有强制通风系统的红外干燥器适用于各种速度的涂布机。红外干燥可以在较少产生胶黏剂迁移的前提下获得比其他方法更高的干燥速率。

但红外干燥的能耗较大,因此通常不单独作为干燥器使用,大多作为辅助干燥设备与其他干燥方法配合使用,一般在正式干燥之前用作涂布纸的预干燥。由于红外干燥是明火干燥,因此不适用于各种溶剂涂布纸的干燥。

2.3.2 烘缸干燥

造纸厂最早使用烘缸来干燥纸页,因此早先涂布纸的干燥也使用传统的烘缸干燥方法。即使在今天,施胶压榨辊式涂布和传递辊式涂布也还有使用烘缸干燥生产涂布加工纸的。

烘缸干燥时,第一烘缸和第二烘缸的温度较低,一般在71~76 ℃,以防止涂料黏在烘缸上。其他烘缸的温度可以高一些。干燥部所需要的烘缸数取决于车速、涂料含量和涂布量等。烘缸干燥的优点是干燥后涂布纸页的水分平衡较好,水分在纸页的纵向和横向分布比较均匀,纸页平整,不易出现褶皱和卷曲的问题。烘缸干燥的缺点是干燥速率较低,通常在10 kg水/($m^2 \cdot h$)以下,因此车速不宜太高。另外,当涂布断头时,涂料易污染烘缸。

烘缸干燥的特点决定了烘缸干燥较多用在一些特殊的涂布纸干燥场合,或者作为其他干燥形式的补充,如用在红外干燥之后或与热风干燥组合使用。

2.3.3 热风干燥

热风干燥器是目前最常用的一种涂布干燥设备(图3-24)。热风干燥是将喷嘴中喷出的热风吹到涂层的表面以对其进行干燥。热风干燥可分为单面吹风和双面吹风两种形式,双面干燥比单面干燥的效率要高。

无论是单面还是双面干燥,喷嘴的形状都直接影响着干燥器的干燥能力和干燥效率。喷嘴的角度、喷嘴与纸面的距离、热风在纸面的吹出方向和吹向纸面时热风覆盖的面积等也在很大程度上影响着热风干燥的效率。热风干燥器通常由热交换器、离心风机、调节风门、导风管、保温罩、引导辊、喷嘴和喷嘴座等部件组成。喷嘴分为缝隙式和孔板式。

热风干燥必须使用高热气体。有许多方法可用于加热空气。如饱和蒸汽和过热蒸汽加热、天然气直接加热或间接加热、导热油加热类间接加热法和电加热等。这些方法均是以空气为载热体,经能量传递后将气体升高至一定温度,再用以干燥涂层。

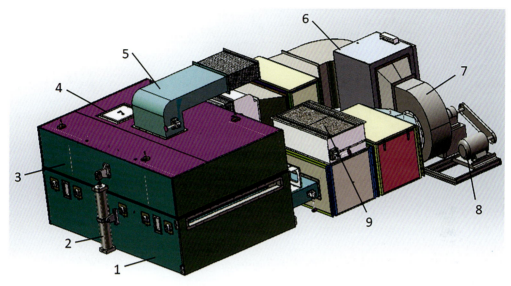

图 3-24 热风干燥器示意图

1. 下箱体;2. 烘箱开合气缸;3. 上箱体;4. 泄爆口;5. 排风管;6. 热交换器;7. 风机;8. 风机电机;9. 新风口。

2.4 复合冷却收卷系统

复合冷却收卷系统主要由复合基材放卷机构、复合机构、冷却收卷机构组成,其示意图如图 3-25 所示。

2.4.1 复合基材放卷架

对于有复合工艺要求的设备,会增加复合基材放卷架(也可称为二放),将其放置于整台涂布机的尾部。放卷架一般有塔式翻转结构和圆盘式翻转结构(图 3-26、图 3-27),这两种结构略有区别,但其工作原理基本相同。放卷架是由 A/B 两根放卷气涨轴及各自的放卷电机、同步带传动系统以及一组蜗轮蜗杆、翻转电机组成的翻转系统。

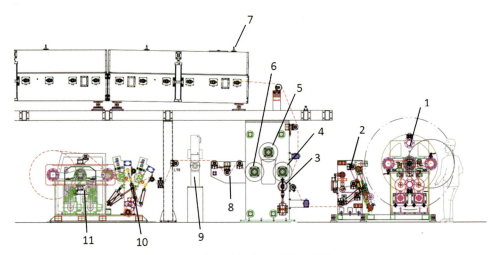

图 3-25　复合冷却收卷系统示意图

1. 双工位自动翻转放卷架；2. 自动裁切架；3. 复合压合胶辊；4. 复合钢辊；5. 冷却辊1；6. 冷却辊2；7. 烘箱；8. 张力检测传感器；9. 检测仪；10. 收卷裁切；11. 双工位自动翻转收卷架。

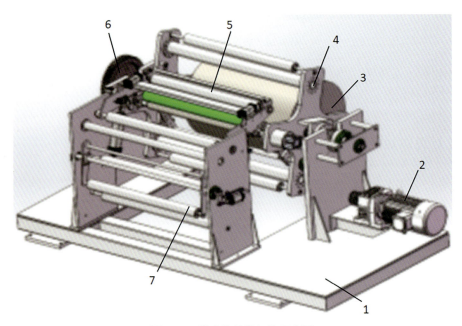

图 3-26　塔式收放卷机构示意图

1. 放卷架平台（可在纠偏系统推动下左右摆动）；2. 放卷电机；3. 放卷复合基材；4. 塔式翻转架；5. 裁切结构；6. 蜗轮蜗杆翻转驱动机构；7. 摆辊张力检测系统。

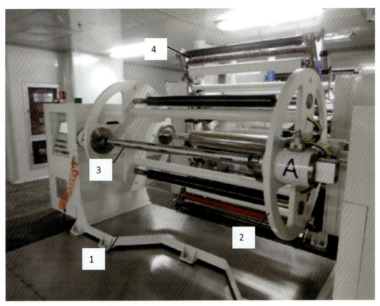

图 3-27　圆盘式收放卷机构示意图

1. 机架；2. 圆盘收卷架；3. 收卷气涨轴；4. 裁切机构。

现放卷机构为提高涂布效率，减少材料损耗，基本都实现了基材的自动换卷功能。自动换卷是指当 A（或 B）轴上的基材涂布用尽时，另一卷 B（或 A）轴上的基材会自动与前一卷基材进行搭接，实现生产过程不停机、不减速。为实现这个功能，要求设备在放卷架的合适位置配置一个自动裁切架，在涂布换卷时，A/B 轴基材换卷完成的瞬间，将即将用尽卷的余料进行切断，实现不停机的换卷。

放卷结构为实现复合基材与涂布基材的边缘对齐，需要安装一套纠偏系统，纠偏系统常规为超声波和光电控制模式，通过超声波传感器或光电传感器的定位，利用放卷架的纠偏机构使整个放卷架左右摆动，使放卷基材边缘与传感器定位点一致，从而使涂布基材与复合基材边缘对齐，满足工艺要求。

2.4.2　复合机构

复合机构是实现两种不同基材通过胶黏剂并进行压合的一套系统，该系统由复合钢辊、复合胶辊、压合气缸、冷却辊组、机架以及复合电机、传动机构和电气控制系统组成。复合钢辊由高碳钢管、内置传媒流道、辊轴组成，复合钢辊与冷却钢辊机械结构相同，只是复合钢辊内部在复合时通入的是加热媒体，加热媒体一般采用导热油进行温度传导，冷却钢辊则采用冷冻水对复合基材进行冷却。复合钢辊与冷却钢辊一般呈"品"字形排列，其目的是增大复合基材的辊筒包角，增加辊筒对基材的摩擦力以达到设定的收卷张力。PVDC 涂布过程是不需要经过复合的，因此复合钢辊可以作为冷却钢辊，而复合胶辊是与复合钢辊分开的。

2.4.3 收卷机构

收卷机构基本与放卷机构相似，其区别在于，收卷架一般不需要左右纠偏摆动，其自动裁切装置在收卷架之前。收卷机构也是能够实现换卷不停机、不减速，周而复始地连续工作。

第三节 分切设备

在 PVC 或 PVC 复合药用片材的生产中，工厂为提高生产效率，往往将客户需要的材料宽度进行叠加，以较宽的产品宽度进行生产。例如：客户需要的药用包装片材所需的宽度是 200 mm，工厂生产时，会按 $200 \times N+30$ mm 的规律制订生产工艺，"N"要根据工厂设备的有效工作宽度来确定。假设工厂的涂布复合设备的有效工作宽度是 1 150 mm，则工艺宽度设计一般会按 $200 \times 5+30=1\ 030$（mm）的基材宽度来进行片材生产，待复合涂布、熟化等工艺完成后，就要进行分切，一个宽度为 1 030 mm 的卷材利用分切机分切成 5 个宽度 200 mm 的成品卷，30 mm 将作为工艺边被切除。因此，分切，顾名思义是指将特定的材料按规定尺寸进行裁切分开的工艺过程。其特定材料一般称为"母卷"。

3.1 分切机的分类

按结构可分为：立式机、卧式机、龙门式分体机、表面中心卷取分切机等。

按分切材料可分为：薄膜分切机、片材分切机、纸张分切机、布料分切机、皮革分切机、铜铝等金属箔分切机等。

按控制系统可分为：微机控制手动张力分切机、电脑控制全自动张力分切机。

按速度可分为：低速分切机（速度小于 160 m/min）、中速分切机（速度为 160～200 m/min）、高速分切机（速度大于 300 m/min）。

3.2 分切机的选型

PVC 药用包装材料的分切机常使用的是中速片材分切机，一般采用立式或卧式结构。设备的机械部件应对包装材料不具有污染性质。PVC 药用包装材料分切机由放卷机构、纠偏机构、牵引机构、裁切机构、收卷机构以及电气控制系统组成。

3.2.1 放卷机构

药用硬片因为材料较厚，分切时需要较大的放卷张力以及较高的张力反应速度，因此，放卷张力一般采用多点蝶式刹车器作为放卷的制动张力输出。多点蝶式刹车的张力释放响应迅速，刹车耐高温，能保持长期的工作稳定性。

3.2.2 纠偏机构

药用硬片一般以透明或半透明的材料为主，因此在纠偏系统的选择上常采用超声波类传感器，此类传感器不受材料透光率的影响，调节较为容易。纠偏机构在传感器确定边缘位置后，通过传感器检测反馈信号给纠偏控制器，纠偏控制器通过数据运算，控制纠偏器执行机构进行放卷架的左右移动，始终保证分切材料的边缘定位准确，确保分切裁切位置准确。一般纠偏器的纠偏精度可以达到 0.5 mm 以内。

3.2.3 牵引机构

牵引机构是一组由独立电机驱动的导辊，它负责拖动片材向收卷方向运动，因放卷机构有制动刹车的缘故，在牵引辊拖动时，片材呈现绷紧的状态，使片材能够平整地进入裁切机构。因药用包装片材的特殊性，一般牵引机构不采用钢辊和橡胶辊合压传动的结构，这种合压的机械结构会将压力直接作用在片材上，容易造成压伤、起皱等问题。片材分切机的牵引机构通常会采用呈"S"布置的橡胶辊作为牵引辊，利用橡胶辊与片材的摩擦力来带动片材。

3.2.4 裁切机构

片材分切机的裁切机构一般采用钢制圆滚刀的切刀形式，滚刀分为上刀和底刀，一个上刀和一个底刀为一组，将上刀靠紧底刀，两刀的刃口形成类似剪刀功能的剪切力，将片材切割开来。裁切机构的驱动和牵引机构同步，片材由牵引辊送出至切刀，通过切刀的剪切将片材分开并送入收卷机构。

3.2.5 收卷机构

收卷机构由收卷轴、辅助压辊、静电消除器组成。片材通过裁切机构被分成若干个小宽幅，通过过渡导辊依次上下分开后，分别在收卷轴上进行卷取。成品的质量要求为收卷端面平整、无钢筋、不松卷、无变形。为防止因片材厚度偏差在卷取时出现偏差叠加导致收卷不良的情况，收卷轴必须采用滑差气胀轴的形式进行收卷。一台分切机分切产品的质量好坏，收卷滑差轴有着重要作用。滑差轴又称为摩擦轴，目的是利用滑差轴上各个滑差环打滑的原理，使收卷轴上多个小卷始终保持恒张力收卷。

分切机是将一个宽幅的大卷（母卷）材料分切成多个窄幅的小卷的设备，裁切机构分切出的窄幅片材通过收卷轴，控制一定收卷张力卷曲在管芯上，这些小卷经包装后即为成品。由于片材存在一定量的厚度偏差，收卷卷料经过不断的卷取后，随着卷取直径的增大，厚度积累误差也随之增大，造成了各卷的线速度差加大，也就造成了各卷的张力差加大，最终造成各卷的松紧不一，端面参差不齐，严重的因张力过大造成卷材的报废。滑差轴由多个滑差环组成，可以克服上述现象。工作时，滑差环受控以一定的转力打滑，滑动量正好补偿因材料厚薄引起的速度差，从而精确地控制每个小卷的张力，得以实现恒张力卷取，保证了卷曲质量。

滑差轴主要有三种结构：中心气压滑差轴、气动侧压滑差轴、机械侧压滑差轴。

（1）中心气压滑差轴：是张力调节式滑差轴，滑差环独立打滑。由张力系统控制，通以一定压力的压缩空气到轴芯，使轴芯通过摩擦件与滑差环之间产生摩擦转矩。可应用于极低到极高张力范围，适用于高速、材料厚度误差大、多段张力控制、张力控制精准度高、端面收卷整齐的要求。最适合双轴中心卷取的分切机。

（2）气动侧压滑差轴：是在滑差轴的一侧加一个气缸对滑差环进行压紧，使滑差环之间产生摩擦力从而产生转动扭矩。压紧气缸的气压可以进行数字调整，配上电控转换阀，将数字信号转换成气压值，并配以扭矩数据锥度运算，实现卷取恒张力。它的优点是，可以通过气缸施以较大气压，实现大扭矩、大摩擦力卷取。它的缺点是，各滑差环的张力误差较大，如中间有一个滑差环失效，将导致后面其他滑差环无法控制。

（3）机械侧压滑差轴：主要由芯轴及多个套在芯轴上的滑差环组成。滑差环的两侧是摩擦材料，环与环之间有金属隔套环。工作时，通过锁紧一端的压簧将滑差环相互挤压受力，在收卷电机的驱动下，产生收卷扭矩。扭矩的大小依照压簧锁紧力的大小而变化。机械滑差环适用于低速分切机。

3.2.6 电气控制系统

分切机的电气控制系统主要由放卷、牵引、收卷的张力系统和其他操作系统组成。分切机的张力控制系统是整机电气系统的核心，张力控制系统的设计合理性与实施精度对分切产品质量有着极其重要的作用（图3-28）。

设备张力分为2个部分：放卷与牵引之间张力控制、牵引与收卷之间张力控制。

（1）放卷与牵引之间张力控制：放卷张力控制由放卷气动刹车、电控比例阀、放卷张力传感器、牵引电机、可编程逻辑控制器（programmable logic controller，PLC）等部件组成，放卷张力设定好一个数值后，牵引为速度控制模式，由传感器检测实际张力并反馈给 PLC，随着放卷直径变化，PLC 经张力传感器反馈得到信号，控制电控比例阀输出气压，气压变化使得放卷气刹车制动力矩也相应发生变化进而使得放卷张力稳定在设定数值范围内，保证张力恒定。放卷实时直径由检测开关通过放卷转速检测 PLC 运算后测出。

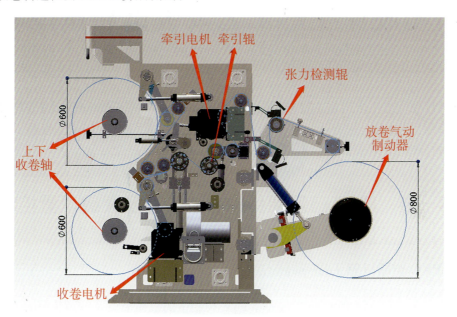

图 3-28　分切机示意图

（2）牵引与收卷之间张力：收卷电机为速度控制模式，滑差环与收卷轴芯存在一定速度差，轴芯转速较快，进而包装分切后的每段材料张力均匀。随着收卷直径变大，由收卷电机编码器测算后反馈给 PLC，PLC 控制收卷变频器使得收卷直径变大进而收卷电机输出力矩也随之变大，保证收卷张力稳定可控。

一台操作便捷、控制精准的生产设备，是电气系统与机械系统的有效结合，设备的先进性体现在自动化、智能化、节能化、高效化以及长期运行的稳定性。先进的设备必将逐步消除作业人员的人为影响。随着设备制造技术的不断发展，智能设备将改变以往的制造生产模式，将产品制造引入工业 4.0 时代。

第四章

药用硬片生产工艺及关键质量控制

药用硬片的生产工艺主要有压延、挤出（共挤）、涂布、复合（干复）等，这是成型的工艺，还会配套一些辅助工序，如：原料前处理、配料、冷却、收卷、熟化、分切等。生产过程的关键质量控制是保证药用硬片质量的必要手段。

第一节 PVC药用硬片的生产工艺及关键质量控制

1.1 PVC树脂过筛工序

通过振动筛过筛PVC树脂可去除PVC树脂中的机械杂质及粒径较大的树脂颗粒（俗称树脂头），目的是保护设备和减少晶杂点。过筛一般采用30～50目的不锈钢筛网以保证过筛效果及效率。筛网检查和筛余物杂质分析是过筛工序的控制要求，也是对PVC树脂质量情况反馈的必要数据来源。

1.2 配料捏合工序

1.2.1 PVC

树脂与辅料通过称量进入高速捏合机（俗称热机）混合，温度达到110～120℃后，卸料至低速搅拌机（通冷却水，俗称冷机）冷却至50～60℃，然后卸料至干混料槽。该工序是保证配方准确和混料均匀的关键工序，可采用自动系统称量或部分辅料手工称量（要求每次称量双人复核，以避免称量差错）来保证各个辅料的称量准确性。在高速捏合机捏合过程中，各个组分加入的顺序及温度有一定的要求，一般先加入PVC树脂，在高速搅拌中加入稳定剂等液体组分后再加入加工助剂和润滑剂，在捏合机中物料温度达到90～100℃时加入增强剂。捏合机的混料均匀性是PVC药用硬片质量均一性的保障，因此应定期进行混料均匀性验证。

1.2.2 PVC 树脂

PVC 是使用一个氯原子取代聚乙烯中的一个氢原子的一种高分子材料，是含有少量结晶结构的无定形聚合物。这种材料的结构是：—（CH_2—$CHCl$）$_n$—。PVC 是 VCM 单体以头 – 尾结构相连的线形聚合物。碳原子为锯齿形排列，所有原子均以 σ 键相连，所有碳原子均为 sp3 杂化，如图 4-1 所示。

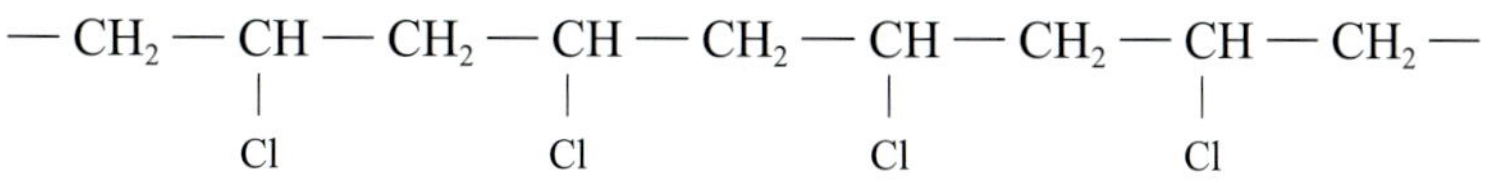

$$-CH_2-\underset{Cl}{CH}-CH_2-\underset{Cl}{CH}-CH_2-\underset{Cl}{CH}-CH_2-\underset{Cl}{CH}-CH_2-$$

图 4-1　PVC 分子式

PVC 树脂为无定形结构的白色粉末，支化度较小，玻璃化温度为 77～90 ℃，在 170 ℃ 左右开始分解，光、热稳定性差，在 100 ℃ 以上或经长时间阳光曝晒，就会分解而产生氯化氢，并进一步自动催化分解，引起黄变，随着时间延长颜色变深，物理机械性能也迅速下降，在实际应用中必须加入稳定剂以提高对热和光的稳定性。

用于 PVC 药用药品的 PVC 树脂一般选用 SG-7、8 型树脂，还应符合 GB/T 4806.6《食品安全国家标准食品接触用塑料树脂》的要求，其中氯乙烯单体残留量不得大于 1 mg/kg，1,1- 二氯乙烷不得大于 5 mg/kg。

1.2.3 添加剂

PVC 药用硬片配方中有较多的添加剂，它们是在生产过程中，为满足预期用途，所添加的有助于改善其品质、特性，或辅助改善其品质、特性的物质；也包括在生产过程中，所添加的为保证生产过程顺利进行的加工助剂。因此，配方中添加剂的选择及添加准确性至关重要，是硬片内在指标（密度、拉伸强度、易氧化物等指标）控制的关键。添加剂的使用基本原则应遵循以下几条：

（1）固体药用塑料硬片在推荐使用条件下与药品接触时，迁移到药品中的添加剂及其杂质水平不应危害人体健康。

（2）固体药用塑料硬片在推荐使用条件下与药品接触时，迁移到药品中的添加剂不应对药品质量造成影响。

（3）添加剂在达到预期效果的前提下应尽可能降低在固体药用塑料硬片中的用量。

（4）使用的添加剂应符合相应的质量规格要求。

PVC 药用硬片使用添加剂品种及添加量应符合 GB 9685《食品安全国家标准食品接触材料及制品用添加剂使用标准》的要求。PVC 药用硬片基本配方及添加剂选择见表 4-1。

表 4-1　PVC 药用硬片基本配方及添加剂

原料名称	典型牌号或型号	CAS No	添加量（每百份树脂计）	最大使用量（重量 %）	最大迁移量/最大残留量（mg/kg）
PVC 树脂	SG-7 或 8	9 002-86-2	100	—	VCM ≤ 1 ppm
硫醇甲基锡	TM-181	57 583-35-4; 57 583-34-3	1.0 ~ 1.3	0.25（以锡计）	
MBS	B-521	25 053-09-2	3 ~ 15	15	1（1,3-丁二烯：QM）或 ND（1,3-丁二烯：SML, DL=0.01 mg/kg）
PA	PA-20	25 852-37-3	1 ~ 3	5	
内滑	G-16	67 701-30-8	0.5 ~ 1.5	2	
外滑	G-70 s	68 130-34-7	0.2 ~ 0.6	1	30
环氧大豆油	—	8 013-07-8	0 ~ 2	2	
色粉			适量		
遮光剂（遮光硬片用）	二氧化钛	13 463-67-7	1 ~ 4	4	—

1.2.4　配方

PVC 药用片主要由 PVC 树脂、助剂等组成，实际上 PVC 硬片中含有 90% 左右的 PVC 树脂，助剂只占很少一部分，具体成分如下：PVC 树脂 88% ~ 92%、稳定剂 1.5%、增强剂 5% ~ 6%、加工助剂 1.5% ~ 2%、润滑剂 1.5% ~ 2%。

在 PVC 药用硬片配方中不宜加入邻苯类增塑剂。邻苯类增塑剂作为 PVC 制品中最早广泛使用的增塑剂，其主要作用是增加加工时材料塑化性及流动性，降低加工温度，也可改善制品外观（比如增加透明性，减少晶点等），同时提高 PVC 制品柔软性。邻苯类增塑剂不溶或难溶于水，溶于大多数有机溶液。由于邻苯类增塑剂基本上都是脂溶性化合物，在 PVC 制品中易被油脂类内容物提取，迁移至食品、药品中，在 GB 9685《食品安全国家标准食品接触材料及制品用添加剂使用标准》中被禁止使用在含油脂食品的包装中。据研究，部分邻苯二甲酸酯类增塑剂分子结构与激素类似并可以模拟雌激素效应，被称为"环境内分泌干扰物"或"环境雌激素"。因此，部分邻苯二甲酸酯类增塑剂被认为具有生殖毒性，对人体尤其是儿童有害，其中邻苯二甲酸二（2-乙基己基）酯［di-（2-ethylhexyl）phthalate，DEHP］、邻苯二甲酸二丁酯（dibutyl phthalate，DBP）、邻苯二甲酸丁苄酯（benzyl butyl phthalate，BBP）被欧盟纳入第一批高度关注物质（substances of very high concern，SVHC）清单。2017 年，世界卫生组织国际癌症研究机构公布的致癌物清单中，邻苯二甲酸二（2-乙基己基）酯已被列入 2B 类致癌物清单。各国均通过法规规定包装物或制品中各种邻苯类增塑剂的限量。如：欧盟方面，1999 年公布的 1999/815/EEC 指令说明，放入 3 岁儿童嘴中的 PVC 相关儿童玩具及相关用品中，6 项增塑剂不得超过 0.1% 的限制。6 项增塑剂为：DEHP、DBP、BBP、邻苯二甲酸二异壬酯（diisononyl phthalate，DINP）、邻苯二甲酸二异癸酯（diisodecyl phthalate，DIDP）及邻苯二甲酸二辛酯（dinoctyl phthalate，DNOP）。

2005 年 12 月 27 日，欧盟发布新的指令 2005/84/EC 要求如下：所有玩具及育儿物品中，DEHP、DBP 及 BBP 的含量不得超过 0.1%，否则不得在欧盟市场出售。所有可以放入儿童嘴中的玩具及育儿物品，DINP、DIDP 及 DNOP 的含量不得超过 0.1%。

2011 年 6 月中华人民共和国卫生部发布公告，要求食品及食品添加剂中 DEHP、DINP 和 DBP 的最大残留量分别为 1.5 mg/kg，9.0 mg/kg 和 0.3 mg/kg。

23 种被认为有害并限制使用的邻苯二甲酸酯见表 4-2。

表 4-2　23 种被认为有害并限制使用的邻苯二甲酸酯

序号	中文名	CAS NO	别名	英文名
1	邻苯二甲酸二异壬酯	68 515-48-0	DINP	diisononyl phthalate
2	邻苯二甲酸二（2-乙基己基）酯	117-81-7	DEHP	bis（2-ethylhexyl）phthalate
3	邻苯二甲酸二丁酯	84-74-2	DBP	dibutyl phthalate
4	邻苯二甲酸二异癸酯	26 761-40-0	DIDP	diisodecyl phthalate
5	邻苯二甲酸二异丁酯	84-69-5	DIBP	diisobutyl phthalate
6	邻苯二甲酸丁苄酯	85-68-7	BBP	benzyl butyl phthalate
7	邻苯二甲酸二辛酯	117-84-0	DNOP	dinoctyl phthalate
8	邻苯二甲酸二异辛酯	27 554-26-3	DIOP	diisooctyl phthalate
9	邻苯二甲酸二甲酯	131-11-3	DMP	dimethyl phthalate
10	邻苯二甲酸二戊酯	131-18-0	DPP	dipentyl phthalate
11	邻苯二甲酸二乙酯	84-66-2	DEP	diethyl phthalate
12	邻苯二甲酸二环己酯	84-61-7	DCHP	dicyclohexyl phthalate
13	邻苯二甲酸二丙酯	131-16-8	DPRP	dipropyl phthalate
14	邻苯二甲酸二壬酯	84-76-4	DNP	dinonyl phthalate
15	邻苯二甲酸二异丙酯	605-45-8	DIPRP	diisopropyl phthalate
16	邻苯二甲酸二苄酯	523-31-9	DBZP	dibenzyl phthalate
17	邻苯二甲酸二苯酯	84-62-8	DPHP	diphenyl phthalate
18	邻苯二甲酸二己酯	84-75-3	DNHP	dihexyl phthalate
19	邻苯二甲酸二（2-甲氧基）乙酯	117-82-8	DMEP	bis（2-methoxyethyl）phthalate
20	邻苯二甲酸二烯丙酯	131-17-9	DAP	diallyl phthalate
21	邻苯二甲酸辛癸酯	119-07-3	ODP	octyldecyl phthalate
22	邻苯二甲酸二癸酯	84-77-5	DNDP	didecyl phthalate
23	邻苯二甲酸二异戊酯	605-50-5	DIPP	diisopentyl phthalate

1.3 行星挤出及炼塑工序

这是 PVC 干混料塑化工序，主要过程是 PVC 干混料通过行星挤出机和两辊炼塑机将 PVC 干混料加工成塑化均匀的熔融料，并保证压延机的均匀供料。

PVC 干混料通过强迫加料器进入行星挤出机料筒内，经行星挤出机主螺杆与小螺杆的啮合处向前推进，干混料在料筒和主螺杆加热以及螺杆剪切摩擦、PVC 分子间摩擦等协同作用下，转变为熔融状态出挤出机。由于挤出机出料温度只有 150~160 ℃，未达完全的熔融及塑化均匀状态，需要再经两辊炼塑机进一步塑化。行星挤出机主要控制主螺杆和料筒的温度在 120~140 ℃，螺杆转速应匹配压延机速度，使得炼塑机两辊间塑化料量稳定和顺利地翻转炼塑，保证炼塑机给压延机及时供料。

行星挤出机出料通过输送带进入两辊炼塑机两辊的中间，经两辊间隙研压并包覆在前辊上，在两辊筒加热热量以及 PVC 与滚筒间隙不断地剪切（两辊间有一定的速度差）摩擦、PVC 分子间摩擦等协同作用下，PVC 经自动翻料器在滚筒上由左至右逐步塑化均匀并呈完全熔融状态，再由切料装置切下条状料带通过输送带连续供料给压延机。此时 PVC 料温达到 175~185 ℃。

1.4 压延工序

这是 PVC 药用硬片成型的工序，也是外观（晶点、流纹、气泡等）、厚度等指标的关键控制点。

压延机现在常用的是五辊压延机，塑化均匀的 PVC 进入 $1^\#$、$2^\#$ 辊间隙，包覆在 $2^\#$ 辊面经 $3^\#$、$4^\#$、$5^\#$ 辊后引离出压延机。

通过辊温、辊速、辊距（辊间隙）、辊间余料控制实现 PVC 硬片成型，通过预加载、辊弯、轴交叉、辊筒中高度等来控制硬片厚度的均匀性。

辊温从 $1^\#$~$4^\#$ 辊应控制在 190~200 ℃，且逐步提高，$5^\#$ 辊低于 $4^\#$ 辊约 3~5 ℃；辊速也是逐步提高，前、后辊速度差控制 1.5~2.5 m/min；辊距调整是以 $4^\#$（固定辊）为基准，特别是 $4^\#$、$5^\#$ 辊间隙及余料直接影响 PVC 硬片的质量，在调节过程中，应考虑到辊筒左右端和上下辊的相互影响，同时还应综合考虑辊温、料温、辊速、速比、物料软硬程度、产品厚度和宽度等多种因素的影响，保证各辊间余料直径为 3~5 cm，粗细均匀，余料由中间向两边均匀转动。该工序主要控制 PVC 药用硬片的外观及厚度，采用在线测厚仪和在线杂质照相系统进行控制。

1.5 后联工序

后联工序包括引离（剥离）、牵引、平整、冷却、收卷等工序，是指 PVC 药用硬片成型后从压延机 5# 辊上引出逐步冷却定型，通过卷取机收卷为 PVC 母卷（卷材）。

压延机出来的 PVC 料温为 210～220 ℃，骤冷会导致硬片凹凸发皱，需要通过后联工序逐步冷却至 30～40 ℃ 后再收卷。引离辊一般采用多组辊筒，主要作用是将硬片从压延机上剥离下来，它的速度比压延 5# 辊速快，两者速比为 1.45～1.55（根据厚度调整，厚度大，速比选择较小的，反之，速比选择较大的）；对于引离辊温度，一般 1# 引离辊通冷水，保证剥离效果，后续引离辊温度从 120 ℃ 左右逐步降低至 90 ℃ 左右，牵引、平整辊温度应保持在 80 ℃ 左右，以起到消除应力、增加韧性的作用，冷却辊温度控制在 60～40 ℃，这样可以形成逐步冷却的温度梯度，保证硬片的冷却定型和平整度。最后收卷机控制一定的收卷张力，使得 PVC 卷材端面整齐，不松卷。在整个后联工序的各组辊筒速度应基本保持一致，以控制加热伸缩率符合标准。

1.6 分切工序

分切工序是将 PVC 母卷通过分切机分切成符合订单要求规格（宽度、长度、包装等）的 PVC 药用硬片（图 4-2）。分切使药用硬片规格符合药厂铝塑泡罩包装机的上机要求，并且通过设置杂质检测系统去除外观要求中的杂质、黑点和控制晶点的质量。

1.7 关键质量控制

聚氯乙烯药用硬片质量应符合现行版的国家药包材标准 YBB 00212005—2015，检验项目有：外观、规格尺寸（厚度、宽度）、鉴别、水蒸气透过量、氧气透过量、拉伸强度、加热伸缩率、耐冲击、热合强度、氯乙烯单体残留量、易氧化物、不挥发物、重金属、澄清度、钡、微生物限度、异常毒性等。在 PVC 药用硬片生产过程中关键质量控制是非常重要的。

（1）使用（二次加工）性能——规格尺寸、拉伸强度、加热伸缩率：生产工艺及配方控制。

（2）防护性能——水汽、氧气透过量：配方控制。

（3）安全性能——残留单体、易氧化物、重金属、钡、微生物、异常毒性等：配方控制。

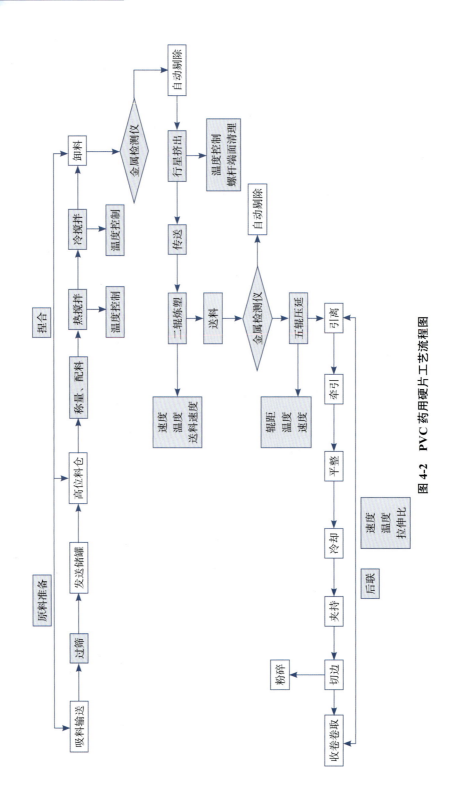

图 4-2　PVC 药用硬片工艺流程图

以上分析表明 PVC 药用硬片的配方控制是至关重要的，《药包材生产质量管理规范》（待颁布）中对药包材配方也要求应与工艺规程规定的配方一致，这样才能保证产品质量稳定性。

第二节　药用复合硬片的生产工艺及关键质量控制

药用复合硬片中 PVC/PE、PVC/PVDC、PVC/PE/PVDC、PCTFE/PVC、PA/AL/PVC 等结构产品均采用复合（干复）、涂布工艺生产。

2.1　涂布工序

2.1.1　胶黏剂涂布

指药用硬片基材经上胶系统（涂布头）涂布一层均匀的胶黏剂。上胶系统通常由涂布网纹辊（或光辊）、压辊（或支撑辊、计量辊）、料槽、刮刀架等组成，通过选择不同目数的网纹辊来实现上胶量（或涂布量）的控制。

2.1.2　PVDC 乳液涂布

PVDC 乳液涂布工序是指药用塑料基材经 PVDC 涂布系统（涂布头）涂布一层均匀的 PVDC 乳液。PVDC 涂布系统通常由涂布网纹辊、支撑辊、涂布槽、刮刀架、供料槽等组成，通过选择不同目数的网纹辊来实现 PVDC 涂布量的控制。PVDC 乳液应保持较低的温度（低于 PVDC 成膜温度），以减少气泡、结晶颗粒物等，保证 PVDC 涂层的均匀性。由于 PVDC 涂布量较大，经常需要重复涂布，因此涂布量的控制非常关键，长时间的涂布后应定期清洁涂布辊，防止网纹堵塞使得涂布量下降。应建立 PVDC 涂布量的中间控制，监测涂布量的变化。

2.1.3　复合硬片的原料配方

PVC 系列药用复合硬片的原料主要有 PVC 药用硬片、PVDC 乳液、PE 膜、胶黏剂等。

2.1.3.1　PVC 药用片

作为泡罩成型的基材，应选用符合现行版国家药包材标准 YBB 00212005—2015 的 PVC 药用硬片。

2.1.3.2　PVDC 乳液

聚偏二氯乙烯（polyvinylidene chloride，PVDC），是偏二氯乙烯（1,1-二氯乙

烯）的聚合物。具有耐燃、耐腐蚀、阻隔性（阻水、阻氧等）好等特性，由于极性强，常温下不溶于一般溶剂。由于纯 PVDC 难以加工应用，均聚物一直无法工业化，20 世纪 30 年代，美国 DOW 化学研制成功 VDC-VC（氟化乙烯 – 二氯乙烷 / 氯乙烯）共聚物，并取名为"SARAN"，80 年代又推出 VDC-MA（氟化乙烯 – 二氯乙烷 / 马来酸酐）共聚物，是一种乳液聚合物。PVDC 药用复合硬片使用的 PVDC 原料是 VDC-MA 共聚物，一种水剂乳液，具有很高阻隔性的高分子材料，其结构式为：—[—CH$_2$—CCl$_2$—]$_m$—[X]$_n$—，X 代表共聚基团。作为泡罩包装材料的阻隔层。

2.1.3.3　PE 膜

PE 膜是在高 PVDC 涂布量时用作柔软层，以降低产品的脆性的产品。由于 PVDC 材料是高结晶性聚合物，脆性较大，当 PVDC 涂布量大于 90 g/m^2，复合硬片会比较脆，容易在运输、搬运中碰撞后开裂，在复合硬片结构中加入 PE，使得硬片整体变得柔软，降低脆性。如 PE 膜与药用硬片复合后直接用于包装药品，PE 膜主要是作为热封层（PE 与 PE 热封）。PE 膜一般选用低密度聚乙烯膜与 PVC 硬片复合，或者在 PE 之上再涂布 PVDC。

2.1.3.4　胶黏剂

用作 PVC 与 PVDC 间的黏结，使之不会分层，目前复合硬片中使用的胶黏剂是双组分聚氨酯胶黏剂，逐步从溶剂型改为水剂，更符合绿色环保的要求。

2.1.3.5　配方

PVC/PVDC 药用复合硬片主要由 PVC 药用片、PVDC、胶黏剂等组成，实际上根据不同的 PVDC 涂布量，复合硬片中含有 80%～90% 的 PVC 硬片，PVDC 占 10%～20%，胶黏剂只占 0.1%～0.3%。在 PVC/PE/PVDC 药用复合硬片配方中多了 PE 的成分，且 PVDC 占比会更高一些，在 20%～30%。

2.2　烘干工序

2.2.1　溶剂烘干工序

溶剂烘干工序是指涂胶的基材经过一段或几段热风烘道将胶黏剂中的溶剂去除。烘道温度控制一般根据基材、胶黏剂（或涂料）含量、溶剂的挥发性等来调整，逐步升温，通常控制温度在 60～80 ℃，风量控制在 5 000～10 000 m^3/min。该工序是控制溶剂残留的关键工序。

2.2.2　PVDC 烘干工序

PVDC 烘干工序是指涂 PVDC 乳液的基材经过红外线烘道和热风烘道将 PVDC

乳液中的水分去除。红外烘道使得 PVDC 涂层表面温度在 55~65 ℃，热风烘道应逐步升温，通常控制温度在 65~85 ℃，风量控制在 3 000~8 000 m³/min。出烘道后复合硬片应通过冷却钢辊逐渐冷却至 30 ℃ 以下。

2.3　复合（干复）工序

复合工序是指将胶层烘干后的基材通过一定的温度和压力与另一材质的薄膜复合，形成复合硬片。复合通常是通有加热介质的钢辊与橡胶压辊使得二种材质的基材贴合在一起，使得两者达到一定的初黏强度且不分层。复合温度一般为 60~90 ℃，复合压力为 0.3~0.5 MPa。

2.4　熟化工序

2.4.1　胶黏剂熟化工序

胶黏剂熟化工序是指复合硬片在一定温度和时间内使得胶黏剂组分充分反应、交联，形成坚固、稳定的胶层，以获得耐温、耐介质、有稳定的剥离强度的复合硬片。熟化通常在熟化室中进行，料卷应架空放置，使得热空气流通，料卷受热均匀，熟化温度一般为 45~55 ℃，时间 48 h，可根据材料、胶黏剂特性调整。如需进行二次复合或其他加工，可以在室温下熟化约 12 h 以后进行。

2.4.2　PVDC 熟化工序

PVDC 熟化工序是指 PVDC 复合硬片在一定温度和时间内使得 PVDC 涂层初步结晶，阻隔性能基本稳定，并保持有一定的柔韧性。由于 PVDC 涂层在高温下结晶速度加快，易出现脆裂状况，因此 PVDC 复合硬片应在较低的温度下熟化，熟化温度一般在 20~30 ℃，时间为 12 h 左右，然后可以进入分切工序进行分切。

2.5　分切工序

将药用复合硬片母卷通过分切机分切成符合订单要求规格（宽度、长度、包装等）的药用复合硬片。分切使药用复合硬片规格符合药厂铝塑泡罩包装机的上机要求，并且通过设置杂质检测系统去除外观要求中的杂质、黑点和控制晶点的质量。

2.6 复合硬片工艺流程

2.6.1 复合工艺流程图(图4-3)

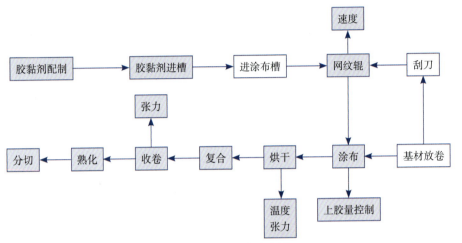

图 4-3　复合工艺流程图

2.6.2 PVDC 涂布工艺流程图(图4-4)

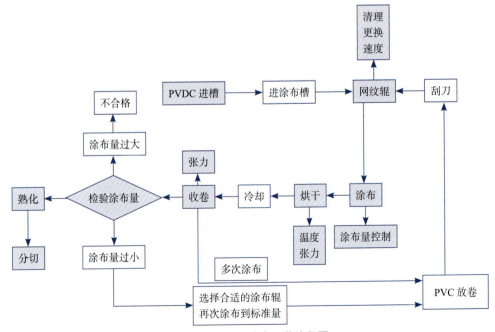

图 4-4　PVDC 涂布工艺流程图

2.7 关键质量控制

PVDC 药用复合硬片质量应符合现行版的国家药包材标准 YBB 00202005—2015 和 YBB 00222005—2015，检验项目有：外观、规格尺寸（厚度、宽度）、PVDC 涂布量、水蒸气透过量、氧气透过量、拉伸强度、加热伸缩率、耐冲击、热合强度、氯乙烯单体残留量、偏二氯乙烯单体残留量、溶剂残留量、易氧化物、不挥发物、重金属、澄清度、微生物限度、异常毒性等。在 PVC 药用硬片生产过程中关键质量控制是非常重要的。

（1）使用（二次加工）性能——规格尺寸、拉伸强度、加热伸缩率：分切工艺及 PVC 基材控制。

（2）防护性能——PVDC 涂布量、水汽、氧气透过量：PVDC 涂布量及工艺控制。

（3）安全性能——残留单体、溶剂残留量、易氧化物、重金属、微生物、异常毒性等：原料质量、烘干工艺控制。

（4）从以上分析可以看到 PVDC 药用复合硬片的 PVDC 涂布量、原料质量、烘干工艺控制是至关重要的，这样才能保证产品质量稳定性。

第三节 药用硬片挤出工艺及关键质量控制

PET、PP、COC 等非 PVC 材质的药用硬片一般采用挤出（共挤）工艺，通常以下述流程进行：原料预处理 → 高温加热熔化 → 挤出成型 → 定型辊冷却定型 → 检验 → 收卷 → 分切。

3.1 原料预处理

由于一些树脂颗粒容易吸收水分，在后续高温加工中会引起部分高分子分解（水解）产生小分子杂质，影响产品质量，因此需要干燥热风排除水分，并控制树脂含水量。

3.2 高温加热熔化

原料颗粒投入挤出设备后在螺杆中进行高温加热至熔化，加热温度应根据所用材料特性进行设置，一般在 200～300 ℃，这个温度区间能充分发挥原料树脂的性能，保证硬片的物理性能。药用硬片挤出生产主要设备为平行双螺杆挤出机，配套真空排气系统，这种挤出机设备可以提供均匀、连续的熔融挤出，保证药用硬片的厚度和表面质量。真空排气系统有助于减少片材内部水分或小分子杂质，提高产品的透明度。

3.3 挤出成型

原料在挤出机螺杆中熔化后，旋转挤出并经过滤网过滤，由衣架式模具挤出成型。过滤网精度应在 200 目以上，滤网前压力应在 20 MPa 以下，挤出成型温度应在 200~300 ℃。通过调整挤出模具模唇间隙控制硬片厚度。

3.4 定型辊冷却定型

定型辊应为 3~7 辊模组，冷却辊温度应在 25~55 ℃。在此区间应设置在线厚度检测及杂质照相检测系统以保证产品厚度均匀性及外观符合性。

3.5 收卷

收卷张力应控制在合理范围内，保证收卷端面整齐，无毛刺，无波浪边等情况。收卷时卷芯使用高标准不掉纸屑的纸管或塑料管。

3.6 分切

分切工序是将药用硬片母卷通过分切机分切成符合订单要求规格（宽度、长度、包装等）的药用硬片。分切使药用硬片规格符合药厂铝塑泡罩包装机的上机要求，并且通过设置杂质检测系统去除外观要求中的杂质、黑点和控制晶点的质量。

3.7 关键质量控制

非 PVC 材质的药用硬片目前没有国家药包材标准，应由生产厂家参照现有的药包材国家标准自行制订产品标准，一般的检验项目应有：外观、规格尺寸（厚度、宽度）、水蒸气透过量、氧气透过量、拉伸强度、加热伸（收）缩率、热合强度、起始单体（或生产副产物）残留量、易氧化物、不挥发物、金属元素、微生物限度、异常毒性等。在非 PVC 药用硬片生产过程中关键质量控制是非常重要的。

（1）使用（二次加工）性能——规格尺寸、拉伸强度、加热伸（收）缩率：生产工艺控制。

（2）防护性能——水汽、氧气透过量、热和强度：配方控制。

（3）安全性能——残留单体（或副产物残留）、易氧化物、金属元素、微生物、异常毒性等：原料质量、生产工艺控制。

（4）从以上分析可以看到药用硬片的配方和生产工艺控制是至关重要的，这样才能保证产品质量稳定性。

第四节　覆盖材料生产工艺及关键质量控制

与药用塑料硬片共同组成泡罩包装系统的是覆盖材料，一般使用的是药用铝箔和复合铝箔。

4.1　药用铝箔

4.1.1　工艺流程

药用铝箔的生产是以工业用纯铝箔为基材，在印刷涂布机上，采用凹版、柔性版印刷技术及辊涂布方法在铝箔表面进行印制文字图案，并涂布保护涂层，在另一表面涂布热封涂层的联动工艺过程。药用铝箔生产的工艺流程见图4-5。

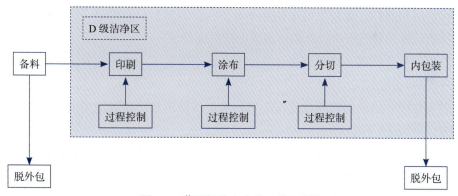

图 4-5　药用铝箔生产的工艺流程图

4.1.2　关键物料

药用铝箔一般由保护层/印刷层/铝箔层/印刷层/热封层组成，其关键物料是保护涂层、油墨、铝箔、热封涂层。

（1）保护涂层：保护层按其主体树脂可分为丙烯酸树脂系列、硝基纤维素系列、聚氨酯树脂系列三类。

（2）油墨：油墨用于印刷图案、文字，品种很多，分类方法也各种各样，按其主体树脂可分为氯乙烯-乙酸乙烯树脂系列、硝基纤维素系列、丙烯酸树脂系列三类。

（3）铝箔：铝箔作为药品包装材料通常分为硬质铝箔和软质铝箔，药用铝箔一般使用硬质铝箔，常用的铝箔厚度范围 20～30 μm。

（4）热封涂层：热封层按其主体树脂可分为丙烯酸树脂系列、氯乙烯－乙酸乙烯树脂系列。

4.1.3 过程控制

（1）生产过程中通过温度、速度、风量、张力、黏度、压力等关键工艺参数控制半成品质量。

（2）通过在线或离线检品控制铝箔针孔、异物、印刷等外观缺陷。

（3）通过人工检测涂布量、保护层的耐热性、热封层的热合强度控制产品质量。

4.1.4 关键技术指标

药用铝箔的关键技术指标主要有保护层耐热性、热封层热合强度、破裂强度、荧光物质、挥发物、溶出物（易氧化物、重金属）、微生物限度、异常毒性等，这些项目的保证使药用铝箔具有很好的阻隔性、热封性、保护性和安全性。

保护层耐热性：保护层的耐热性是为了在铝箔热封时能承受一定的热压作用，其指标决定在热封过程中，对铝箔表面印刷的保护性。

热封层热合强度：热封层热合强度关系到泡罩包装的密封效果，应确保铝箔具有良好的热封性能。

破裂强度：铝箔的破裂强度达不到要求会在使用中出现压穿的情况，影响药品的包装。

荧光物质、挥发物、溶出物、微生物限度、异常毒性：是药用铝箔生物和化学性能指标，其指标可能会影响药品的安全性。

4.2 药用复合铝箔

药用复合铝箔是一种特殊的覆盖材料，主要用于儿童安全、耐内容物腐蚀等药品的功能性泡罩包装，几种典型结构有：OP/AL/PVC，Paper/AL/HSL，PET/AL/HSL，Paper/PET/AL/HSL，其工艺是在药用铝箔生产工艺的基础上增加了复合的过程，过程控制和关键技术指标与药用铝箔相似。

药用复合铝箔是通过涂布和复合工艺生产的，因此相比药用铝箔而言需要关注溶剂残留指标，若产品中溶剂残留量较高，可能会对包装的药品产生影响。

第五章

药品泡罩包装设计要求

无论是在新品开发和引进过程中还是在整个产品生命周期中，泡罩的规格、尺寸和材料对于包装开发过程都是至关重要的，因此需要一种用于泡罩设计和开发的标准化系统和有效方法，用来促进包装设计的优化和经济性，提高在生产网络和区域采购团队中实施的灵活性并节省成本，提高决策的及时性，并尽可能提供可在整个生产中保持一致性应用的方法。本章节的目的是提供辅助指导和其他信息，以帮助有效实施上述政策和有关泡罩包装的统一的质量要求。

第一节 泡罩包装设计指导原则

1.1 泡罩包装标准化设计

尽可能将泡罩尺寸标准化，由此带来的好处包括：
（1）支持更大的订单量，降低了包装成本。
（2）降低了医药公司和供应商模具的复杂性，并降低了成本。
（3）减少转换件和切换时间。
（4）支持二次包装和三次包装组件的标准化。

最大限度节省成本的关键是了解如何减少浪费和降低复杂程度。

通过标准化限定范围内的首选组件来优化工厂的整体包装开发，可能意味着某些单独的包装项目不如预期的那样经济。在项目评估中需要平衡标准化带来的收益和整个业务案例的实际情况，比如在评估中将运行成本以及模具和转换件的固定资产投资等方面的因素纳入其中。

1.2 泡罩包装尺寸设计

泡罩的尺寸（泡眼面积）由泡罩的外部尺寸（长×宽）定义。相同的投影面积可用于许多不同的成型工具。除非有不可修改的特殊案例，否则应尽可能采用标准化的泡罩尺寸。

泡眼面积标准化的原则与生产不同产品的泡罩生产线的相关性应该尽量提高，以最大程度地减少生产线的更换。当产品在专用的泡罩生产线上运行时，还应考虑优化该产品和泡眼面积，以提供最低的产品生产成本。

为了在实现每个产品的泡眼面积最大化的同时，标准化每个工厂的泡眼面积，建议采用三种大小的泡罩：小号、中号和大号。

表 5-1 提供了作为"固体制剂项目"部分开发的标准泡罩尺寸，以作为典型尺寸的示例。

表 5-1 标准泡罩尺寸表

尺寸	长度范围（mm）	宽度范围（mm）
小号	79～124	30～45
中号	125～135	46～60
大号	125～135	82.5～90.0

泡罩板尺寸同时可参考中国医药包装协会团体标准 T/CNPPA 2005—2018《药品包装用卡纸折叠纸盒》。通过优化设计布局，取消药板上的加强筋和泡罩运行方向的冲切边，可以降低药板的面积，从而降低材料成本。

对于常见的压板泡罩机，重要的是要保持泡罩尺寸和设备之间的关系，以最大程度地减少对安装和转换的影响。

不同规格之间的泡罩尺寸应在机器方向上进行优化，以使单个或多个泡罩尺寸等于机器的螺距/分度长度/行程长度。此举将有助于最大程度地减少泡罩生产线的机械设置和调节。

应当优化在整个泡罩成型机上各种规格之间的泡罩尺寸和间距以产生最大数量的泡眼。此外，应该进行评估以确定哪种泡罩影响最小。比如：在卷筒幅面上添加一个额外的泡罩（更换为切割工位和更换泡罩排纸进料）或是更改为泡罩幅面宽度（更改为切割工位和导轨）。还应考虑二次包装生产线与泡罩包装面积的速度匹配度问题。

图 5-1 提供了典型压板泡罩机器设置中泡罩尺寸的一个典型示例，其中投影面积的宽边落在运行方向上。

如果泡罩尺寸标准化以此方式来保持相对间距，则可以使诸如纸箱和纸盒等二次包装组件标准化，例如可保持纸箱的宽度和长度不变，仅改变高度。

尽管每个成型模具都具有相同的外部尺寸，但是布局是基于产品特定的，以适配不同的压片数、泡眼直径、深度等。

当使用诸如 Aclar® 之类的基础材料时，必须格外小心，需考虑材料的收缩性能以及对可用幅面宽度的潜在影响。

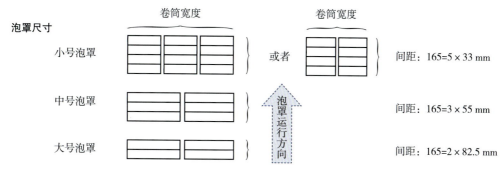

图 5-1　泡罩尺寸示例图

通常在设计应用在压板式泡罩机上的泡罩时，应避免使用卸压模具，以减少模具和更换要求，但也可能有例外，如当铝箔替换成为满足儿童安全需求所指定的纸衬箔时。

1.3　泡罩成型材料

泡罩包装成型材料形成容纳产品的泡罩泡眼。

首要目的是使用不透明的泡罩成型材料来掩盖产品，从而减少儿童对于包装的兴趣。但是，我们认识到一些市场对于透明泡罩具有强烈的文化或商业偏好。在包装符合法律和法规要求的前提下，透明与否是由当地市场决定的。

当对在泡罩外部具有使用 PVDC 的特殊要求时，请注意该材料会在紫外线照射下变色。当泡罩存放在纸盒外时，可能会变成棕色。

基于以上的应用，在设计泡罩材料配方时，可以根据药品特定性能的需要以及泡罩材料加工的需要加入符合药用要求的塑料添加剂，例如：稳定剂、增强剂、抗氧剂、抗紫外线剂、遮光剂、着色剂、润滑剂等。塑料添加剂品种、使用限量、特定迁移量或最大残留量、特定迁移总量等要求，可参考相关标准。

1.4　泡罩覆盖材料

泡罩覆盖材料将产品密封到泡罩腔中。

作为产品开发过程的一部分，应评估产品的坚固性，以确定在推出各种盖箔时受到损坏的可能性。如果使用 20 μm 推破式铝箔时药品可能会损坏，则封盖材料必须完全可剥离（即剥开式铝箔）。

基于坚固性的研究，请选择本节中指定的一种基本封盖材料进行关键稳定性测试,并将其作为后续任何儿童防动层的基础。

两种选择都适合作为儿童防动泡罩包装的封盖层的基础层。表 5-2 显示了有关可以添加到基础层中以符合儿童安全要求的其他材料层的指导原则。

表 5-2　其他材料层的指导原则

基本封盖材料	热封胶	注释
20 μm 铝	永久热封胶	对于足够坚固的药品,可承受推出 20 μm 铝箔而不会损坏
20 μm 铝	可剥热封胶	对于推出 20 μm 铝箔可能会损坏的药品

1.5　泡罩包装的变更

为了保证口服制剂的功效,必须始终遵守所有会影响产品稳定性的包装特征。对于已获得上市许可的药品,更改泡罩成型方式和覆盖材料,或增加泡眼尺寸,可能会影响材料的阻隔性能,从而影响稳定性和安全性。应按照国家对上市后药品变更研究相关指导原则,确定变更类别,按照不同类别进行研究,全面评估结果,按要求进行报告或备案。

1.6　泡罩板堆叠要求

为了应对多板泡罩装盒(如 4~10 板/盒)的情况,同时避免因板数过多造成外盒太大(浪费纸盒包材、影响美观和携带),可以将泡罩正反堆叠放置,以节省一半的纸盒体积(图 5-2)。

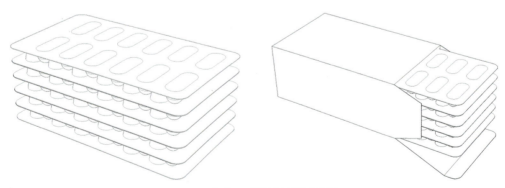

图 5-2　泡罩正反堆叠放置示意图

1.7　儿童安全设计

在新产品的开发过程中,必须对儿童安全的容器和包装需求进行详尽的评估,同时,这也应被视为对已经成熟的现有产品进行早期改进的重要契机。儿童安全计划变更项目已启动并开始进行已上市成熟产品的审查，同时明确了适用于各个产品的最佳儿童安全解决方案。

评估的结果表明，如果包装内容物含量达到对儿童有潜在伤害的剂量，或当地市场法规有相关规定，可能需要在包装上添加儿童安全封盖材料。

儿童保护评价标准有 ISO 8317《防儿童拆开的包装——可再次包装的要求和试验程序》、EN 14375《保护儿童的不可重封口的药品包装——要求及试验》、US 16 CFR 1700.20《防止儿童打开包装测试》、BS 8404《包装——防止儿童开启包装——药品用不可再封装包装的要求和检验程序》、GB/T 1730《儿童安全包装——可重新封口包装的要求和试验方法》、GB/T 20002.1《标准中特定内容的起草——第 1 部分：儿童安全》、GB/T 25163《防止儿童开启包装——可重新盖紧包装的要求与试验方法》。

1.7.1　儿童防动概念解决方案

1.7.1.1　儿童防动设计的注意事项

（1）最小的泡眼顶部空间，较少的机会使儿童能够咬开或撕开泡罩泡眼的开口。

（2）理想情况下，泡眼与泡罩边缘的距离应为 5 mm，对于钱包卡大小泡罩的密封要求，最小距离应为 4 mm，距离边缘较远的位置会使儿童更难以通过咬合来接触药片。

（3）大多数包装都需要进行二次操作，以将泡罩放置在儿童防动包装的设计中。因此需要更多的泡罩处理。为了减少对泡罩封盖的损坏，建议使用纸衬箔纸。

（4）可能需要穿孔或加强筋，尤其是多层材料比单层材料更容易卷曲。加强筋效果最好，但在泡罩板上需要额外的空间，需要更大的泡眼面积，因此在所有包装上都更大。卷曲的泡罩可能无法正确放置在包装内，从而导致其在二次包装过程中需要额外的处理并可能卡住。

（5）如果多个泡罩的泡眼面积/泡眼中心相同，则可以在导轨和穿孔模具上应用一些同步工序。

1.7.1.2　每个泡罩含有多种强度的片剂以确保包装的完整性（一次包装）

（1）如果泡罩泡眼中心和（或）泡眼直径的大小相近，则泡罩应包含一个切槽，以确保将泡罩正确放置在钱包卡位置内。

（2）可以偏置一个片剂泡眼或一排泡眼作为切槽。

（3）根据不同强度选择专用进料器。

（4）翻盖/覆盖检测泡眼叠片。

（5）密封前验证药片的颜色、大小和泡眼位置。

1.7.1.3　每个泡罩有多种强度的片剂以确保包装的完整性（二次包装）

（1）在泡罩背面印刷条形码或二维码，在泡罩板密封之前进行扫描以确保正确的泡罩位置。

（2）在封盖上的每个泡罩强度增加部位的不同位置打印二维码，作为操作员的视觉提示，在线上有相应的模板以标识正确的放置位置。

（3）泡罩扫描后确保机器锁定，以确保操作员无法在条形码验证后手动将吸塑重新放置在钱包卡中。

1.7.2　儿童防动泡罩推荐材料

针对泡罩的儿童安全全球标准解决方案，定义了建议的开放式泡罩设计、推荐作为每种泡罩首选的盖箔材料规格、推荐材料的基本原则、选择材料的注意事项、可以用作应急解决方案或长期开发的材料的其他选择。表 5-3 收集了推荐的作为儿童安全第一选择解决方案的材料，以及需要完全可剥离的泡罩时的材料说明。

不建议将可剥离的泡罩开口作为一种整体解决方案，而应将其用作其他解决方案时的特定产品解决方案，因为这可能会给通过儿童防动测试带来一些挑战，所有这些材料均保持相同的 HSL 和最小铝层厚度 20 μm。

表 5-3　材料说明表

产品类别	取用方式	材料构造
硬片（坚固耐用）	推出	7 g/m² HSL + 20 μm 铝基层 + 14 g/m² LDPE + 25 g/m² 纸
易碎片（如果使用儿童防动推出式盖箔，则易碎，可能会损坏）	既可剥离，又可推出	7 g/m² HSL + 20 μm 铝基层 + 12 μm PET + 50 g/m² 纸（无黏土涂层）
极易碎片（推出 20 μm 铝箔可能会损坏）	完全可剥离	7 g/m² 可剥离 HSL + 20 μm 铝基层 + 12 μm PET + 50 g/m² 纸

1.8　密封区域设计

泡罩上密封区域的设计用于防止产品因暴露于环境而降解。因为密封区域会影响产品（尤其是易吸潮片剂）的稳定性，所以在产品开发过程中应定义最小的密封区域。最终市售产品的包装设计必须与关键稳定性测试所使用的泡罩具有相同的密封面积，如图 5-3 所示。

需要重点强调的是，用于生产关键稳定性样品的模具（无论是否为预期的商业大生产模具）所使用的密封面积均不得大于所需的密封面积。

最小密封区域必须留有足够的冗余距离，且保持在：

- 泡眼之间；
- 在泡眼和泡罩边缘之间；

- 在泡眼和穿孔线之间；
- 在泡眼和压花区域之间；
- 在泡眼和加强筋之间。

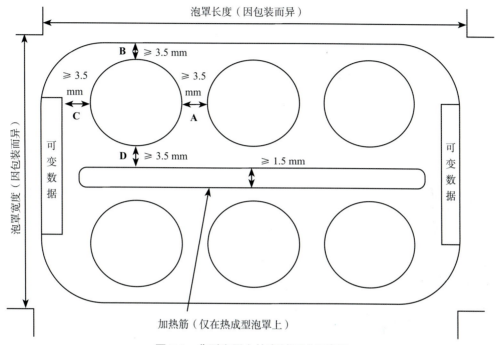

图 5-3　典型泡罩上的密封区域示意图

泡罩上的最小密封距离还应考虑机器在两个轴向尺寸上的公差。

应当严格遵守最小密封距离，因为减小密封距离可能会对泡罩的稳定性产生不利影响或降低儿童安全的防护能力。

在开发新包装时，要求评估并确定产品特定的密封面积需求。作为一般指导和参考起点，以下内容可能会有所帮助：

- 所有类型的泡罩均要求最小密封区域为 3 mm，因此，为了允许机器公差和生产线上的材料运动，工装图应显示最小密封面积为 3 mm+ 每个边缘或穿孔处的设备公差；

- 水分敏感性更高（更易吸潮）的产品可能需要更大的密封面积。

特别注意的是，只要所有密封区域都符合要求，密封区域就不必在泡罩的所有区域上都相同。例如，泡眼之间的距离可能是 3.5 mm，而泡眼与泡罩边缘之间的距离可能是 4 mm。

在开发新模具时，请考虑：

- 泡罩卷筒方向的机器公差，例如切割、穿孔，通常为 0.5 mm；

- 整个泡罩卷筒的机器公差通常为 0.25 mm；
- 虚封尺寸（虚封是在某些机器上产生的泡眼周围的未密封区域，是因为密封处的泡眼直径是大于成型模具处的泡眼直径）；
- 模具上的半径，特别是泡眼边缘上的半径；
- 压弯 / 滚纹图案：较大间距的密封纹案可有效减小密封面积；
- 易撕 / 折线：推荐采用易撕线使泡罩更方便拆分和携带，易撕线的刀口设计应方便快速撕开或者简单对折两次即可掰开；
- 压纹区域；
- 孔眼；
- 加强筋。

需要将以下内容视为有效密封件的边缘，而不是计算到密封件距离中。有关典型泡罩上的密封区域的图示，请参见图 5-3 显示的密封区域：

- 泡眼之间，至少 3.0 mm+ 模具加工余量；
- 泡眼和泡罩边缘之间，至少 3.0 mm+ 模具加工余量和机器公差；
- 泡眼和压花区域之间，至少 3.0 mm+ 模具加工余量；
- 泡眼和加强筋之间，至少 3.0 mm+ 模具加工余量。

1.9 泡眼容积设计

泡眼的整体形状取决于特定片剂 / 胶囊的形状、供应商的模具能力以及泡眼容积对包装线效率的影响等因素。

出于对产品稳定性的考虑，有必要与模具和设备供应商以及泡罩基材的供应商合作，以平衡这些因素与最小化泡眼容积的需求，确保所选材料能够正确成型，并提供必要的阻隔性。注意事项包括：较大的泡眼比较小泡眼的产品可以更快地灌装；一个泡眼的尺寸过大会导致灌装性能不佳，或者有可能将 2 个或更多的片剂或胶囊放在一个泡眼中。

为了最大程度地降低产品物理损坏或在泡罩生产线上过热的可能性，片剂和胶囊的最小顶空间隙（产品与封盖材料之间）为 0.5 mm。

当使用冷成型基材时，与使用热成型材料时相比，泡眼的尺寸和体积更大，因为泡眼壁需要更大的拔模角度以利于在泡罩生产线上进行成型和脱模过程。某些热成型材料（例如 Aclar）的最小拔模角度为 7°~10° 以利于从成型模具中脱模。有关典型的泡眼设计，请参见图 5-4。

当进行热成型泡罩加工时，可以在过大或过深的泡眼模具上使用插塞助剂，以改善材料在模具壁上的分布，并避免在成型材料上形成过薄的区域。同样重要的是，模芯（成型销）应由合适的材料制成，以使基本材料的成型过程在模芯周围的摩擦力最小。

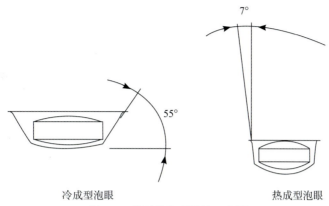

图 5-4　典型的泡眼设计示意图

药品开发和关键稳定性测试通常是使用比建议的市售包装设计略大的泡眼体积来进行的，以建立湿气透过率的基准，并在以后的大生产设计中确保具有相等或更低的湿气透过率。这样可以在最终包装设计中留出一点灵活性。重要的是，用于实现关键稳定性的模具（无论是否为预期的商业大生产模具）都不要使用过小的泡眼容积。较小的泡眼容积可能会在将来的接收工厂造成问题。例如，接收工厂可能打算使用"最合适"的现有模具，而不是购买新模具，但由于用于关键稳定性的泡眼容积过于紧凑，导致现有模具无法使用。

较优化作法是在以预先标准化的泡眼容积建立关键稳定性之前，尽早评估所有制造工厂的能力，确定特定工厂需求。

对于已获得许可的产品，增加其泡眼容积的提案可能会影响关键稳定性，因此将需要根据替代材料规范对稳定性、儿童安全测试（如果适用）和注册数据进行全面评估。此变更必须根据适用的正式程序进行变更。评估的结果可能是包装改变需要重新测试或重新注册产品。

1.10　泡眼布局/方向设计

泡眼布局/方向设计应考虑以下因素：
（1）最小密封临界面积。
（2）片剂进料和泡罩成型设备。
（3）卷曲的泡罩，应在可能的情况下优化设计布局，以避免加强筋。
（4）如果泡罩的泡眼很少，则应考虑使用其他空泡眼，以增加泡罩在通过传送系统时的稳定性。这些空泡眼的设计应不同于产品泡眼的设计，以防止患者混淆。

（5）建议在模具上进行某种形式的识别，以便在密封过程中标记泡罩的位置，例如，在密封工具上添加小的识别标记。

（6）如果同一工厂的多个泡罩的泡眼面积、泡眼中心相同，则可以在导轨和穿孔模具上应用一些同步工序。

1.11　泡罩孔眼设计

从泡眼边缘到孔眼的距离以及孔眼的规格将影响在孔眼上划分泡罩的难易程度。排布距离是穿孔线中一个切口与下一个切口之间的连续区域。排布区域太大，将难以正确地分离泡罩模腔，而排布区域太小，则泡罩将变得太柔韧，并且模腔可能会意外分离，并可能难以在泡罩包装线上运行。对于冷冲压成型固体药用复合硬片尤其如此。

在开发新的泡罩模板时，其目标应该是将相应工厂类似材料构造所有泡罩上的穿孔深度和间距进行标准化。

1.12　可变数据要求

泡罩系统形成后，《药品生产质量管理规范》规定需要标注相关信息，这些信息为可变数据，如生产批次（批次特定的编码）、有效期等信息。可变信息可以以压花或在线打印的方式实现。

可变信息标记区域的大小应足以容纳批次和信息及符合《药品生产质量管理规范》《药品说明书和标签管理规定》，满足内标签文字大小、可读性、可识别并符合市场要求。泡罩上应仅标出所需的最小变量数据。就可读性而言，必须考虑密封图案对需打印可变信息数据的影响，尤其是对条形码或二维码的影响。打印的代码不应像压花那样要求额外的密封区域。关于可变数据是放在泡眼本身还是在密封区域上，应考虑各个市场的要求。

相应可变数据位置、方向、大小和市场缩写的使用，应符合《药品生产质量管理规范》《药品说明书和标签管理规定》，可采用内控质量标准对可变信息标准化以最大程度地提高工厂特定设备的产能和生产线效率。

1.13　铝箔印刷原稿要求

在考虑品牌营销因素的情况下，所有泡罩上的文字和图形都应以一种颜色（最好是黑色）进行印刷。印刷图案应尽量简单，尽量避免套圈、相同位置多种颜色套色的设计。

当市场需要单位剂量编码（例如印在每个泡罩泡眼上的条形码）时，必须考虑扫描等级。同样，如果在泡罩上印有二维码，则必须满足最小高度和空白面积的要求。铝箔印刷应在暗面，以帮助自动读取物料代码，安全代码等。

第二节 泡罩包装过程及质量控制

2.1 泡罩包装工艺过程

泡罩包装工艺过程大致可分为四个阶段：成型、填装、密封、后加工。图 5-5 详细描述了泡罩包装的总体工艺过程。

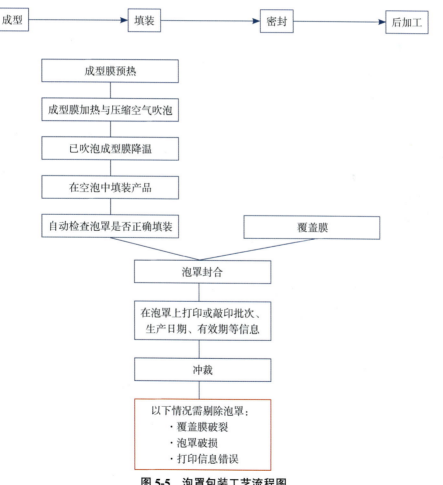

图 5-5　泡罩包装工艺流程图

2.1.1 泡罩成型阶段

2.1.1.1 成型方式分类

成型方式主要分为热成型和冷冲压成型两种。

（1）热成型

药品泡罩包装大规模使用热成型的方法，热成型主要有以下三种：

热吸塑成型，一般采用辊式模具，成型泡罩尺寸较小，形状简单，泡罩拉伸不均匀，顶部较薄。

热吹塑成型，多用于板式模具，成型泡罩壁厚比较均匀，形状挺括，可成型较大尺寸泡罩。

冲头辅助成型，多用于平板式泡罩包装，通过合理设计可获得均匀、尺寸较大、形状复杂的泡罩。

（2）冷冲压成型

当采用包装材料的刚性较大（如复合铝）时，热成型方法显然不能适用，而是采用凸凹模冷冲压成型方法，即凸凹模合拢，对膜片进行成型加工，其中空气由成型模内的排气孔排出。冷冲压成型采用了冲压成型代替了原来普通泡罩包装的真空吸塑成型，使用纯铝箔复合材料作为成泡材料。高强度合金铝箔在冷冲压成型中的应用，使得冷冲压成型工艺有其他任何材料无法达到的极高的水、氧阻隔性能及隔光性能。

冷冲压成型工艺中的表面支持强度层、铝箔阻隔层、内表面热封层三层之间用黏合剂黏合的方法，将其有机地结合起来，成为一个复合材料整体。要保证在强大的冲击成型作用力下不离层、不断裂，其黏合剂的选择和使用相当关键，一般要求黏合后铝箔与表面支持强度层及热封层的黏合强度都达到 8 N/15 mm 以上，配方设计过程中还应控制好聚氨酯黏合剂中分子链段的软段和硬段的配比，以适应冷冲压成型的要求。一般普通黏合剂很难达到以上要求，因而冷冲压成型硬片所用的黏合剂一般是专门配制的特殊黏合剂。

2.1.1.2 成型过程

（1）热成型过程

泡罩材料在进入成型工位之前，先通过一个均匀加热的装置进行预热以确保泡罩材料适宜成型。也有部分设备采用局部加热的方式，只加热需要成型的部位。

在成型工位，泡罩材料需要经过充分加热使其软化，达到可以形成空腔的程度。温度是达到最佳性能的关键参数，它与泡罩材料的厚度、材质以及运行速度有关。在能保证泡罩成型饱满的前提下，温度越低越好。

一般情况下，PVC 的加热温度为 140～150 ℃，PVDC 的加热温度为 120～

130 ℃。成型吹气压强为 0.4～0.6 MPa。泡罩越小，所需吹气压强越大。

成型后的泡罩，为保证有效的阻隔性，最薄处尺寸不得低于 45 μm。

（2）冷冲压成型过程

在进行成型模具设计时，将泡罩宽度与深度之比控制在 3∶1 效果较好（图 5-6）。

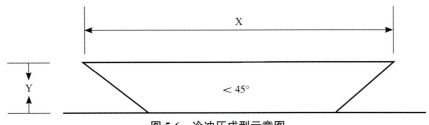

图 5-6　冷冲压成型示意图

这个比率随药品外形尺寸有所改变。扁平药片适合较大的比率。因为成型过程中较多材料停留在模具的底部。这种情况下材料的延伸受到限制，易使材料发生破裂。因此一般扁平药片选择 3.5∶1 的比率，胶囊选择 2.8∶1 的比率。另外，成型模头建议使用特氟龙（Teflon）材质，模头与模腔之间间隙约为 2 mm。冷冲压成型材料的成型尺寸精度高于热成型材料的成型尺寸精度。

冷冲压成型过程中针孔及裂缝发生的原因有模具自身缺陷、成型拉伸过量、成型过程中使用不当的加工工具、冷压成型材料原因等。

2.1.2　药品填装阶段

是指利用自动填装装置或手动填装将产品填装在泡腔中。该阶段的关键参数是成型泡罩的适宜填装量。填装的药品和泡腔的大小应匹配。自动填装方式主要有四种：万能下料、轨道下料、组合下料、同步对位下料。

2.1.2.1　万能下料

万能下料（universal feeder）是传统的下料形式，一般由一组或多组毛刷组成，通过毛刷的转动和滚动将产品填充到泡罩中。万能下料的优点是通用性强，几乎不用更换下料模具。万能下料适用于圆形或者接近于圆形的药品，对于其他形状的药品，填充率较低。

2.1.2.2　轨道下料

轨道下料（channel feeder）是应用比较广泛的下料形式，一般由料斗、震荡圆盘和竖直轨道组成。药品通过震荡圆盘进入竖直轨道，再通过竖直轨道填充到泡罩中。轨道下料运行稳定，填充率高，但是对药品的尺寸和形状有比较严格的要求。

2.1.2.3　组合下料

针对铝铝包装形式，泡罩较大，无法通过竖直轨道直接下料，在轨道下料的基础上又衍生出一种组合下料形式，在竖直轨道的下方增加一个布料辊，产品先通过竖直轨道进入布料辊的泡孔中，再通过布料辊的转动进入成型铝泡罩中。

2.1.2.4 同步对位下料

同步对位下料（simultaneous tablet placement feeder）应用于高速机。同步对位下料主要由料斗、震荡仓、挡放机构和出料口组成。产品通过料斗进入震荡仓，再由震荡仓进入挡放机构，挡放机构中存在多个轨道管，每个轨道管在每个工作周期释放一粒产品，经由出料口进入泡罩。同步对位下料布料面积大，可以实现较高的下料速度，适用于铝塑包装和硬双铝包装。

2.1.3 泡罩密封阶段

泡罩包装多采用热封的方法，通过停留一定时间的加热和加压，将覆盖膜和填充好的泡罩腔密封在一起。这一阶段的关键参数是：温度、压力和时间（速度）。热封温度的设定与材料厚度、材质和设备运行速度有关。在能保证外观、网纹清晰度和气密性的前提下，热封温度越低越好。密封的方式一般分为辊压式和平板式。

2.1.3.1 辊压式热封

将已填料的成型模与铝箔通过连续转动的两辊之间，通过热压使其封合。成型模一侧的辊轮应预先设计有与泡腔形状相同的空穴，使得成型模可紧贴辊轮，并可升温至热封温度并保持恒定。铝箔一侧的辊轮应平整且能够提供恒定的压力。该封合方式为连续式。

辊压式热封：PVC 的热封温度为 200～240 ℃，PVDC 的热封温度为 190～230 ℃。

2.1.3.2 平板式热封

当已填料的成型模和铝箔到达热封工位时，通过加热的热封板和下模板与封合材料表面接触，并提供压力将其封合。封合后，热封板和下模板迅速分开，完成一个循环。该封合方式为间歇式。

平板式热封：PVC 的热封温度为 180～210 ℃，PVDC 的热封温度为 170～200 ℃。

2.1.4 后加工阶段

后加工阶段包括整个包装过程的全部其他步骤，包括凹凸印刷、打孔和切割。凹凸印刷可用于包装上的批号和有效期。钢印用以在泡罩包装边缘制作凹凸文字信息。这一阶段的关键参数之一是包装的完整性。凹凸印刷、打孔和切割的过程不能损坏泡罩、盖片及其密封性。凹凸印刷的质量是这一阶段的另一关键参数。凹凸印刷必须清晰、正确并且包含全部所需信息。

泡罩包装上的打印或敲印内容的模板必须受控（版本控制、使用变更控制程序管理模板变更）。如果打印或敲印是包材供应商完成的，则必须将模板提供给供应商。

对于高度自动化的现代化泡罩包装设备，在后处理阶段完成后，通常还会包含一个剔除工位，可剔除在前序所有工艺过程中所识别的缺陷品。

2.2 泡罩包装设备

目前泡罩包装设备具有全自动，自动和半自动泡罩包装机。结构主要有：机体、放卷器、加热器、成型部、加料部、热合部、夹送装置，打印装置，冲裁、控制系统等。

2.2.1 放卷装置形式

2.2.1.1 卷膜手动拼接

泡罩卷膜在使用完成后，一般会通过拼接台，将新的卷膜通过耐热胶带粘贴到设备中的卷膜接头处。手动拼接卷膜需要将设备停机，拼接完成后再开机生产。该过程一般会停机 3~5 min，不利于生产效率提升。在此过程中人工干预操作的情况也比较多。

2.2.1.2 卷膜自动拼接

泡罩卷膜在使用完成后，卷膜接头通过自动拼接台，自动拼接工位检测到卷膜接头后，自动拼接台拼接机构会自行将两卷进行有效拼接。在拼接过程中，设备可以连续运转，提高生产效率。整个自动拼接过程中，无须人工干预即可实现全自动拼接。

2.2.2 加热成型结构

2.2.2.1 整体加热成型式

冷态卷膜通过双层加热板，经过多次加热达到有效成型温度后，卷膜进入成型工位，通过不同形式的成型功能，实现泡罩成型。一般成型后，热态卷膜收缩变形，会引起泡罩板冲切后形变量大。为改变泡罩板形变大的问题，通常会在泡罩板中间增加一条或多条加强筋，来有效控制泡罩板形变。此方法会导致泡罩板偏大，有效利用面积降低。

2.2.2.2 局部加热成型式

冷态卷膜进入成功工位后，通过局部加热功能，将泡眼工位进行加热成型，在极短的时间内，实现泡罩的加热成型。在整个成型过程中，非成型区不受热，成型后的泡罩板版型平整。

2.2.3 热封结构

2.2.3.1 辊压式热封

将已填料的成型泡罩与铝箔通过连续转动的两辊之间，通过热压使其封合。成型模一侧的辊轮应预先设计有与泡腔形状相同的空腔，使得成型模可紧贴辊轮，并可升温至热封温度并保持恒定。铝箔一侧的辊轮应平整且能够提供恒定的压力。该封合方式为连续式。

2.2.3.2 平板式热封

当已填料的成型模和铝箔到达热封工位时，通过加热的热封板和下模板与封合材料表面接触，将其紧密压在一起并提供压力将其封合，封合后，热封板和下模板迅速分开，完成一个循环。该封合方式为间歇式。

2.3 质量控制策略

2.3.1 在线控制技术

2.3.1.1 参数监测技术

泡罩包装设备可使用计算机化系统监测和控制不同的工艺参数。典型的关键工艺参数包括：成型预热温度和成型温度、成型压力、冷却温度、热封温度和压力。此外，泡罩包装设备应配备各个类型的传感器包括光敏传感器、位置传感器等，以探测和识别设备的运行情况。常见的传感器用途包括：监测成型膜和覆盖膜的余量监测、接驳板的探测、设备各部件运行状态的监测等。

通过对关键工艺参数和报警限度的设定，进行持续的监测和控制，至少记录关键工艺参数的监测值。在监控过程中，如探测到参数超出限度或运行状态错误，控制系统应能向用户发出提示，并记录这些错误信息以及处理状态。基于目前法规对于数据完整性的要求，控制系统还应该提供以下功能：用户管理、逻辑安全和权限、电子记录的审计追踪等。

2.3.1.2 视觉检测技术

泡罩包装设备通常会使用视觉检测技术作为在线控制的方法之一。用于视觉检测的照相系统安装在填装工位之后，可以探测泡腔内产品缺失、破损、颜色或形状不正确等缺陷。有缺陷的泡罩将在所有工序完成后被设备自动剔除。该技术通过与预存于设备数据库中的图像比较对泡罩产品进行检测。用户应建立合适的缺陷库，并根据设备的实际能力准备对比图像。对比图像应能够体现设备可检测到的最差情况。图像数据库的管理也非常重要，必须实施相应的安全措施，诸如对创建或更改图像数据库的权限限制。在内包装产品的缺陷库更新后，图像数据库也需要相应更新。

此外，照相系统的性能应在每次设备使用前调整检查。另外一个可能影响照相系统的因素为泡罩包装间的光线及布局，因此，不建议将泡罩包装机置于邻近窗口处。

为确保泡罩产品的检测合格率，需要对泡罩包装机的成像检测工位增加至少两个：密封前视觉检测和密封后视觉检测；通过密封前、后的视觉检测功能，可以有效检测到片剂、胶囊两面是否存在缺陷或者异物的情况。

2.3.1.3 自动剔除技术

设备应能够正确地自动剔除通过监测功能探测到异常，或设备在异常情况下生产的产品。可配置剔除确认功能，可自动确认剔除结果，如剔除不成功，可被设备探测到并引发报警停机。

2.3.2 过程评价

主要的评价项目和方法如下。

（1）外观质量：目测是否有划痕、皱折、破损、异物、脏污、内容物缺失或损坏等缺陷。

（2）信息质量：目测是否有图文信息（包括名称、规格、批次、生产日期、有效期等）错误、缺失、印痕、明显色差等缺陷。

（3）气密性：使用真空检漏仪进行泄漏试验，取样数量及频次应根据验证活动的结果决定。ISO 2859-1可用于取样计划和可接受标准，应考虑验证和过程控制中发现的缺陷的关键性。

2.4 验证策略

2.4.1 验证生命周期

包装设备必须经过前验证，生命周期从设备的初始设计直至最终的性能确认。图5-7定义了其验证生命周期的主要步骤。

2.4.2 设计

设计阶段的首要任务是定义新设备的用户需求标准（user requirement specification，URS），包括设备的产能、功能和法规需求，以及整合于设备的控制系统。此外，在这个项目节点还必须定义供应商所提供的服务，以及交付文件和证书等内容。

设计	建造	安装与确认
用户需求（URS） 设计确认（DQ）	工厂接收测试（FAT）	现场接收测试（SAT） 安装确认（IQ） 运行确认（OQ） 性能确认（PQ）

图 5-7　验证生命周期的主要步骤示意图

用户需求将会移交至选定的供应商，供应商将据此提供符合用户需求的设备。

下一个阶段是设备的设计确认，主要目的在于确认供应商提供的设备和控制系统是否符合上述已建立的用户需求。供应商须提供必要的文件，主要包括功能标准和设计标准，用于进行设计确认活动。

设计确认的批准意味着对设备设计的批准，之后，供应商可以开始包装设备的建造。

2.4.3　建造

设备的建造完成后，将进行工厂验收测试（factory acceptance test，FAT）。在这个阶段，供应商应在设备的生产产地对其进行一系列测试，已确认设备可以正常运行。

如果设备成功通过工厂验收测试，则可以运送至客户的生产场地并安装。

2.4.4　安装和确认

当设备在最终安装位置完成安装和配置后，将进行调试或现场验收测试（site acceptance test，SAT）。此后，将展开标准的三个阶段的确认活动：安装确认、运行确认、性能确认。

安装确认的目的在于确认设备正确安装在生产场地，与所需的共用设施进行了正确的连接，以及确认所有技术文件、证书（材质、校验）、使用、清洁和维护的标准操作规程、布局图、电气图等资料的可用性。

在同一条泡罩包装线上，使用不同的包装材料对不同的产品进行泡罩包装，是一种常见的做法。因此，设备通常会配备多套不同的模具。这种情况下，模具的特性、贴标、正确储存以及安装指南文件的可用性，作为关键点，必须包含于设备确认之中。

下一个阶段是运行确认，包括确认设备功能与功能说明的符合性，以及设备在极端运行条件下（即运行条件的上下限）的正确运行，应考虑的极端条件包括成型的预热、加热温度、压力、热封温度、运行速度。

泡罩包装机通常配备若干传感器（用于检测成型模和覆盖膜余量、料斗中产品的料位、接驳位的检测等），其功能测试必须包含于设备确认中。

剔除系统通常安装于泡罩包装机的最末端。空泡罩、泡罩内容物的缺失、破损，抑或是泡罩上打印的批次信息和有效期错误，都可以被在线检测到并被剔除系统剔除。对缺陷品的检测和剔除功能必须包含于设备确认中。

此外，必须对控制系统进行专门的确认测试，包括：逻辑安全和权限、配方（不同产品缺陷品的图像）、成像监测系统的管理、电子记录的审计追踪、软件和原始数据的备份。

设备确认的最后一个阶段是性能确认，该阶段将使用真实物料并在正常的运行条件下对设备进行测试。泡罩包装机的每一种规格（模具）都必须进行性能确认测试，以证明设备使用该种模具可以在正常的运行条件下获得没有泄漏的完好的泡罩。

性能确认阶段的取样计划中必须定义以下要素：样品量、取样频率、控制点和可接受标准。ISO 2859-1 是一个通用的指南，可帮助定义取样计划。批量、所需要的检查水平以及控制措施的关键性可用于确定样品量和可接受标准。

2.4.5　验证设计需求

设备和包装区域的设计必须考虑对产品质量的风险：悬浮粒子或微生物的污染、交叉污染、产品混淆。

另一方面，应考虑被包装产品本身的性质（该产品是否产尘，是否为高活性/毒性物质）来决定是否需要保护和（或）密闭措施。

产品以及内包材是暴露于环境的，因此，这些区域必须通过设计保护产品和内包材免于受到外部污染。内包装区域的环境必须等同于或不低于产品生产过程中的环境。通常，通过暖通空调系统对空气进行过滤以实现对产品和内包材的保护。

对于口服制剂，法规中没有对洁净等级的要求。然而，一些指南中建议使用 ISO 14644 对生产区域进行洁净级别分级。对于口服制剂产品，其生产区域建议达到静态 ISO 8 级标准。

内包装通常在一个离最后一道生产工序比较近的房间内进行，从而尽可能减少人员和物料的移动。此外，内包装通常与外包装操作隔开。

如果已完成内包装的产品通过传送带直接传送至外包装区，则需要在两个房间之间设置气闸，并控制压差。如果通过人工搬运的方式运送至外包装区，应在内包装和外包装间之间设置缓冲间，并进行适当的压差控制。

不论是哪种设计，内包装区和外包装区的人员进出通道应分开和并使用不同的更衣规程，因为产品进入外包装区时已密封且不暴露于环境，外包装区对环境没有如此严格的需求。

当有数条泡罩包装线同时进行包装时，应采取隔离或其他有效措施，防止发生污染、交叉污染或产品混淆。

第六章

药用硬片生产厂房设施设计要求

第一节　总体布局

药用硬片生产企业应当根据厂房及生产防护措施综合考虑选址。应当有整洁的生产环境，厂区的地面、路面及运输等不应当对药用硬片的生产造成污染，并符合下列要求。

药用硬片生产、包装、检验和贮存所用的厂房和设施应当便于清洁、操作和维护。厂房、设施的设计和安装应当能够有效防止昆虫或其他动物进入，如在生产车间入口设置挡鼠板、仓库入口设置风帘、一般控制区设置灭蝇灯、厂房墙角设置捕鼠器等。

仓储区要保持清洁，根据药用硬片的贮存要求，建立温湿度控制标准，并定期监控，可以采用在线监控、连续监控、人工监控的方式。

生产区和仓储区应当有足够的空间，确保有序地存放设备、物料、半成品和成品，避免不同产品或物料的混淆、交叉污染，避免生产或质量控制操作发生遗漏或差错。根据生产操作要求及外部环境状况等配置空调净化系统，使生产区有效通风，保证药用硬片的生产环境符合要求。

药用硬片生产车间的设计重点是防止生产过程中人流、物流的交叉污染和混杂，做到布置合理、紧凑，有利生产操作，并能保证对生产过程进行有效的管理，也就是要符合下列基本要求：①人流、物流出入口分别设置，洁净室(区)与非洁净室(区)之间必须设置缓冲设施，人流、物流走向合理，物料传递路线尽量短；②洁净区内只设置必要工艺设备和设施；③洁净度等级相同的房间相对集中。

第二节 洁净厂房设计要求

2.1 生产工序布局

企业应当根据药用硬片的用途和特点建立洁净厂房,洁净区洁净度级别要求与药用硬片包装的药品的生产洁净度级别相适应。洁净等级每提高一个等级则限度加严一个数量级,这意味着建造成本和运行成本也会呈数量级增长。因此,应避免洁净等级越高越好和洁净区越大越好的误区,充分分析客户产品所需洁净等级、生产工序所需洁净等级,合理设计洁净区域面积和洁净等级。

药用硬片包装的药品一般为口服制剂,口服制剂药物生产车间至少要求达到 D 级洁净区要求。PVC 硬片混炼和压延工序的生产区应为受控无级别区(controlled not classified,CNC);收卷、涂布、复合、熟化、分切、检查、内包装等工序应在 D 级洁净区内完成;物料脱外包、成品外包装应在 CNC 区完成。

在不同洁净级别之间应有设计合理的缓冲或隔离区,以防止不同区域间的交叉污染,或低洁净级别区域对高洁净级别区域的污染。同时,还应考虑车间的出入口是否满足洁净分区的要求,以及"灰区"的设计。所谓的"灰区"就是无洁净级别区域到洁净区之间的过渡区域。这些区域按照洁净区设计、洁净区管理和监测,但是监测结果仅作为数据参考不进行标准判定。"灰区"的设计示意图如图 6-1 所示。图中更鞋室和女一更、男一更分隔了非洁净区和洁净区。

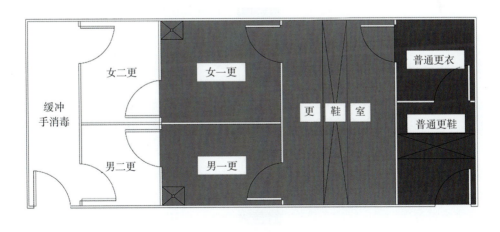

图 6-1 "灰区"的设计示意图

洁净厂房内应设置人员净化、物料净化用室和设施，并应根据需要设置生活用室和其他用室。

人员净化用室和生活用室的设置应符合下列规定：①应设置存放雨具、换鞋、存外衣、更换洁净工作服等人员净化用室；②厕所、盥洗室、淋浴室、休息室等生活用室以及空气吹淋室、气闸室、工作服洗涤间和干燥间等可根据需要设置。

人员净化用室和生活用室的设计应符合下列规定：①人员净化用室的入口处应设净鞋措施，存外衣、更换洁净工作服的房间应分别设置，外衣存衣柜应按设计人数每人设一柜，洁净工作服宜集中挂入带有空气吹淋的洁净柜内；②盥洗室应设洗手和烘干设施，洁净区内不得设厕所，人员净化用室内的厕所应设前室；③人流路线应避免往复交叉，人员净化用室和生活用室的布置应按人员净化程序进行布置。

2.2 洁净厂房建筑

2.2.1 一般规定

洁净厂房的建筑平面和空间布局应具有适当的灵活性。主体结构宜采用大空间及大跨度柱网，不宜采用内墙承重体系。围护结构的材料选型应符合保温、隔热、防火、防潮、少产尘等要求。主体结构的耐久性应与室内装备和装修水平相协调，并应具有防火、控制温度变形和不均匀沉陷性能。厂房变形缝不宜穿越洁净区。送、回风管和其他管线暗敷时，应设置技术夹层、技术夹道或地沟等。穿越楼层的竖向管线需暗敷时，宜设置技术竖井，其形式、尺寸和构造应符合风道、管线的安装、检修和防火要求。对兼有一般生产和洁净生产的综合性厂房的平面布局和构造处理，应避免人流、物流运输及防火方面对洁净生产带来不利的影响。

2.2.2 防火和疏散

洁净厂房的耐火等级不应低于二级。洁净室的顶棚、墙板及夹芯材料应为不燃烧体，且不得采用有机复合材料。顶棚和墙板的耐火极限不应低于 0.5 h，疏散走道顶棚和墙板的耐火极限不应低于 1.0 h。疏散走道上窗的耐火极限不宜低于 0.5 h。穿隔墙或顶板的管线周围空隙应采用防火或耐火材料紧密填堵。

洁净厂房的每一生产层、每一防火分区或每一洁净区的安全出口或安全疏散门的数量应符合现行国家标准《建筑设计防火规范》（GB 50016—2022）的有关规定。安全出口或安全疏散门应分散布置，从生产地点至安全出口不应经过曲折的人员净化路线，并应设有明显的疏散标志，安全疏散距离应符合现行国家标准《建筑设计防火规范》（GB 50016—2022）的有关规定。洁净区与非洁净区、洁净区与室外相通的安全疏散门应向疏散方向开启，并应加闭门器。同层洁净室（区）外墙应设可供消防人员通行的门窗，其门窗洞口间距大于 80 m 时，应在该段外墙的适当部位设置专用消防口，消防口宽度不应小于 750 mm，高度不应小于 1 800 mm，并应有明显标志。楼层的专用消防口应设置阳台，并从二层开始向上层架设钢梯。

2.2.3 装修与材料

洁净厂房的建筑围护结构和室内装修，应选用气密性良好、变形小、污染物浓度符合现行国家有关标准规定限值的材料。洁净室内墙壁和顶棚的表面应平整、光滑、不起尘、避免眩光、便于除尘，并应减少凹凸面、踢脚不应突出墙面、洁净室不宜采用砌筑墙抹灰墙面。地面应符合生产工艺要求，应平整、耐磨、易清洗、不开裂，且不易积聚静电。地面垫层宜配筋、潮湿地区垫层应有防潮措施。技术夹层的墙壁和顶棚表面宜平整、光滑，位于地下的技术夹层应采取防水或防潮、防霉措施。设置外窗时应采用双层玻璃固定窗，并应有良好的气密性。密闭门应朝空气洁净度较高的房间开启，并应加设闭门器，无窗洁净室的密闭门上宜设观察窗。洁净室门窗、墙壁、顶棚、地（楼）面及施工缝隙均应采取可靠的密闭措施。当采用轻质构造顶棚做技术夹层时，夹层内宜设检修通道。洁净室窗宜与内墙面齐平，不宜设窗台。

洁净室内的色彩宜淡雅柔和。室内顶棚和墙面表面材料的光反射系数宜为 0.6~0.8，地面表面材料的光反射系数宜为 0.15~0.35。装修材料的燃烧性能必须符合《建筑内部装修设计防火规范》（GB 50222—2017）的有关规定，烟密度等级不应大于 50。

2.2.4 空气净化

洁净厂房内各洁净室的空气洁净度等级应满足生产工艺对生产环境的洁净要求。应根据空气洁净度等级的不同要求，选用不同的气流流型。洁净室的温度、湿度范围应符合表 6-1。

表 6-1 洁净室的温度、湿度范围

房间性质	温度（℃）		湿度（%）	
	冬季	夏季	冬季	夏季
生产工艺及产品对温湿度有特殊要求	按生产工艺及产品要求确定			
生产工艺及产品对温湿度无特殊要求	18~26		45~65	
人员净化及生活用室	16~20	26~30	—	—

洁净室内的新鲜空气量应取下列两项中的最大值：①补偿室内排风量和保持室内正压值所需新鲜空气量之和；②保证供给洁净室内每人每小时的新鲜空气量不小

于 40 m³。

洁净室（区）与周围的空间必须维持一定的压差，并应按工艺及产品要求决定维持正压差或负压差。不同洁净度等级的洁净室之间以及洁净室与非洁净室之间的空气静压差不应小于 10 Pa，洁净室与室外大气的静压差不应小于 10 Pa。

送风、回风和排风系统的启闭宜联锁。正压洁净室联锁程序应先启动送风机，再启动回风机和排风机；关闭时联锁程序应相反。负压洁净室联锁程序应与上述正压洁净室相反。

非连续运行的洁净室，可根据生产工艺要求设置值班送风，并应进行净化空调处理。

D 级洁净室的气流流型应采用非单向流，工作区的气流分布应均匀。需排风的工艺设备宜布置在洁净室下风侧，有发热设备时，应采取措施减少热气流对气流分布的影响。余压阀宜布置在洁净气流的下风侧。洁净室的送风量应取下列三项中的最大值：①满足空气洁净度等级要求的送风量；②根据热、湿负荷计算确定的送风量；③向洁净室内供给的新鲜空气量。为保证空气洁净度等级的送风量，应按换气≥15 次 /h 进行计算或按室内发尘量进行计算。

空气净化处理应根据空气洁净度等级合理选用空气过滤器，空气过滤器的处理风量应小于或等于额定风量。中效或中高效空气过滤器宜集中设置在空调箱的正压段。亚高效过滤器和高效过滤器作为末端过滤器时宜设置在净化空调系统的末端，超高效过滤器应设置在净化空调系统的末端。设置在同一洁净室内的高效（亚高效、超高效）空气过滤器的阻力、效率应相近，其安装方式应严密、简便可靠，易于检漏和更换。

多套净化空调系统同时运行或较大型洁净厂房的净化空调系统的新风宜集中进行净化处理，根据气象条件，存在冷冻可能的地区，新风系统应设置防冻保护措施。净化空调系统设计应合理利用回风，但下列情况不得回风：①在生产过程中向车间内散发的有害物质超过规定时；②采用局部处理不能满足卫生要求时；③对其他工序有危害或不能避免交叉污染时。洁净室内产生粉尘和有害气体的工艺设备和辅助设备，应设置局部排风装置。局部排风系统单独设置的要求，应符合现行国家标准《洁净厂房设计规范》（GB 50073）的有关规定。

洁净室排风系统的设计应有可靠的防止室外气流倒灌措施。含有易燃易爆物质的局部排风系统应按物理化学性质采取相应的防火防爆措施。排风介质中有害物浓度及排放速率超过国家或地区有害物排放浓度及排放速率规定时，应进行无害化处理。对含有水蒸气和凝结性物质的排风系统，应设坡度及排放口。

换鞋、存外衣、盥洗、厕所和淋浴等生产辅助房间应采取通风措施，其室内的静压值应低于洁净区。根据生产工艺要求应设置事故排风系统。事故排风系统应设自动和手动控制开关，手动控制开关应分别设在洁净室内、外便于操作处。洁净厂房中的疏散走廊应设置机械排烟设施，其设置应符合《建筑设计防火规范》（GB 50016）的有关规定。

净化空调系统的新风管段应设置电动密闭阀、调节阀，送、回风管段应设置调节阀，洁净室内的排风系统应设置调节阀、止回阀或电动密闭阀，防火阀的设置，应符合现行国家标准《洁净厂房设计规范》（GB 50073）的有关规定。

净化空调系统的风管和调节阀、高效空气过滤器的保护网、孔板、扩散板等附件的制作材料和涂料，应符合输送空气的洁净度要求及其所处的空气环境条件的要求。洁净室内排风系统的风管、调节阀、止回阀和电动密闭阀等附件的制作材料和涂料，应符合排除气体的性质及其所处的空气环境条件的要求。

净化空调系统的送、回风总管及排风系统的吸风总管段上宜采取消声措施，满足洁净室内噪声要求。净化空调系统的排风管或局部排风系统的排风管段上，宜采取消声措施，满足室外环境区域噪声标准的要求。在空气过滤器的前、后应设置测压孔或压差计。在新风管、送风、回风总管段上，宜设置风量测定孔。

净化空调系统、排风系统的风管应采用不燃材料。排除有腐蚀性气体的风管应采用耐腐蚀的难燃材料。排烟系统的风管应采用不燃材料，其耐火极限应大于 0.5 h。附件、保温材料、消声材料和黏结剂等均采用不燃材料或难燃材料。

2.2.5　给水排水

洁净厂房的给水排水干管应敷设在技术夹层或技术夹道内，条件合适时，也可埋地敷设。洁净室内管道宜暗装，与本房间无关的管道不宜穿过。穿过洁净室的水管道，应根据管内水温和所在房间的温度、湿度确定隔热防结露措施，当采取隔热防结露措施时，其外表应光滑、易清洗，并不得对洁净室造成污染。管道穿过洁净室墙壁、楼板和顶棚时应设套管，管道和套管之间应采取可靠的密封措施。

给水系统应符合生产、生活和消防等各项用水对水质、水温、水压和水量的要求，并应分别设置。纯水管道的管材应符合生产工艺对水质的要求，可选用不锈钢管或工程塑料管。工艺设备用循环冷却给水和回水管可采用热镀锌钢管、不锈钢管或工程塑料管等，管道配件应采用与管道相应的材料。循环冷却水管道应预留清洗口，洁净厂房周围应设置洒水设施。

排水系统应符合工艺设备排出的废水性质、浓度和水量等要求。有害废水应经废水处理，达到国家排放标准后排出。洁净室内的排水设备以及与重力回水管道相连接的设备必须在其排出口以下部位设水封装置，排水系统应设有完善的透气装置。洁净室内设置的地漏应为洁净地漏。洁净厂房内应采用不易积存污物、易于清洗的卫生设备管道、管架及其附件。

洁净厂房消防设计应符合现行国家标准《建筑设计防火规范》（GB 50016）和《消防给水及消火栓系统技术规范》（GB 50974）的有关规定。洁净厂房必须设置消防给水设施，其设计应根据生产的火灾危险性、建筑物耐火等级以及建筑物体积等因素确定。消防给水和固定灭火设备的设置应符合《建筑设计防火规范》（GB 50016）的规定。洁净室的生产层及可通行的上、下技术夹层应设置室内消火栓和灭火器。消火栓宜设置在非洁净区域或空气洁净度级别低的区域，设置在洁净区域的消火栓应嵌入安装。消火栓的涮口直径应为 65 mm，配备的水带长度不应大于 25 m，水枪喷嘴口径不应小于 19 mm。配置的灭火器应符合现行国家标准《建筑灭火器配置设计规范》（GB 50140）的有关规定。

2.2.6 电气

洁净厂房的用电负荷等级和供电要求，应根据现行国家标准《供配电系统设计规范》（GB 50052）的有关规定和生产工艺确定。净化空调系统用电负荷、照明负荷宜由变电所由专线供电。消防用电设备的供配电设计应符合现行国家标准《建筑设计防火规范》（GB 50016）的有关规定。电源进线应设置切断装置，切断装置宜设在非洁净区便于操作管理的地点。洁净室内的配电设备应选择不易积尘、便于擦拭和外壳不易锈蚀的小型暗装设备，不宜设置大型落地安装的配电设备。洁净室内的电气管线宜暗敷，管材应采用不燃材料。洁净区的电气管线管口及安装于墙上的各种电器设备与墙体接缝处均应密封。

2.2.7 照明

洁净室内照明光源宜采用高效荧光灯，若工艺有特殊要求或照度值达不到设计要求时，可采用其他形式光源。洁净室专用灯具一般为吸顶明装，其要求外部造型简单不易积尘、密封良好、表面易于清洁消毒。当灯具嵌入顶棚暗装时，其安装缝隙应采取密封措施。洁净厂房内应设置消防应急照明，在安全出口、疏散通道及转角处应按现行国家标准《建筑设计防火规范》（GB 50016）的有关规定设置疏散指示标志。在专用消防口应设置红色应急照明灯。

2.2.8 其他要求（通信、自动控制、防静电及接地）

洁净厂房内应设置与厂房内外联系的通信装置，洁净室内应选用洁净电话。根据生产管理和生产工艺特殊需要，洁净厂房宜设置闭路电视监控系统。

洁净厂房宜设置净化空调系统等的自动监控装置。净化空调系统的风机宜变频，采用电加热器时，电加热器与风机应连锁控制，并应设置无风、超温断电保护；当正确，防止外界污染物的进入。

（6）噪声控制：空调系统的噪声也是一个重要的性能指标。应确保洁净区的噪声控制在规定的范围内，以保证工作人员的舒适度。

（7）节能与环保：在满足性能要求的同时，还需要考虑空调系统的节能与环保性能。采用高效低能耗的设备和控制系统，以及环保的冷媒和耗材等，可以降低运行成本和环境污染。

确保这些性能指标的符合对于保证洁净区的洁净度和生产环境的稳定性具有重要意义。

3.2.3 空调净化系统的管理

空调系统的管理要求主要包括以下几个方面：

（1）日常维护与保养：为确保空调系统的正常运行，需定期对空调设备、过滤器等进行检查、清洁、更换，确保其性能良好。同时，对空调系统的各项参数进行定期监控，如温度、湿度、风速等，确保其符合规定要求。

（2）严格控制人员和物品的进出：为避免外界污染物进入洁净区，应严格控制人员和物品的进出。进入洁净区的人员需穿着洁净服，并经过风淋室等设施进行净化处理。

（3）定期进行检测和评估：应定期对空调系统的性能进行检测和评估，如尘埃粒子数、微生物数量、温度、湿度等，以确保洁净区的环境质量。如发现问题，应及时采取措施进行整改。

（4）制订应急预案：针对可能出现的突发情况，如停电、停水、设备故障等，应制订应急预案，确保能及时采取措施进行处置，以保障人员安全和环境质量。

（5）加强培训和管理：对操作和管理人员进行定期培训，提高其专业技能和素质。同时，建立完善的管理制度，明确各岗位的职责和工作流程，确保空调系统的正常运行。

（6）注重节能与环保：在保证性能的前提下，应注重空调系统的节能与环保性能。采用高效低能耗的设备和控制系统，以及环保的冷媒和耗材等，降低运行成本和环境污染。

（7）记录与报告：对空调系统的运行状况、检测结果、维修记录等进行详细记录，并定期向上级主管部门报告。这些记录和报告可以为管理和决策提供重要依据。

第四节 自动化系统设计

工业生产的自动化系统是利用机器或设备自动化地完成生产任务，不需要人工下考虑增湿。

在室内对溶剂进行处理情况下，应采用直流风系统，同时应设置可燃气体探测器，以确保不会出现危险情况。

为防止通过压差气流导致污染物或溶剂蒸汽进入生产洁净室，如果对多产品同时进行处理时，可采用各生产区的直流式系统或专用空气处理系统，或采用高效空气过滤器（high efficiency particulate air filter，HEPA）处理回风（含有溶剂蒸汽的空气不适用）。

在辅助生产区，若不涉及溶剂或特殊药用硬片的处理，则空气系统可采用带有最小新风比，并维持室内压力的再循环形式。

对新风进行过冷或干燥去湿预处理，并提供给一个或多个再循环机组，这种方式具有较高的能源效率。

药用硬片生产企业 HVAC 系统（heating,ventilation and air conditioning）主要通过对药用硬片生产环境的空气温度、湿度、悬浮粒子、微生物等的控制和监测，确保环境参数符合药用硬片质量的要求，避免空气污染和交叉污染的发生，同时为操作人员提供舒适的环境。另外 HVAC 系统还可起到减少和防止药用硬片在生产过程中对人造成的不利影响，并且保护周围的环境。

空气系统的调试工作通常需由经过培训和认证的专业人员进行。调试通常所需的专用检测工具，性能应稳定可靠，其精度等级及最小分度值能满足测试的要求，并应符合国家有关计量法规及检定规程的规定。系统的调试和确认包括：设备单机的调试和确认，系统无生产负荷下的联合调试和确认。

3.2.2 空调净化系统性能确认

D 级洁净区的空调系统性能确认主要包括以下几个方面：

（1）风速和换气次数：D 级洁净区的风速应达到规定的标准，一般为 0.25～0.5 m/s，同时房间的换气次数应满足要求，一般为 10～20 次/h。这样可以保证空气的流通性和洁净度。

（2）温湿度控制：D 级洁净区的温度应控制在 18～26 ℃，相对湿度应在 45%～60%。这样可以保证洁净区内的人员舒适并且防止真菌的生长。

（3）尘埃粒子数控制：D 级洁净区的尘埃粒子数应不超过规定的标准，如 0.1 μm 粒径的尘粒数应不超过 3 500 000 个/m³，0.2 μm 粒径的尘粒数应不超过 200 000 个/m³ 等。

（4）微生物控制：D 级洁净区的微生物控制也是重要的性能指标。洁净区内应定期进行微生物检测，如沉降菌、浮游菌等，并确保微生物数量在控制范围内。

（5）压差控制：D 级洁净区的压差应保持在规定的范围内，以确保空气流向空调净化系统应该采用高效过滤器，确保大气粉尘、细菌、病毒、真菌等污染物被排除。应该能够通过调整温度、湿度等参数，达到特定的洁净度要求，且运行稳定，可以根据生产环境的需要进行灵活调整。

工艺用水处理设备及其输送系统的设计、安装、运行和维护应当确保工艺用水达到设定的质量标准。与药用硬片直接接触的气体应当符合工艺要求，必要时应经除油、除水及除菌过滤。

3.2 空调净化系统

3.2.1 空调净化系统介绍

空调净化系统的运行应该具备自检测、自报警、自排除故障的能力。空调净化系统的运行应该有明确的管理措施和规范操作程序，保证设备的有效管理与维护，从而提高其可靠性和稳定性。空调净化系统需要定期维护保养，以确保设备长期的性能和可靠性。

药用硬片洁净车间空调系统应能控制空气污染，洁净室污染控制通常可通过下述方式实现：向工作场所送入经过净化过滤的空气，同环境空气混合并稀释洁净室空气中的污染物。

空调系统应提供物理分隔，以防止产品之间出现交叉污染，可采用直流风空气，也可以采用独立（专用）空气处理机组，通过严格的空气过滤实现对交叉污染的控制。独立空气处理机组可被用于不同的产品区，以防止通过风道系统产生交叉污染，它还常用于分隔不同的区域，如生产区、辅助生产区、仓储区、行政管理区和机械动力区。

在特定产品的生产区，对不同操作单元的分隔，应证明其进一步的分隔成本因素是合理的。为核心区域提供支持的辅助生产区，一般要求在生产过程中具有高可靠性，空调系统的配置要考虑到备用率，以保证其正常的维护操作。

洁净室的温度与相对湿度应与药用硬片生产要求相适应，应保证药用硬片的生产环境和操作人员的舒适感，温度范围可控制在 18～26 ℃，相对湿度控制在 45%～65%。通常可采用冷却盘管、去湿机、加湿器等进行空气的湿度处理。空气中的湿度取决于通过冷却盘管低温水的温度、剂冷制的蒸发温度以及去湿机、加湿机的能力决定。加湿器位置设计应确保水滴不会溅落到风机入口，以免导致风机锈蚀。如果室外的潮湿空气可以直接渗漏至工艺房间，而冷却盘管已不能足以达到洁净室的湿度要求，则也可能需要使用除湿器。对房间增加压力并加强管道密封，可以减少室外湿空气的渗漏量。同时需要控制室内静电，则应在寒冷或干燥气候条件

2.2.10.6 日常监控

监测频次应根据系统验证结果和风险评估来确定，下表中的数值仅仅是参考值，药用硬片生产企业可根据生产班次等具体情况来确定监测频次，并建议使用更为先进的系统，以实现洁净参数的连续监控。在 ISO 14644 中有设置洁净参数警戒限度和行动限的方法，可供参考。空气监测项目和频次见表 6-4。

表 6-4 空气监测项目和频次

监测项目	监测频次
温湿度	2 次 / 班
洁净室压差	2 次 / 班
风量风速	更换高效过滤器后或根据实际需要进行监测
悬浮粒子	1 次 /3 个月
微生物检测（浮游菌、沉降菌、表面微生物）	1 次 /3 个月

注：1. 设有在线监测系统时，日常监测频次可减少；2. 在保证采样代表性的前提下，沉降菌检测中培养皿的放置采样时间不应超出 4 h。

空调系统停止运行一定周期重新启动后监控项目建议为：温湿度、洁净室压差、悬浮粒子和微生物。更换高效过滤器后的监控项目建议为：洁净室压差、悬浮粒子、微生物、换气次数和高效过滤器压差。

第三节 公用工程设施和生产设备要求

3.1 基本要求

公用设施和生产设备的设计、选型、安装、改造和维护必须符合预定用途，应当尽可能降低产生污染、交叉污染、混淆和差错的风险，便于操作、清洁、维护，以及必要时进行的消毒或灭菌。

生产设备不得对药用硬片产生不利影响。与药用硬片直接接触的生产设备表面应当平整、光洁、易清洁保养、耐腐蚀，不得与药用硬片发生化学反应，并符合下列要求：

（1）企业应当制订并执行药用硬片生产、包装、检验、贮存所用关键设备的使用和维修保养规程，关键设备和检验仪器应当有使用和维护保养记录。

（2）企业应当根据产品要求制订并执行药用硬片生产、包装、检验、贮存所用关键设备的清洁规程，关键设备和检验仪器应当有清洁记录。

（3）企业应当按照操作规程和校准计划定期对生产和检验用衡器、量具、仪表、记录和控制设备以及仪器进行校准和检查，并保存相关记录。

2.2.10 日常管理

2.2.10.1 防虫防鼠

结合药用硬片特性以及建筑物的特点，建立包括数种方法的虫害控制系统，定期评估确认控制系统的有效性。对防虫防鼠设施进行定期检查和维护，及时清理捕获物，保证其运行正常、有效。

2.2.10.2 清洁消毒

定期进行洁净厂房内表面的清洁和消毒，针对不同的消毒对象制订适宜的清洁、消毒方法和频次。清洁和消毒方式可采用化学的、物理的或其他的方式，并定期评估清洁、消毒方法的有效性。清洁剂应具有高效、环保、无残留、水溶性强、浓度明确或配制简便等特性。清洁标准：要求所有清洁项目达到无尘、无痕、无脱落物、整洁。消毒剂应具有高效、环保、残留少、水溶性强等特征。使用符合中华人民共和国卫生健康委员会《消毒管理办法》要求的消毒剂。企业应制订标准操作规程，明确消毒剂种类、配制方法、使用周期等。

2.2.10.3 人员进出控制

建立内部管理规程，明确可进入洁净厂房人员的要求，定期对生产人员进行培训。当体表有伤口、患有传染病或其他可能污染产品的疾病时，要求生产人员要及时报告并避免进行直接接触产品的操作。进入洁净区域的人员应按照规定的程序穿戴相应的洁净服、鞋套、手套等。进入洁净厂房不得化妆或佩戴饰物，禁止吸烟和饮食，禁止带入食品、饮料、香烟或个人用药用硬片等，避免裸手直接接触产品、与产品直接接触的包装材料和设备表面。设立门禁系统或者中央监控系统等硬件设施，建立生产区域人员进入权限制度，明确非生产人员及外部人员的进出要求。

2.2.10.4 物流控制

应有单独的物流通道，物料、器具、设备等进入洁净室前必须经过清洁后经传递窗或气锁进入洁净室。

2.2.10.5 日常维护

洁净室内保持相应洁净度级别和正压，并有防止室内结露的措施。当洁净室采用高度真空吸尘器进行清扫时，必须定期检查吸尘器排气口的含尘浓度。下列情况应更换高效过滤器：

（1）气流速度降低，即使更换初效、中效空气过滤器后，气流速度仍不能增大时。

（2）高效空气过滤器的阻力达到初阻力的 1.5~2 倍时。

（3）高效空气过滤器出现无法修补的渗漏时。

采用电加湿器时,应设置无水、无风断电保护装置。

洁净厂房应根据工艺生产要求采取静电防护措施。洁净厂房内产生静电危害的设备、流动液体、气体或粉体管道和净化空调系统应采取防静电接地措施,其中有爆炸和火灾危险场所的设备、管道应符合现行国家标准《爆炸和火灾危险环境电力装置设计规范》(GB 50058)的有关规定。不同功能的接地系统的设计应符合等电位联结的规定。

2.2.9 性能测试

2.2.9.1 检测项目和检测方法(表6-2)

表6-2 检测项目和检测方法

序号	检测项目	检测方法
1	温度(℃)	《洁净室施工及验收规范》(GB 50591—2010)
2	相对湿度(%)	《洁净室施工及验收规范》(GB 50591—2010)
3	静压差(Pa)	《洁净室施工及验收规范》(GB 50591—2010)
4	换气次数(次/h)	《洁净室施工及验收规范》(GB 50591—2010)
5	尘粒最大允许数(粒/m³)	《医药工业洁净室(区)悬浮粒子的测试方法》(GB/T 16292—2010)
6	微生物最大允许数(个/m³或个/皿)	《医药工业洁净室(区)浮游菌、沉降菌的测试方法》(GB/T 16293-16294—2010)
7	照度 lx	《洁净室施工及验收规范》(GB50591—2010)

注:1.检测时应注明当天室外的温度和相对湿度;2.检测状态分静态和动态两种。

2.2.9.2 检测标准(表6-3)

表6-3 检测标准表

序号	检测项目		检测标准
1	温度(℃)	—	18~26℃(或与生产工艺相适应)
2	相对湿度(%)	—	45%~65%(或与生产工艺相适应)
3	静压差(Pa)	对室外	≥10
		不同洁净级别	≥10
		对非洁净区	≥10
4	换气次数(次/h)	D级	≥20
5	尘粒最大允许数(粒/m³)	D级 ≥0.5μm	3 520 000
		≥5μm	29 000
6	微生物最大允许数	D级 浮游菌	200(CFU/m³)
		沉降菌	100(Φ90 mm培养皿,CFU/4 h)
7	照度(lx)	—	主要工作室>300 其余工作室>150

直接参与操作的系统。采用自动化系统，药用硬片生产可实现以下优点。

（1）检测精度高：该系统采用高精度的测量仪器和算法，能够实现对药用硬片的各种尺寸和重量的精确测量，以及对材料表面缺陷的精准检测，减少了人工检测的误差和繁琐程度，有效提高了产品的质量和稳定性。

（2）可靠性高：药用硬片生产在线检测系统采用先进的软件技术和硬件设备，能够保证系统的稳定性和可靠性，减少了故障率和维修成本，提高了药品包装材料生产的可靠性。

（3）可追溯性强：该系统能够对药用硬片的各项指标进行实时记录和追溯，有助于企业对生产过程中的问题进行分析和排查，并确保了产品质量的可追溯性。

4.1 自动输送及计量混料系统

自动上料系统能自动、定量、迅速地将物料加入压延机料斗中，避免人工加料时出现的物料洒落和浪费现象，从而提高劳动生产率。自动上料系统可以根据需要精确控制物料的加入量，避免因物料加入量过多或不足而引起的产品质量问题，从而保证产品的质量和稳定性。自动上料系统可以减轻工人的劳动强度，避免因物料过重而引起的身体疲劳和安全隐患。自动上料系统可以减少人力成本，降低生产成本，提高企业的经济效益。

PVC硬片压延设备的自动输送及计量混料系统是PVC硬片压延机不可分割的重要组成部分，包括PVC粉储存及计量单元、粉体辅剂储存及计量单元和辅剂储存及计量单元，满足了输送和混合的工序。主要配置如下。①仓储系统：不锈钢PVC粉中间料仓、不锈钢液体中间料桶、不锈钢添加剂中间桶、不锈钢粉碎料中间桶、不锈钢混合料中间桶；②自动计量系统：辅料电子秤、PVC主料电子秤、液体电子秤、粉碎料电子秤；③混合机组；④除尘系统：考虑系统的各个除尘点（如倒料站、混合机）的除尘，确保混料车间干净无粉尘；⑤计算机监控系统，具备自动及手动控制、动态图形显示、故障报警和具有物料管理，历史数据记录和跟踪能力；⑥公用设施。

4.2 在线检测系统

药用硬片生产在线检测系统的主要功能是对药用硬片的生产过程进行实时在线检测，以确保产品符合相关法规和生产标准，主要包括在线厚度检测系统、在线涂层检测系统、在线表面缺陷检测系统等。

4.2.1 在线厚度检测系统

在线厚度检测系统能够实时、高精度地获取药用硬片同一探测区域的厚度。该系统主要通过激光三角法测量模块和红外测量模块来获取不透明基底和透明涂层的厚度参数，两个测量模块共用主要光路通道，保证内部结构紧凑；同时把两个测量模块的被测区域限定在同一位置处，以实现复合膜同一区域参数的同时、高精度、在线测量。

4.2.2 在线涂层检测系统

在线涂层检测系统主要用于 PVDC 乳液涂层厚度的实时测量，是基于白光干涉技术发展而来。该系统的原理是利用傅里叶变换技术，将入射光变为等间隔的干涉条纹，然后将其照射到被测物体表面。当物体表面存在涂层时，反射光将被干涉条纹调制，产生干涉现象。通过测量干涉条纹的变化，可以确定物体表面的涂层厚度。该系统的优点包括测量精度高、实时性高、可在线测量、操作简单等。同时，该系统也存在一些局限性，例如需要使用高精度的光学元件和测量系统，对环境条件要求较高等。

4.2.3 在线表面缺陷检测系统

药用硬片在线视觉表面瑕疵检测系统是一种基于机器视觉技术的自动化检测系统，用于实时检测药用硬片表面的缺陷和瑕疵。

该系统由以下几个主要部分组成。

（1）高精度智能摄像机：摄像机用于捕获药用硬片表面的图像，其像素分辨率和光照条件直接影响检测的精度和效果。该摄像机应具备高清晰度和高帧率，以便捕获足够的细节信息。

（2）先进图像处理技术：该技术是实现缺陷检测的关键，包括图像预处理、特征提取和分类器设计等步骤。通过对图像进行预处理，如去噪、对比度增强等，可以提高图像质量，使缺陷更容易被识别。特征提取是从图像中提取与缺陷相关的特征，如颜色、形状、纹理等。分类器设计是根据提取的特征训练分类模型，以区分正常和有缺陷的药用硬片。

（3）实时检测：该系统可以实时地检测药用硬片表面的缺陷，包括凹痕、气泡、黑点、杂质等。这些缺陷可能导致药用硬片的质量下降，影响药品的安全性和有效性。通过实时检测，可以及时发现并纠正这些问题，从而确保生产出高质量的药用硬片。

（4）数据管理和分析：该系统还可以对检测数据进行分析和管理，包括缺陷类型统计、缺陷位置分布、缺陷密度等。这些数据可以帮助生产厂家了解生产过程中出现的问题，以便采取相应的措施改进生产工艺，提高产品质量。

药用硬片在线视觉表面瑕疵检测系统能够大大提高药用硬片生产的质量和效率，降低生产成本和药品研发周期。通过实时检测，可以及时发现并纠正缺陷，确保生产出高质量的药用硬片。此外，该系统还可以对检测数据进行管理和分析，帮助企业了解生产过程中的问题，以便采取相应的措施改进生产工艺，提高产品质量。

4.3 物料转运系统

药用硬片生产企业的物料转运系统，是指将物料从仓库或者生产设备运输到目的地（如另一仓库或生产设备）的物流系统，主要包含运输、搬运、包装等功能。主要分为非洁净区（仓库、压延车间等）的物料转运系统和洁净区的物料转运系统。运输是指将物品从一个点向另一个点的物流活动；搬运是在同一场所内，对物品进行水平移动为主的物流作业；包装是为在流通过程中保护产品、方便储运、促进销售，按一定技术方面而采用的容器、材料及辅助物等的总体名称。

药用硬片生产企业的自动化物料转运系统，主要有智能化仓库系统和AGV（automated guided vehicle）小车系统。

智能化仓库系统采用RFID智能仓库管理技术，读取方便快捷，可实现物流仓储的智能化管理。在自动化仓库中，可存放的物料多、数量大、品种多样，可准确跟踪货物的流向，实现货物的可追溯，并通过条码技术等，准确跟踪货物的流向，实现货物的可追溯。智能化仓库出入库作业迅速、准确、有效缩短作业时间，同时作业准确率得到提高，仓库与供货单位、用户能够有机地协调，有利于缩短货物流通时间，切实提高仓库的管理水平。

AGV小车系统，一般运用于洁净区，在各作业区域之间运送半成品和成品硬片卷材。AGV小车系统通常以可充电之蓄电池为其动力来源，通过电脑来控制其行进路线以及行为。AGV小车在工业应用中不需驾驶员，其主要工作原理表现为在控制计算机的监控及任务调度下，AGV可以准确地按照规定的路径行走，到达任务指定位置后，完成一系列的作业任务。控制计算机可根据AGV自身电量决定是否到充电区进行自动充电。

4.4 生产执行系统

生产执行系统（manufacturing execution system，MES）是药用硬片生产企业信息化的重要组成部分，主要用于生产制造管理，可实现生产计划、调度、执行、控制等功能，达到生产计划和执行的紧密结合，并对生产过程进行实时监控，实现生产过程透明化，提高企业生产管理水平。

MES系统平台的核心是一个工厂建模环境，可通过类似搭积木的方式将不同的应用功能组合在一起，来定义执行逻辑。根据物理模型（实际的设备、区域、管线等）和逻辑模型（业务流程），基于国际MES行业标准ANSI/ISA-S95的工厂模型层次来完成工厂模型的创建，为业务模块提供基础数据支撑。

MES系统从底层数据采集开始，到过程监测和在线管理，再到成本相关数据管理，构成了完整的生产信息化体系。系统各功能模块提供了由底层接近于自动化系统的监控过程逐渐过渡到成本管理的经营层，可以满足企业在信息化生产管理领域不同规划阶段的要求，在继承的基础上实现信息化过程的平稳过渡、逐步提高。

第五节　质量控制实验室要求

药用硬片作为药品的一部分，其生产过程必须符合药用的要求。为确保药用硬片的生产符合相关法规和标准，药用硬片生产企业应设置产品质量控制实验室来进行产品质量管控，实行产品放行前的质量检验工作。实验室可以对药用硬片的原料、半成品和成品进行质量检测和分析，确保产品质量符合相关标准和法规要求。质量控制实验室的设计应当确保其适用于预定的用途，并能够避免混淆和交叉污染，应当有足够的区域用于样品处置以及记录的保存。

实验室在建设过程中，设计要有一定的前瞻性，应对不同检测内容实验室建筑要求深入了解，包括一般要求及特殊要求，合理布局和设计。本节提出药用硬片检测实验室设计建设的总体思路及相关标准，力求能够有助于指导合规化、现代化的质量控制实验室建设。

5.1　理化实验室

理化实验室通过对产品进行理化性能的检测和分析，确保产品符合法规要求，保证企业生产的合法性和合规性。通过对原料和产品的化学成分和物理性质等进行检测和分析，可以评估药用硬片可能存在的安全风险，为企业提供风险控制措施和安全保障。

药用硬片质量控制理化实验室主要包括样品存放室、前处理室、化学实验室、天平室、高温室、精密仪器室（包括红外光谱仪、气相色谱仪等）、水蒸气透过测定室、氧气透过测定室、材料实验室、试剂室（包括易制毒和易制爆试剂存放区）、稳定性样品室、留样室、数据处理室、洗消室等，或者能实现上述功能的区域。

为完成药用硬片相应的检验项目，所需的实验仪器设备见表6-5。

5.1.1　设计要求

理化实验室具有化学分析、物理性能等综合检测功能，理化实验室建设是一项复杂的综合性系统工程，设计科学合理、配备先进的仪器设备的实验室是促进科研成果增长的必要条件。实验室的建设，无论是新建、扩建还是改建项目，不单纯是选购合理的仪器设备，还要综合考虑实验室的总体规划、合理布局和平面设计，以及供电、供水、供气、通风、空气净化、安全措施、环境保护等基础设施和基本条件。规划设计主要分为六个方面：平面设计系统、单台结构功能设计系统、供排水设计系统、电控系统、特殊气体配送系统、有害气体输出系统等。

表 6-5 实验仪器设备表

项目		仪器
鉴别	红外光谱	红外光谱仪
	密度	密度天平、温度计
	颜色反应	—
PVDC 涂布量		烘箱
物理性能	水蒸气透过量	水蒸气透过量仪（第一法杯式法或第二法电解法或第三法红外法）当采用第一法（人工称量时）：天平、烘箱、恒温恒湿箱
	氧气透过量	氧气透过量仪
	拉伸强度	千分尺、万能试验机
	耐冲击	千分尺、落球冲击仪
	加热伸缩率	直尺、烘箱
	热合强度	直尺、万能试验机、烘箱
	剥离强度	直尺、万能试验机
	保护层黏合性	—
	保护层耐热性	热封仪
	凸顶高度	凸顶高度测定仪
氯乙烯单体		天平、气相色谱仪
偏二氯乙烯单体		天平、气相色谱仪
溶剂残留量		气相色谱仪（FID）、直尺
钡		马弗炉
溶出物试验	前处理	直尺、水浴锅
	澄清度	澄明度检查仪
	易氧化物	—
	不挥发物	水浴锅、天平
	重金属	—

整体设计以淡雅、清新色调为主，简约、自然、时尚、高档融为一体，不仅可以体现现代实验室的功能要求，而且极大地满足了人体工程学的规范。在实验室功能隔断时，尽可能减轻建筑楼板的承重，实验室内隔断选用轻质隔墙，根据实验室不同采用不同材料的隔断处理。实验室整体示意图如图 6-2 所示。

图 6-2　实验室整体示意图

5.1.2　建造要求

5.1.2.1　室内要求

为满足理化实验室具有较高程度的调整灵活性，实验用房在结构选型和室内建筑布局时优先采用标准单元组合设计，每个标准单元开间、进深和层高应按实验仪器设备尺寸、安装及维护检修的要求确定，并与通风柜、实验台及管道空间布置紧密结合。常规实验室标准单元开间应由试验台宽度、布置方式及间距决定。通常情况下，开间模式分为 3.0、3.3、3.6 m 三种，进深一般在 6~9 m，层高设计应考虑空调、消防等管道安装位置和设备的运输以及安装空间，不设吊顶时室内净高不应低于 2.8 m，设置吊顶时不应低于 2.6 m。单面走廊净宽可采用 1.5 m，中间走廊净宽宜为 2.0 m，室内净高应按实验仪器设备尺寸、安装及检修的要求确定。

5.1.2.2　实验台布置

常见的实验台有岛式或半岛式中央实验台，边实验台。不宜贴靠有窗外墙布置边实验台，岛式或半岛式中央实验台不宜与外窗平行布置。必须与外窗平行布置时，其与外墙之间的净距不应小于 1.3 m。

5.1.2.3　设备间距

靠两侧墙布置的边实验台的净距不应小于 1.5 m。当靠一侧墙改为布置排毒柜或实验仪器设备时，其与另一侧实验台之间的净距不应小于 1.8 m。由一个标准单元组成的常规实验室，靠两侧墙布置的边实验台与房间中间布置的岛式或半岛式中央实验台之间的净距不应小于 1.5 m。布置排毒柜或实验仪器设备时，其与实验台之间的净距不应小于 1.8 m。实验台的端部与走道墙之间的净距不应小于 1.2 m。

5.1.2.4　门窗

由 1/2 个标准单元组成的实验室的门洞宽度不应小于 1 m，高度不应小于 2.1 m。由一个及以上标准单元组成的实验室的门洞宽度不应小于 1.2 m，高度不应小于 2.1 m。有特殊要求的房间的门洞尺寸应按具体情况确定。实验室的门扇应设观察窗。

5.1.2.5 天花板及照明

一般实验室的天花用不集尘、不易脱落的龙骨支架铝扣板天花。有些仪器需要静音,天花选用消音天花。灯光照明采用内嵌式防尘灯盘30W,工作区照度>450 lx,走道照度> 200 lx。

5.1.2.6 地面

对于洗涤室、高温室、恒温恒湿实验室、大型仪器室、微生物实验室等不同种类实验室,需要采用不同的地面处理方式。

5.1.3 布局要求

依照药用硬片检测工作的要求,可分为以下区域:

(1)非受控区

1)收样室及留样室:满足样品存储功能,存储柜功能区间划分清楚,标明未检样品、再检样品和已检样品,温湿度按药用硬片贮存要求控制,且防尘防鼠。

2)办公室:供检验人员整理原始数据、书写原始报告。

3)档案室:用于报告资料的储藏及查阅。

(2)受控区

普通化学实验室(图6-3),主要是进行容量分析、离子测定、氧化还原等实验。应有排风设施,独立排气柜,有机、无机前处理分开;墙、地板、试验台、试剂柜等要绝缘、耐热、耐酸碱、耐有机试剂腐蚀;地面应有地漏,防倒流。设置中央实验台的实验室应设供实验台用的上下水装置、电源插头。化学实验室内的通风柜应设在受干扰最少的区域,产生有害物的操作过程应完全在柜内进行。为保证实验的安全性,必须保证通风柜操作口有合适的面风速,通风柜的抽风速度一般控制在 0.25~0.6 m/s,风速太小,柜内的气体会飘逸出来,风速太大,气流会在柜内滚动而影响实验。

试剂室(图6-4),由于很多化学试剂属于易燃、易爆、有毒或腐蚀性物品,故不宜购置过多。储藏室存放少量近期要用的化学药品,且要符合危险品存放安全要求。试剂室应设置固体试剂柜、液体试剂柜、易制毒试剂柜、易制爆试剂柜,同时易制毒试剂柜、易制爆试剂柜应满足双人双锁的管理规定。要具有防明火、防潮湿、防高温、防日光直射、防雷电的功能。试剂室房间应干燥、通风良好,顶棚应遮阳隔热,门应朝外开启。易燃液体储藏室室温一般不许超过 28 ℃,爆炸品不许超过 30 ℃。少量危险品可用铁板柜或水泥柜分类隔离贮存。室内设排气降温风扇,采用防爆型照明灯具,备有消防器材。

图 6-3　普通化学实验室

图 6-4　试剂室

洗涤室（区），专门用于样品和各类实验器具的洗涤、干燥、储存等区域，配备有专门的清洗器具和设备，如洗涤槽、洗涤剂、刷子、清洗机等。为避免交叉污染和混淆，洗涤室应有待清洗区、已清洗区等明显区域划分。

高温室（图6-5），放置烘箱、马弗炉、湿热灭菌器等散热量较高的设备。由于设备涉及较高的温度，因此应配备相应防火设备等安全措施。室内热量较高，应设置通风设施用于降温。高温电器不得放置在木质或合成材料桌面上，并应有"小心高温""小心烫伤""触电危险"等提醒标识。

天平室，应保持阴凉、干燥、整洁，操作台应平稳无振动，室内严禁烟火。天平安放的位置应避免阳光直射，并应悬挂窗帘挡光，保证称量准确性。天平室环境温度 10 ~ 30 ℃，湿度 35% ~ 65%。室内保持干燥，南方地区应配备除湿机，天平室内除放置与天平使用有关的物品外，不得放置其他物品。配置密度测定模块的天平，应放置于温度（23±2）℃，相对湿度（50±5）% 的环境。

稳定性样品室，用于对药用硬片开展影响因素研究、加速试验和长期试验存放样品的场地。影响因素实验和加速试验的样品一般存放于专用试验箱；长期试验样品在接近实际贮存条件下存放，如温度 10~25 ℃，相对湿度 45%~75%。

图 6-5　高温室

仪器室，主要设置各种大型精密分析仪器，也包括普通小型分析仪器等。电压、电流、温湿度符合要求，需要防静电地板，互相有干扰的仪器设备不应放在同一室，检验无机物质仪器要有排气斗，检验有机物质的仪器有可调排风罩。药用硬片检验应设置红外光谱分析室、气相色谱分析室、材料力学实验室、水蒸气透过实验室、气体透过实验室等。

气相色谱分析室（图 6-6），配备有气相色谱仪，包含顶空保温装置，主要用于分析药用硬片的溶剂残留量、聚合物单体含量、环氧乙烷残留量等。要求局部排风及避免阳光直射在仪器上，避免影响电路系统正常工作的电场及磁场存在，一般设计为仪器岛台（离墙便于仪器维修）、万向排气罩、电脑台（一般在仪器旁配置）、边台等。空气、氮气可采用钢瓶或气体发生器，氢气由于安全性问题，建议采用发生器。

红外光谱分析室（图 6-7），配备有红外分光光度计，主要用于药用硬片的材料鉴别等。实验室温度 15~30 ℃，湿度应小于 50%，南方地区应配备除湿机。尽量远离化学实验室、以防止酸、碱、腐蚀性气体等对仪器的损害，远离辐射源；室内应有防尘、防震、防潮等措施。建议仪器台与窗、墙之间有一定距离，便于对仪器的调试和检修。

材料力学实验室，属于力学性能实验范畴，进行包括拉伸、落球冲击、热封、热合强度等常规性能测试。该区域对通风排风无要求，需估算设备用电功率并考虑安全系数，预留设备电源，保持清洁、干燥、无振动且温度均匀，在设备安放点的周围应留出足够的空间，以便于进行试验与维修。此外功能室布局符合以下原则：

一个实验项目需要使用多个功能室的,功能室之间距离不宜太远;有防震要求的精密仪器应远离产生振动的仪器设备。对于试验要求为温度(23±2)℃,相对湿度(50±5)%的,如果环境要求无法达到,则前处理应放置于恒温恒湿箱内。

图 6-6　气相色谱分析室

图 6-7　红外光谱分析室

水蒸气透过实验室,配置水蒸气透过量测试仪,用于测定药用硬片在规定的温湿度,一定的水蒸气压差条件下,在一定时间内透过水蒸气的量。

气体透过实验室,配置气体透过量测试仪,环境要求温度(23±2)℃,相对湿度(50±5)%。测定药用硬片在恒定温度和单位压力差下,在稳定透过时,单位面积和单位时间内透过供试品的气体体积。采用不同气源,如氧气、氮气、二氧化碳等,可以实现不同气体的透过量测定。气源纯度要求大于99.5%。

5.2　微生物实验室

《中国药学会药物包装材料和容器的标准规定》对直接接触药品、不洗即用且无后续灭菌工艺的非无菌药包材规定了微生物限度，以控制其污染因素，保证药品质量。

微生物实验室应具有进行微生物检测所需的适宜、充分的设施条件，实验环境应保证不影响检验结果的准确性。微生物实验室应专用，并与生产、办公等其他区域分开。

5.2.1 布局与运行

药用硬片的微生物检验实验室的建设可参照 GB 50457—2008《医药工业洁净厂房设计规范》及 GB 50591—2010《洁净室施工及验收规范》。微生物实验室的布局与设计应充分考虑到试验设备安装、良好微生物实验室操作规范和实验室安全的要求。以能获得可靠的检测结果为重要依据，且符合所开展微生物检测活动生物安全等级的需要。实验室布局设计的基本原则是既要最大可能防止微生物的污染，又要防止检验过程对人员和环境造成危害，同时还应考虑活动区域的合理规划及区分，避免混乱和污染，提高微生物实验室操作的可靠性。

微生物实验室的设计和建筑材料应考虑其适用性，以利清洁、消毒并减少污染的风险。洁净区域应配备独立的空气机组或空气净化系统，以满足相应的检验要求，包括温度和湿度的控制，压力、照度和噪声等都应符合工作要求。空气过滤系统应定期维护和更换，并保存相关记录。微生物实验室应包括相应的洁净区域和生物安全控制区域，同时应根据实验目的，在时间或空间上有效分隔不相容的实验活动，将交叉污染的风险降到最低。生物安全控制区域应配备满足要求的生物安全柜，以避免有危害性的生物因子对实验人员和实验环境造成危害。真菌试验要有适当的措施防止孢子污染环境。对人或环境有危害的样品应采取相应的隔离防护措施。一般情况下，微生物限度检查的实验室应有符合微生物计数法和控制菌检查法要求的，用于开展检测活动的洁净室（区），并配备相应的阳性菌实验室、培养室、试验结果观察区、培养基及实验用具准备（包括灭菌）区、样品接收和贮藏室（区）、标准菌株贮藏室（区）、污染物处理区等辅助区域。

阳性菌实验室：控制菌检查试验的选择和分离培养、菌种鉴定、培养基适用性检查试验、菌种的转种、传代和保藏等涉及生物安全的操作应在阳性菌实验室进行，应符合相应国家、行业、地方的标准和规定等。

培养室、试验结果观察区：该区域用于各类微生物试验的培养和结果观察，培养室应配备与检验能力和工作量相适应的培养箱，其类型、测量范围和准确度等级应满足检验所采用标准的要求。

培养基及实验用具准备（包括灭菌）区：该区域用于培养基的制备、灭菌和贮藏（包括灭菌后），需配备天平、高压灭菌器、冰箱等设备。

样品接收和贮藏室（区）：该区域用于记录被检样品所有相关信息和样品的

储存，待检样品应在合适的条件下贮藏并保证其完整性，尽量减少污染的微生物发生变化。

标准菌株贮藏室（区）：微生物试验过程中，菌种可能是最敏感的，因为它们的活性和特性依赖于合适的试验操作和贮藏条件，应根据实验室采用的菌株保存方式配备适宜的设备。实验室应严格落实菌种管理要求，包括菌种的贮藏和领用等。菌种信息须包括菌种保藏的位置和条件等信息。

污染物处理区等辅助区域：该区域应配备高压灭菌器，妥善处理废弃样品、过期（或失效）培养基和有害废弃物，减少检查环境和材料的污染。污染废弃物管理应符合国家和地方性法规的要求，并应交由当地环保部门资质认定的单位进行最终处置，由专人负责并书面记录和存档。

微生物实验的各项工作应在专属的区域进行，以降低交叉污染、假阳性结果和假阴性结果出现的风险。微生物限度检查应在不低于 D 级背景下的生物安全柜或 B 级洁净区域内进行。

一些样品若需要证明微生物的生长或进一步分析培养物的特性，应在生物安全控制区域进行。任何出现微生物生长的培养物不得在实验室洁净区域内打开。对染菌的样品及培养物应有效隔离，以减少假阳性结果的出现。病原微生物的分离鉴定工作应在相应级别的生物安全实验室进行。

实验室应制订进出洁净区域的人和物的控制程序和标准操作规程，对可能影响检验结果的工作（如洁净度验证及监测、消毒、清洁、维护等）或涉及生物安全的设施和环境条件的技术要求能够有效地控制、监测并记录，当条件满足检测方法要求方可进行样品检测工作。微生物实验室使用权限应限于经授权的工作人员，实验人员应了解洁净区域的正确进出的程序，包括更衣流程，该洁净区域的预期用途、使用时的限制及限制原因，适当的洁净级别。

5.2.2 环境监测

微生物实验室应按相关国家标准制订完整的洁净室（区）验证和环境监测标准操作规程，环境监测项目和监测频率及对超标结果的处理应有书面程序。监测项目应涵盖到位，包括对空气悬浮粒子、浮游菌、沉降菌、表面微生物及物理参数（温度、相对湿度、换气次数、气流速度、压差、噪声等）的有效控制和监测。

5.2.3 清洁、消毒和卫生

微生物实验室（图 6-8 ~ 图 6-10）应制订清洁、消毒和卫生的标准操作规程，规程中应涉及环境监测结果。

第六章 药用硬片生产厂房设施设计要求

图 6-8 微生物实验室走廊

图 6-9 微生物实验室洗手设施

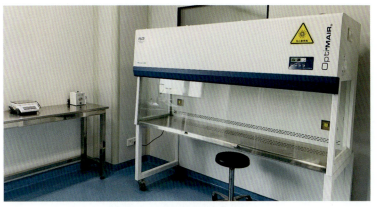

图 6-10 微生物实验室操作台

实验室在使用前和使用后应进行消毒，并定期监测消毒效果，要有足够的洗手和手消毒设施。实验室应有对有害微生物发生污染的处理规程。

所用的消毒剂种类应满足洁净实验室相关要求。理想的消毒剂既能杀死广泛的微生物、对人体无毒害、不会腐蚀或污染设备，又有清洁剂的作用，性能稳定、作用快、残留少、价格合理。

5.3 配套设施

实验室应充分考虑供电、供水、供气、通风、空气净化、安防、环保等基础条件，从而保证建设后的理化实验室安全、有效地长期运行。

5.3.1 供电系统

实验室的配电系统是根据实验仪器和设备的具体要求，经专业设计人员综合多方面因素设计完成，很多仪器设备对电路都有特殊的要求（例如静电接地、断电保护等）。对配电工程的设计，也要兼顾未来的发展规划，充分考虑配电工程的预留及日后的电路维护等问题。实验室用电一般分为动力用电与实验用电，两者线路应分开配置。气相色谱仪实验等电压稳定要求高的仪器设备，应采用交流稳压电源供电。烘箱、高温炉等电热设备应有专用插座、开关及熔断器。实验室内宜统一配备220 V、380 V两种规格电压，用电负荷计算宜采用需要系数法，范围应为0.2~0.6。同一实验室内设有两种及以上不同电压或频率的电源供电时，宜分别设置配电装置；不同电压或频率的电源由同一配电装置供电，配电装置应有良好的隔离。不同电压或频率的电源应有明显区分或标志。

5.3.2 空调系统

空调系统的主要作用是控制实验室的温湿度，空调系统与通风系统配合，才能真正有效地保证温湿度和房间压力的有效控制。普通化学实验室一般只控制温度在18~25 ℃。药用硬片涉及红外鉴别、氧气透过量、热合强度等项目，对温湿度有一定的要求，南方地区应配备除湿机加以保证，总之实验室对空调系统的要求，有别于普通办公室或公共区域的空调系统，有其特殊性。

实验室面积大多在30~100 m²间，实验室之间的空气不允许混用，因此实验室的空调系统大多采用新风+风机盘管的系统。有排风柜或排气罩的房间新风支管上设变风量阀，如前面所述控制新风量，没有排风柜或排气罩的实验室，在新风和排风支管上设定风量阀，保证房间室内外的压差。新风机变频控制，室内的负荷主要由风机盘管负担，新风处理到室内状态点。由于实验室的排风量大，所有的补风均由新风补进,新风量大,能耗高,尽量做热回收,尤其是一些需要设直流系统的实验室。

5.3.3 排风系统

按标准单元组合设计的实验用房,其通风空调系统也应该按标准单元组合设计。气相色谱仪室、洗涤室(区)上部应配置排气罩;化学分析室及前处理室宜根据需要设置通风柜,通风柜应耐强酸腐蚀;试剂室液体试剂柜采用带排风装置,保持24 h不间断排风。所有实验用房要有一定的换气次数,以保证室内挥发性有害物质及时排出,换气次数与通风柜数量及换气量有关,通常无人时的换气次数为5~6次/h。供排系统完善的实验室,是一个环境和谐、安全、健康的工作场所。实验室压力、噪声、房间的换气次数、气流组织、通风柜有毒气体残留等都是值得关注的问题。

5.3.4 供水系统

药用硬片检测实验室用到的实验用水包括饮用水和纯化水。饮用水为天然水经净化处理所得的水,应符合GB 5749—2022《生活饮用水卫生标准》要求,可作为实验器具的粗洗用水。纯化水为饮用水经蒸馏法、离子交换法、反渗透法或其他适宜的方法制备而得,不含任何附加剂,质量应符合《中华人民共和国药典》2020年版四部通则0261制药用水的规定。纯化水作为试验用水,同时作为实验器具的精洗用水。实验室可采用纯水发生装置,也允许采用外购纯化水的方式。对产生废液的化学实验室、洗涤室等应设废液桶分类收集回收,对高浓度的酸碱废水应先中和再排放,排水下水道应采用耐酸、碱腐蚀的材料。

5.3.5 供气系统

传统的实验室供气方式采用气体钢瓶,危险气体的气瓶放置在气瓶柜内,排气采用直接排放到室内或是通过管道排放到户外。针对不同供气要求,应对气体从布局、分类、消防、配电等方面作专门考虑,如实验室应配备足够的钢瓶柜或钢瓶专用支架,做好各类标识,钢瓶间应符合阴凉、干燥、严禁明火、远离热源的存放要求。随着时代发展,考虑到安全性、便利性、气瓶更换等问题,目前实验室很多采用气体管道系统供气(图6-11)。瓶装气体供气集中设置于单独的气瓶间,采用管道供应,进入实验室的主管道总阀安装在墙面明显处,各支管沿实验台功能柱铺设,就近设置二级减压阀和压力表。管道宜采用EP级不锈钢管,各管道支管宜明敷,应有导除静电的接地装置。

图 6-11　气体管道系统

5.3.6　消防与安全

实验室对消防的要求相对于普通的办公楼来说要高很多，应根据实验室的具体情况（设备特点、实验要求、样品和试剂的种类、建筑物特点等），采用不同的消防措施并配备相应的消防器材来保障。为保证实验人员在工作中受到化学及生物危害时的安全，实验室应配置紧急喷淋设施和洗眼装置。

第七章

药用硬片生产质量管理要求

第一节 药包材监管历史

药包材是药品不可缺少的组成部分,它伴随着药品生产、流通和使用的全过程,对保证药品的安全性、有效性起着重要的作用,因此对药包材进行必要的监管就显得尤为重要。追溯我国的药包材监管制度,经历了一个从无到有、不断完善、循序渐进、接轨国际的过程,概括起来主要分为以下五个阶段。

第一阶段:1992 年以前,缺少对药包材企业的相应监管制度。

1981 年 1 月 13 日,原国家医药管理局颁发《药品包装管理办法(试行)》,该办法是针对制药企业的包装工序,对药包材生产企业没有任何限制和约束。

1985 年 7 月 1 日,《中华人民共和国药品管理法》实施,第七条规定:"生产药品所需的原料、辅料以及直接接触药品的容器和包装材料,必须符合药用要求。"

1988 年 9 月 1 日,原国家医药管理局《药品包装管理办法》正式实施,1981 年版的《药品包装管理办法(试行)》同时废止。办法分总则、企业管理、产品管理、罚则、附则,共 5 章,没有对药包材生产企业进行限制和约束。药包材须符合国家标准、行业标准、地方标准或企业标准的规定。在申请新药鉴定和新产品报批前,须向所在省级医药管理部门报送所相关试验数据和测试方法的报告。药包材生产企业必须通过省局向国家局提出申请,经审核批准,发给《药用包装材料容器生产许可证》才能生产。不洗即用的药包材的生产环境卫生标准必须符合《药品生产管理规范》和《中成药生产管理规范》所规定的洁净度要求。

第二阶段:1992 年 4 月至 2000 年 9 月,采用许可证制度管理。

1992 年 4 月 1 日,原国家医药管理局颁布实施《药品包装用材料、容器生产管理办法(试行)》(局令第 10 号)。规定新开办生产直接接触药品的包装材料、容器企业或车间,须按《药品包装用材料、容器生产许可证》验收通则的各项要求进行,建成后,向所在地省级医药管理部门提出申请,经评审合格者,由省级医药管理部门报国家医药管理局审核批准后,发给《药品包装用材料、容器生产企业许可证》,

许可证有效期为五年。不洗即用的药包材的生产环境卫生标准必须符合被包装药品生产厂房的洁净度要求，国家医药管理局设置药包材质量监督检测机构负责用于行政审批的检测工作。附有《药品包装用材料、容器生产企业许可证》验收通则，对人员、厂房设施设备、生产管理、质量管理、仓储管理进行了较为细致的规定。

1996 年 4 月 29 日，原国家医药管理局颁布实施《直接接触药品的包装材料、容器生产质量管理规范》（局令第 15 号），分总则、人员、厂房、设备、卫生、原料辅料及包装材料、生产管理、质量管理、生产管理和质量管理文件、包装、自检、销售记录、用户意见和附则，总计 14 章。这是一部较为详细的生产质量管理规范，顺应 1992 年《药品包装用材料、容器生产管理办法试行》的要求，对生产质量管理要求进一步细化，可操作性较强。第一次提出药包材生产洁净厂房的设计符合医药工业洁净厂房的设计规范，医药管理部门第一次对药包材进行了正式的认证监管，并向通过认证的企业颁发《药包材企业生产许可证》，发证机关为各省级医药管理局。药包材强制执行相关标准，主要以医药行业标准为主。

第三阶段：2000 年 10 月至 2015 年 8 月，药包材实行注册审批管理制度阶段。

2000 年 10 月 1 日，原国家药品监督管理局颁布《药品包装用材料、容器管理办法》（暂行）（局令第 21 号）实施，将药包材按使用方式分为Ⅰ、Ⅱ、Ⅲ三类，规定药包材须经药品监督管理部门注册并获得《药包材注册证书》或《进口药包材注册证书》后方可生产或使用。

2002 年 9 月至 2006 年 3 月，原国家食品药品监督管理局陆续发布《直接接触药品的包装材料和容器标准汇编》第一辑至第六辑，增修订一批药包材品种标准和方法标准，基本形成了一套完整的药包材标准体系，使药包材标准更加规范合理。

2004 年 7 月 20 日，原国家食品药品监督管理局颁布《直接接触药品的包装材料和容器管理办法》（局令第 13 号）实施，2000 年颁布的《药品包装用材料、容器管理办法》（暂行）同时废止。办法分总则、药包材的标准、药包材的注册、药包材的再注册、药包材的补充申请、复审、监督与检查、法律责任、附则，总计 9 章，附件含《药包材生产现场考核通则》。明确由国家食品药品监督管理局对药包材实行注册审批制度，要求企业在提交申请资料时提供"与采用申报产品包装的药品共同进行的稳定性试验（药物相容性试验）研究材料"。《药包材生产现场考核通则》分机构和人员、厂房与设施、物料、卫生、文件、生产管理、质量管理、自检、附则，共 9 部分 70 条组成。

2014 年 4 月 30 日，中国食品药品检定研究院发布《药包材生产申请技术审评资料申报要求》等六个技术审评指导原则的通知，其中包含《药包材生产现场考核技术要求（试行）》，分总则、生产现场考核要点、现场考核结论及评定依据、附则，共计 4 章，是被称为国内首部"药包材 GMP（good manufacturing practice）"。

2015年8月11日，原国家食品药品监督管理总局发布《关于发布YBB 00032005—2015钠钙玻璃输液瓶等130项直接接触药品的包装材料和容器国家标准的公告》（2015年第164号），正式公布130个药包材标准，分为7个部分：第1部分为玻璃类，第2部分为金属类，第3部分塑料类，第4部分为橡胶类，第5部分为预灌封类，第6部分为其他类，第7部分为方法类。在原《直接接触药品的包装材料和容器标准汇编》（共6辑）的基础上，对标准进行了勘误，并汇编成一册，标准编号在原标准号的基础上增加标准发布年号。

第四阶段：2015年8月至2017年11月，药包材处于注册审批管理制度与关联审评制度同时生效的政策环境。

2015年8月13日，《国务院关于改革药品医疗器械审评审批制度的意见》（国发〔2015〕44号）。将药包材、药用辅料由单独审批改为在审批药品注册申请时一并审评审批。

2016年8月9日，原国家食品药品监督管理总局发布了《总局关于药包材药用辅料与药品关联审评审批有关事项的公告》（2016年第134号）。自本公告发布之日起，药包材、药用辅料应按程序（见附件2）与药品注册申请关联申报和审评审批，《药包材及药用辅料申报资料要求》另行公布。各级食品药品监督管理部门不再单独受理药包材、药用辅料注册申请，不再单独核发相关注册批准证明文件。

第五阶段：2017年11月至今，药包材实施关联审评审批制度，建立以药品上市许可人为责任主体的管理体系。

2017年11月30日，原国家食品药品监督管理总局发布《关于调整原料药、药用辅料和药包材审评审批事项的公告（2017年第146号）》，取消药用辅料与直接接触药品的包装材料和容器（以下简称药包材）审批，原料药、药用辅料和药包材在审批药品制剂注册申请时一并审评审批。

2019年5月8日，中国医药包装协会官网发布《药包材生产质量管理指南》（T/CNPPA 3005—2019）实施，此指南被称为新的药包材GMP，是"关联审评审批制度"下的产物，制剂企业成为药包材质量的第一责任人，官方将会减少甚至不再对药包材企业进行检查，制剂企业只能通过审计手段，加强对包括药包材生产企业GMP各方面审计。

2022年6月2日，国家药品监督管理局药品监管司关于对《药包材生产质量管理规范》(征求意见稿)征求意见的函，公开征求意见。规范包括总则、质量管理体系、机构与人员、厂房与设施、设备、物料与产品、确认与验证、文件管理、生产管理、质量控制与质量保证、委托生产与委托检验、产品发运与召回、用户管理服务、术语和定义，总计14章72条。

药包材新旧法规比较见表7-1。

表 7-1 新旧法规比较表

立场	独立审评（旧）	共同审评（新）
监管机构	监管机构承担主要监管责任，负责对药包材的审评审批以及日常监管，注册证为监管机构对药包材生产企业的"背书"	药品上市许可持有人承担制剂质量的主体责任，建立以制剂为核心，药包材为基础的质量管理体系。药品上市许可持有人应围绕制剂的质量要求选择合适的原辅包，对所选用的药包材质量负责，与药包材企业建立授权使用和监督的质量保障制度
审评机构	独立审评药包材主要考虑药包材是否符合目前药包材法规，不考虑使用药品的情况和特殊性，审评审批结论仅能证明药包材符合包材法规要求	关联审评审批药包材会结合药包材使用药品情况和特性，全面把握药包材对于药品的适用性
包材企业	独立审评主要集中于考虑包材法规和包材特性，不多考虑目标药品的特性。对于包材变更，由于国家局批准，因此仅需要得到批件，便可以执行变更。对于变更仅需要及时通知药品企业	共同审评需要了解目标药品的特殊性，开发适合药品的药包材。药包材企业应当将产品变更信息提前告知药品上市许可证持有人，并及时登记变更后的原辅包登记资料。药品上市许可持有人应当及时了解药包材的变更情况，及时评估药包材变更对制剂质量的影响。药包材变更内容需要和药品进行关联审评通过后方可在制剂生产中实施
药品企业	仅仅需要关注药包材是否有注册证，药包材注册证是和供应商审计最关键因素。药包材变更以后得到国家局批准即可执行，不过多关注变更的合理及对药品的影响	承担药包材质量核查的确认的主要责任人，需要得到药包材登记号，药品申报才能受理。未通过关联审评审批的，相关药品制剂申请不予批准。要告知药包材企业需要的药包材，看包材"本身"而不仅仅是看注册证。药品变更需要找包材，而不是找包材注册证

第二节　质量管理要求

药用硬片生产企业应当建立质量方针和质量目标，将药用硬片功能性、保护性、相容性、安全性的要求，全面系统地贯彻到药用硬片生产、质量控制及产品放行、贮存、发运的全过程中，确保所生产的药用硬片符合药用要求和预定用途。企业高层管理人员应当确保实现既定的质量目标，不同层次的人员以及供应商应当共同参与并承担各自的责任。

质量风险管理是在整个产品生命周期中采用前瞻或回顾的方式，对质量风险进行识别、评估、控制、沟通、回顾的系统过程。质量风险管理过程所采用的方法、措施、形式及形成的文件应当与存在风险的级别相适应。

企业应当制订内部审核与管理评审管理规程，明确内部审核和管理评审的方式和标准。每年应当至少进行一次内部审核，评估本企业的质量管理体系是否符合要求，是否能够有效地实施和保持。

企业最高管理者应当每年至少组织进行一次质量管理体系管理评审，评价体系适宜性、有效性和充分性，确保其与企业的质量方针保持一致。如采用外部审核的，应当制订外部审核管理规程,并在规程中明确资质要求、选择原则及批准程序。

第三节 机构与人员

企业应当建立与药用硬片生产管理、质量控制相适应的组织机构,并明确规定每个部门和岗位的职责。应当设立独立的质量管理部门,履行质量保证和质量控制的职责。质量管理部门应当参与所有与质量有关的活动,负责审核所有与本规范有关的文件。质量管理部门人员不得将职责委托给其他部门的人员。

企业应当配备足够数量并具有适当资质的管理人员和操作人员,各级人员应当具有与其职责相适应的教育背景并经过培训考核,以满足药用硬片生产的需要。至少包括企业负责人、生产管理负责人、质量管理负责人等关键人员应当为全职人员。质量管理负责人和生产管理负责人不得互相兼任。企业负责人应当负责提供必要的资源,合理计划、组织和协调,保证质量管理部门独立履行职责。

生产管理负责人应当具有相关专业学历或至少一年从事药用硬片或相关产品(药品、医疗器械、医药设备等)生产和质量管理的实践经验,接受过药用硬片相关的专业知识培训。质量管理负责人应当具有相关专业学历或至少两年从事药用硬片或相关产品(药品、医疗器械、医药设备等)生产和质量管理的实践经验,接受过药用硬片相关的专业知识培训。

企业应当制订并执行培训规程,与药用硬片生产、质量有关的所有人员都应当经过培训,培训的内容应当与岗位的要求相适应。培训应当包括相应的专业技术知识、操作规程、卫生知识、相关法律法规及行业规范等内容,培训应当有相应的记录,进入洁净区的工作人员应当增加微生物和颗粒污染的特殊培训。应当对人员健康进行管理,并建立健康档案。直接接触药用硬片的生产人员上岗前应当接受健康检查,以后每年至少进行一次健康检查。如下为培训内容、培训计划和周期性培训计划的参考表 7-2 ~ 表 7-4。

表 7-2 培训内容表

分类		培训内容	培训对象	培训师
基础培训内容	企业介绍	历史、架构、产品各部门职责及主要负责人	所有员工	内训师
	法律法规	药品管理法 GMP 等	所有员工	内训师
	卫生	微生物知识颗粒污染	进入洁净区的人员	内训师
岗位操作	操作 SOP	设备操作 SOP	操作员工	班长

表 7-3　培训计划表

培训计划 培训类别	周期培训计划	年度培训计划	
		部门培训计划	个人培训计划
新员工（上岗培训）	岗位、培训内容	岗位、培训内容	培训内容
老员工（继续培训）	岗位、培训内容、培训周期	岗位、培训内容	培训内容

表 7-4　周期性培训计划表

部门	生产部		质管部	
岗位 内容	压延	涂布	QA	QC
企业介绍	入职	入职	入职	入职
法律法规	每年	每年	每年	每年
微生物知识颗粒污染	N	每年	每年	每年
设备操作 SOP	N	每年	N	N

企业应当制订并执行人员卫生操作规程，包括且不限于以下要求：①体表有伤口、患有传染病或其他可能污染药用硬片疾病的人员不得进入洁净区；②任何进入生产区的人员均应当按照规定更衣，工作服的选材、式样及穿戴方式应当与所从事的工作和洁净度级别要求相适应；③进入洁净区的人员不得化妆和佩戴饰物；④生产区、仓储区应当禁止吸烟和饮食，禁止存放食品、饮料、香烟和个人用品等非生产用物品。

第四节　物料与产品

药用硬片生产所用的原材料应当符合相应的质量标准。企业应当制订药用硬片生产所用物料和产品的接收、贮存、发放、使用和发运等管理规程，流向可追溯。应当制订物料接收和产品入库的管理规程、接收标准和记录。物料接收时应当及时编制接收批号，登记相关信息，保留相关重要凭证，并至少做到以下要求：①所有到货物料均应当按照物料接收规程检查，以确保与订单一致；②如一次接收的同一物料是由数个批次构成，应当按供应商批号进行存放、取样、检验、发放、使用；③发现可能影响物料和产品质量的问题，应当向质量管理部门报告并进行调查和记录；④物料接收入库后应当及时按照待验管理，直至放行，成品放行前应当按照待验管理。

企业应当制订物料和成品贮存的管理规程和记录，确保贮存条件至少符合以下要求：①对温度、湿度或其他条件有特殊要求的物料、半成品和成品，应当按规定条件贮存,固体、液体原材料应当分开贮存,挥发性物料应当注意避免污染其他物料;②贮存过程应当定期检查,监测贮存条件并记录。

只有经质量管理部门批准放行的物料方可使用。企业应当制订不合格品控制程序,不合格的物料、半成品、成品应有明显标识,在独立区域保存或采取其他有效手段隔离,避免进入生产工序或放行。企业应当制订并执行不合格品返工或者再加工的管理规程。不合格的物料、半成品、成品的返工或者再加工应当经质量管理负责人批准,并有记录。经过返工或再加工的产品,不得与其他批次产品进行混合。

物料与产品控制流程图见图7-1。

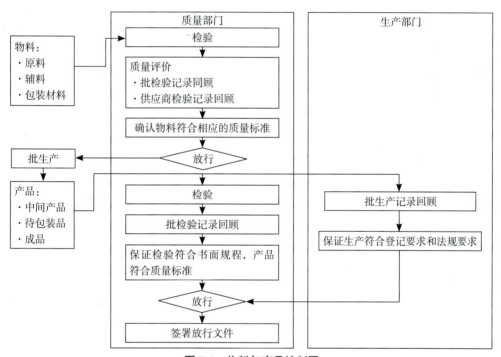

图7-1 物料与产品控制图

第五节 文件管理

质量管理体系文件包括质量方针、质量目标、相关的管理和操作规程、质量标准和记录。

企业应当制订并执行文件管理操作规程,系统地设计、制订、审核、批准、发放、替换或撤销、复制、保管和销毁文件,并符合下列要求:①与本规范有关的文件应当经过质量管理部门的审核和批准;②文件应当标明题目、种类、目的以及文件编号和版本号;③文件应当定期审核、修订,文件修订后,应当按照规定管理,防止旧版文件的误用，分发、使用的文件应当为批准的现行文本，已撤销的或旧版文件除留档备查外，不得在工作现场出现，发放文件应当有发放清单；④文件的文字应当确切、清晰、易懂，采用统一的格式，引用的外来文件（如标准、图样等）应当予以标识，并控制其在相关范围内发放；⑤企业应当按文件类型对文件分类保存和归档。

记录应当及时填写，内容真实，字迹清晰、易读、不易擦除，并至少符合下列要求：①应当制订记录管理操作规程，规定记录的填写、复核、归档、销毁等管理要求；②所有生产、控制、检验、发运、销售和调查记录应当进行保存，记录一般保存五年，或与药品生产企业协商，确定保存时限；③如使用电子数据处理系统记录数据资料，应当有所用系统的操作规程，记录的准确性应当经过复核。

企业应当有批准的药用硬片的生产工艺规程。生产工艺规程不得任意更改。如需更改，应当按照相关的操作规程修订、审核、批准。工艺规程的内容至少应当包括：①药用硬片配方：产品名称或产品代码；②生产操作要求：对生产场所和所用设备的说明、关键设备的准备所采用的方法或相应操作规程编号、详细的生产步骤和工艺参数说明、所有中间控制方法及标准、半成品的贮存要求（包括容器、标签及特殊贮存条件）、需要说明的注意事项；③包装操作要求：包装材料的清单、包装操作步骤的说明、需要说明的注意事项。

每批药用硬片均应当有相应的批生产记录，可追溯该批产品的生产历史以及与该批产品质量有关的情况，并至少符合下列要求：①批生产记录应当依据现行批准的工艺规程的相关内容制订，记录的设计应当尽可能避免填写差错，批生产记录的每一页应当标注产品信息（如产品名称、批号或规格）；②原版空白的批生产记录应当经生产管理负责人和质量管理负责人审核和批准，在生产过程中的关键操作应当及时记录和复核。

第六节　生产管理

药用硬片生产应当按照批准的工艺规程和操作规程进行操作并有相关记录，以确保药用硬片达到规定的质量标准。每次生产结束后应当进行清场，确保设备和工作场所没有遗留与本次生产有关的物料、产品和文件。下次生产开始前，应当对上次清场情况进行确认。

企业应当制订划分产品生产批次的操作规程，生产批次的划分应当以确保产品的可追溯性和质量均一性为原则。药用硬片的批次划分可根据以采用同一配方、同一材料、同一生产线、同一厚度、同一工艺在一定时间内连续生产的产品为一个批次。一般建议，PVC 药用硬片连续产量超过 100 t 的，以 100 t 为一批，不同宽度用大批号后加"1、2、3……"等小批号区分。两层复合的药用硬片每批数量不超过 30 t，三层复合的药用硬片每批数量不超过 15 t。

应当由专门指定的人员按照工艺规程的要求进行物料准备，需要人工称量的物料应当确保按照配方准确称量并专人复核，使用自动称量或配料系统的应当确保系统准确，并保证物料混合均匀。生产启动前，应当确认物料、生产环境、设备、模具符合要求，并按工艺规程进行连续生产。

企业应当制订药用硬片生产过程控制规程，确保产品质量满足标准要求。生产过程中影响药用硬片质量的各个因素的控制，应当采用中间检验或生产过程工艺参数控制的方法来实现。

企业应当制订规程明确药用硬片生产清洁要求，防止污染和交叉污染，至少符合下列要求：①进入洁净区的物料应当通过缓冲间进入，并对其表面进行清洁，如物料通过管道输送，应当确保内壁光滑，专管专用，所采取的措施应当经过验证符合要求；②企业应当制订清场管理规程，规定在每次生产结束后进行清场，清理上批产品相关物料、文件及物品，并对清场过程及检查结果进行记录；③同一区域内同时进行多批次、多型号、多规格及多用户产品的生产时，应当采取隔离或其他有效防止混淆、差错、污染和交叉污染的措施。

容器、设备或设施所用的标识应当清晰明了，标识格式应当经企业相关部门批准，并符合下列要求：①使用的容器、主要设备及必要的操作室或相关记录均应当标识生产中的产品或物料名称、规格和批号；②贮存用容器及其附属支管、进出管路应当进行标识；③洁净区的容器、设备应当进行清洁状态标识。

直接接触药用硬片的包装材料不得对药用硬片质量产生不利影响。药用硬片的包装均应当密闭或密封。药用硬片的运输、贮存条件应当能满足质量保证需要，必要时，应当对运输条件和贮存条件进行验证。

第七节 质量控制与质量保证

质量控制应当包括相应的组织机构、文件系统以及取样、检验等，确保物料和成品在放行前完成必要的检验，确认其质量符合要求。

质量控制（quality control，QC）实验室的职责是按照法定要求和企业内控质量标准规定的方法和规程，对物料、半成品和成品进行取样、检验和复核，以判断这些物料和成品是否符合已经确认的质量标准。检验人员应当接受专项操作培训。

QC 实验室应当配备一定数量的质量管理人员和检验人员，并有与生产规模、品种、检验要求相适应的场所、仪器和设备。应当严格执行实验室管理的相关规定，至少制订包括质量标准、取样规程以及检验规程等在内的相关文件。应当建立检验结果超标调查的操作规程，任何检验结果超标都必须按照操作规程进行完整的调查并有记录。

质量管理部门应当有确保产品符合法定或企业内控质量标准的完整检验记录。取样方法应当科学、合理，以保证样品的代表性，并有详尽的取样规程。应当分别制订物料和产品批准放行的操作规程，明确批准放行的标准、职责，并有相应的记录。所有产品均应当由质量管理部门审核批准后放行，不合格产品不得放行出厂。

企业应当根据药用硬片和物料特性制订留样管理规程。留样应当能够代表被取样批次的产品或物料；样品的容器和包装应当贴有标签，注明样品的名称、批号、取样日期、取样人等信息；留样一般应当保存五年，或与药品生产企业协商确定保存时限。

企业应当根据相关技术指导原则，结合药用硬片的材料特性确定开展稳定性考察的情形、方式和内容。药用硬片的稳定性考察应当有文件和记录。发生可能影响药用硬片稳定性的变更时，需评估变更对药用硬片稳定性的影响，并根据评估结果确定是否需要进行补充研究。

生产所用物料供应商（生产商、经销商）应当具备合法资质，质量管理部门应当定期对供应商进行质量评估，确保物料以及服务符合要求，至少包括下列要求：①物料供应商必须得到质量管理部门的批准，质量管理部门批准的合格供应商清单应当为受控文件，并及时更新；②物料供应商应当保持相对固定，质量管理部门应当与主要物料供应商签订质量协议，在协议中应当明确双方所承担的质量责任；③变更供应商应当执行变更程序，并进行必要的评估、审计、验证及稳定性考察。

药用硬片生产过程中常见的变更包括异地搬迁、改建扩建、生产技术转让、委托生产等生产场地变更；原材料及配方变更；生产工艺和过程控制变更；质量标准变更；产品包装变更以及有可能对药用硬片质量及其预定用途产生影响的其他变更。企业应当建立变更控制的操作规程，规定变更的报告、记录、调查、处理要求，并有相应的记录。企业应当按照相关要求，对药用硬片生产过程中发生的变更开展相应的研究、评估和管理。

企业应当建立偏差处理的操作规程（图7-2），规定偏差的报告、记录、调查、处理以及所采取的纠正措施，并有相应的记录。企业应当根据偏差的性质、范围、对产品质量潜在影响的程度将偏差分类，对重大偏差的评估还应当考虑是否需要对产品进行额外的检验以及对产品有效期的影响，必要时，应当对涉及重大偏差的产品进行稳定性考察。

企业应当建立纠正措施和预防措施系统，对投诉、召回、偏差、内部审核或外部审核结果、工艺性能和质量监测趋势等进行调查并采取纠正和预防措施。调查的深度和形式应当与风险的级别相适应。纠正和预防措施系统应当能够增进对产品和工艺的理解，改进产品和工艺。

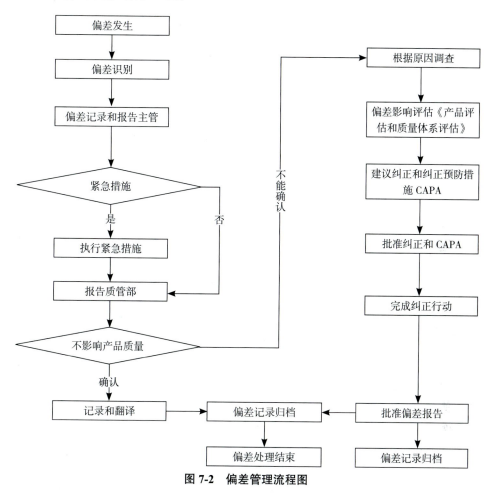

图 7-2 偏差管理流程图

企业应当建立用户投诉管理规程，规定投诉登记、评价、调查和处理的程序，并规定因可能的产品缺陷发生投诉时应当采取的措施，至少符合下列要求：①所有投诉都应当登记与审核，与产品质量缺陷有关的投诉，应当详细记录投诉的各个细节，并进行调查；②投诉调查和处理应当有记录，并注明所调查相关批次产品的信息；③应当定期回顾分析投诉记录，并采取相应措施。

第八节　其他

8.1　委托业务

为确保委托生产的药用硬片产品质量，委托方与受托方应当签订书面的合同，明确规定各方责任、委托生产的内容及相关的技术事项。受托方需按照要求进行相关生产质量活动。委托方应对受托方进行管理，以确保药用硬片产品质量。关键管理措施包括：

（1）供应商选择与评估：选择具有良好信誉和资质的供应商，并对其进行全面的评估。确保供应商的质量管理体系、生产能力、技术水平等方面能够满足企业的要求。

（2）合同与协议：与供应商签订详细的合同和协议，明确双方的权利、义务和责任。包括产品的质量标准、生产工艺、验收标准、保密协议等。

（3）质量检验与控制：对委托生产的药用硬片进行严格的质量检验和控制，确保符合相关法规和企业的质量标准。包括原材料的检验、生产过程的监控、成品的检验等。

（4）生产过程的监管：对生产过程进行全面的监管，确保生产工艺的稳定性和可靠性。对生产过程中可能出现的问题进行预测和预防，及时采取措施解决出现的问题。

（5）人员培训与资质：确保参与委托生产业务的人员具备相应的技能和资质。定期对员工进行培训和考核，提高员工的质量意识和操作技能。

（6）记录管理：建立完善的记录管理制度，对生产过程中的关键环节和操作进行详细的记录。包括生产记录、检验记录、质量跟踪记录等，以便对产品进行追溯和分析。

（7）风险管理：识别和分析委托生产业务中可能存在的风险，并制订相应的应对措施。对可能影响产品质量和安全的风险进行监控和预警，及时采取措施防止风险的发生。

（8）审计与验证：定期对委托生产业务进行审计和验证，确保质量管理体系的有效性和可靠性。对审计和验证结果进行记录和分析，针对存在的问题进行改进和优化。

（9）信息化管理：建立信息化管理系统，实现对委托生产业务的全面管理。利用信息技术提高管理效率，实现数据的实时更新和分析。

（10）合规性审查：确保委托生产业务符合相关法规和标准的要求。对生产过程、产品质量等方面进行合规性审查，及时纠正不合规行为。

同时，药用硬片企业还应当对委托检验和外包服务建立管理制度，应当保证任何影响产品质量的外包服务涉及的风险得到控制。

8.2 发运与召回

每批药用硬片均应当有发运记录。根据发运记录，应当能够追查每批药用硬片的销售情况，必要时应当能够及时全部追回，发运记录内容应当包括：产品名称、规格、批号、数量、收货单位和地址、联系方式、发货日期、运输方式等。企业应当制订召回操作规程，确保召回工作的有效性。

发运与召回管理是确保药用硬片质量和安全的重要环节。药用硬片发运管理措施包括：①运输安全管理：确保运输车辆、设施和人员的安全，符合相关法规和标准的要求；②包装与标识：药用硬片包装应符合相关规定，标识清晰、准确，易于识别；③温度控制和监测：根据药用硬片的储存温度要求，采取相应的温度控制措施，必要时进行实时监测；④运输记录：建立完整的运输记录，包括发运日期、目的地、收货人信息、运输方式等，以便进行追溯；⑤第三方物流管理：选择可靠的第三方物流公司，确保药用硬片在运输过程中的安全和及时到达。

药用硬片产品召回管理措施包括：①召回计划：制订详细的召回计划，明确召回的范围、流程、时限和责任人；②风险评估：对可能存在问题的药用硬片进行风险评估，确定召回的优先级和紧急程度；③通知与沟通：及时通知客户，确保信息传递的准确性和及时性；④记录与分析：建立完整的召回记录，对召回过程进行分析和总结，不断提高管理水平和效率。

8.3 用户管理服务

质量管理部门应当与用户签订质量协议，作为合同的组成部分。质量协议应当明确涉及产品的名称、规格、质量标准和双方所承担的责任等内容。企业应当建立合同评审规程，及时评估更新，确保合同的准确性和有效性。企业应当接受并配合用户审计，提供审计周期内用户使用的药用硬片产品信息和情况分析等资料。

8.4 客户审计

2010年，《药品生产质量管理规范》（2010年修订）要求质量管理部门应当指定专人负责物料供应商的质量评估和现场质量审计，分发经批准的合格供应商名单。2019年，新《药品管理法》强化了持有人对药品的全生命周期负责，要求其按照规定对供应原料、辅料等的供应商进行审核。2023年，《委托生产药品上市许可持有人现场检查指南》要求对原料、辅料、直接接触药品的包装材料和容器等供应商进行定期审核制度。诸多法规规定了客户对供应商审核的要求，并赋予了对供应商审核的权力。

客户审计的目的主要是了解供应商的基本情况、明确药用硬片的生产工艺质量信息、审核供应商质量体系、查明供应商与现行法规的符合性、与供应商进行沟通和协调、必要时解释需方对供方质量的特殊要求等。现场审计能最直观地反映药包材企业的质量管理水平，通过现场观察厂房设施设备、实验室管理、组织机构和人员、质量体系运行情况，发现可能会影响产品质量的缺陷，并促使其整改、持续完善质量管理体系。现场审计可以核实调查问卷的准确性、一致性，并且具有调查问卷不具备的感官感受，是质量部门最终判定供应商是否为合格供应商的最重要的手段。

客户现场审计的步骤一般包括以下内容。

（1）计划通知：审核前客户准备好审计计划或方案，方案应包含供应商基本信息，如企业名称和生产地址、所供物料基本信息、审计目的、审计依据、审计时间、审计人员分工、现场审计前风险评估及审计报告完成时限等，以书面的型式通知到被审计单位。

（2）审计执行：被审计单位需要根据客户审计的通知和计划，准备好相关的文件、资质、表格。客户审计人员到现场时，需有专员引导审计人员对现场进行审计。审计过程分为现场审计和文件审计。现场审计的范围有生产车间、仓储、实验室、公用工程；文件审计包括与产品生产、质量控制、质量保证相关的文件和记录。审计人员按照审计方案中的分工完成审计任务。审计沟通建立在平等互信的基础上，审计的顺利进行离不开供应商的积极配合。

（3）整改跟踪：完成现场审计后，客户在现场或者一定时间内出具书面审计报告。审计报告内容包括被审计公司和药包材的基本情况介绍，审计依据，参与审计的双方主要人员姓名和职位，首末次会议内容介绍、审计实施细节描述，术语解释，不符合项统计表和汇总表。审计报告对问题的描述应客观具体，有法规或被审计单位内SOP规定的依据。被审计单位根据需要整改的内容拟好整改计划，整改计划得到客户确认后进行内部整改。

（4）审计关闭：被审计单位根据审核报告整改完毕后，将整改证据（照片、文件扫描等型式）提交后客户，客户确认出具审计关闭函，审计结束。

审计内容主要包括现场检查和文件检查。现场检查包括且不限于：周边环境、原料成品仓库、生产车间、质量控制实验室等，通常按照提前制订的检查表内容进行并详尽记录。文件检查包括且不限于：体系文件、产品批记录（生产记录和检验记录）、原料检验记录、计量器具校验记录、环境监控记录、年度质量回顾报告、内部审核、年度质量评审、变更管理、偏差管理、放行管理、纠正预防措施、实验室数据偏差、人员管理培训、投诉情况、人员体检记录及相关SOP等，并进行详细的记录。

审计结论一般分为：重大缺陷项、主要缺陷项、一般缺陷项。重大缺陷项通常将立刻停止被审计单位的供货，马上进行整顿整改，整改后将再次安排重新审核；主要缺陷项，通常被审计单位拟定整改计划，按期完成整改，并提交证据，整改周期不超过3个月；一般缺陷项，通常被审计单位拟定整改计划，按期完成整改，并提交证据，整改周期不超过6个月。

医药行业的发展以及监管体系的不断加强，使越来越多的制剂企业认识到供应商管理的重要性。原材料的监控是药品质量控制策略中的重要部分，要做好药包材供应商质量管理相关工作，降低物料的质量风险，保证药品质量。

第八章

药用硬片标准介绍

第一节 国外标准介绍

1.1 美国药典

《美国药典》(United States Pharmacopeia,USP)是美国药品(包括原料药和制剂)的品质控制标准大全。美国药典由美国药典委员会编写,是美国政府对药品质量标准和检定方法作出的技术规定,也是药品生产、使用、管理、检验的法律依据。国家处方集(National Formulary,NF)收载了 USP 尚未收入的新药和新制剂。USP 于 1820 年出第一版,自 1975 年以后每年发布一个新版本,从 2000 年开始采用版本号,例如 USP 31、USP 32 等。从 2015 年开始,USP 采用年份作为版本号,例如 USP 2022、USP 2023 等。从 2020 年起,美国药典只提供互联网在线版,不再提供印刷版,可登录官网 https://www.usp.org/ 进行查询。

美国药典 USP NF-2023 版中,有关药包材的章节涉及面非常广,内容非常详细,主要按生物试验、材料、包装贮存要求、包装系统及组件、辅助包装组件、容器性能、指导原则等,建立了基于化学测试的方法来建立包装材料、组分和系统的适用性框架。详见表 8-1。

表 8-1 USP NF-2023 版药包材标准体系表

编号	名称	备注
<87>	Biological Reactivity Tests, In Vitro	体外生物反应测定
<88>	Biological Reactivity Tests, In Vivo	体内生物反应测定
<381>	Elastomeric Closures For Injections	注射剂用弹性体密封件
<659>	Packaging And Storage Requirements	包装和储存要求
<660>	Containers—Glass	玻璃容器
<661>	Plastic Packaging Systems And Their Materials Of Construction	塑料包装系统及其组件材料
<661.1>	Plastic Materials Of Construction	塑料组件材料

续表

编号	名称	备注
<661.2>	Plastic Packaging Systems For Pharmaceutical Use	药用塑料包装系统
<661.3>	Plastic Components And Systems Used In Pharmaceutical Manufacturing	用于制药制造的塑料部件和系统
<665>	Polymeric Components And Systems Used In The Manufacturing Of Pharmaceutical And Biopharmaceutical Drug Products	用于制药和生物制药产品制造的聚合物成分和系统
<670>	Auxiliary Packaging Components	辅助包装组件
<671>	Containers—Performance Testing	容器性能检验
<1031>	The Biocompatibility Of Materials Used In Drug Containers, Medical Devices, And Implants	药物容器、医疗器械和植入物中所用材料的生物相容性
<1136>	Packaging Repackaging-Single-Unitcontainers	包装和重新包装－单一单位包装容器
<1177>	Good Packaging Practices	包装质量管理规范
<1178>	Good Repackaging Practices	再包装管理规范
<1207>	Package Integrity Evaluation-Sterile Products	无菌产品包装完整性评价
<1207.1>	Package Integrity Testing In The Product Life Cycle-Test Method Selection And Validation	产品生命周期中的包装完整性检测－检测方法选择和验证
<1207.2>	Package Integrity Leak Test Technologies	包装完整性泄漏测试技术
<1207.3>	Package Seal Quality Test Technologies	包装密封质量测试技术
<1660>	Evaluation Of The Inner Surface Durability Of Glass Containers	玻璃容器内表面耐受性的评价
<1661>	Evaluation Of Plastic Packaging Systems And Their Materials Of Construction With Respect To Their User Safety Impact	塑料包装系统及其组件材料对使用人员安全性影响的评价
<1663>	Assessment Of Extractables Associated With Pharmaceutical Packaging/Delivery Systems	药品包装/给药系统相关可提取物的评估
<1664>	Assessment Of Drug Product Leachables Associated With Pharmaceutical Packaging/Delivery Systems	药品包装/给药系统相关浸出物的评估
<1665>	Plastic Components And Systems Used To Manufacture Pharmaceutical Drug Products	用于制造医药产品的塑料部件和系统

<87><88>章节详细介绍了弹性体和高分子材料的生物安全性评价（体外细胞毒性、体内生物试验），<88>还对塑料进行了 USP Ⅰ—Ⅵ的分类。

<381><660><661><670>章节涉及弹性体、玻璃、塑料及辅助组件（药用线圈、干燥剂等），提供了相应材料的试验方法和规范。相比我国的标准，增加了环烯烃共聚物、聚酰胺 6、聚碳酸酯、聚对苯二甲酸乙二醇酯 G、聚（乙烯-乙酸乙烯酯）和塑化聚氯乙烯的收载，形成了较为完整的常用药包材体系。

<659>提供了与活性成分、辅料和医疗产品的贮存运输相关的包装、辅助包装信息和贮存条件的定义。

<671>规定了口服制剂用包装系统的功能性要求。

<665><1665>是USP专门针对一次性使用系统在业内越来越多被应用的情况，而提出的用于评估与验证的方法，包括对风险矩阵-决定生产用塑料材质和组件测试的决策树、生产用塑料材质和组件的化学表征及毒理和生物活性评估。

<1031>提供了评价容器、弹性体、医疗器械和植入物的生物相容性的识别和实施程序指南。

<1136>为单一单位包装容器的包装和分装以及应用单位包装的使用和应用提供指导，该通则主要服务于药品生产商、分包商和药剂师。

<1177><1178>分别介绍了药品在储运和配送期间包装方法的基本原则，以及药品重新二次包装的要求。

<1660>阐述了玻璃容器内表面耐受性影响因素，推荐了评价由于药品导致形成玻璃脱屑和内表面脱片趋势的方法，也提供了检测脱屑和脱片的方法。

<1661>是为了支持<661>系列通则而制订的信息类通则，传达<661>的重要概念，并提供应用和适用性的补充信息和指导建议。

<1207>是无菌药品密封包装完整性保证的指南，阐述了泄漏机理，说明包装如何确保维持无菌，并提供相关理化质量标准，还定义了相关术语。下设3个子通则，分别为：产品生命周期中的包装完整性检测-检测方法选择和验证、包装完整性泄露测试技术和包装密封质量测试技术。

<1663><1664>分别介绍药品包装和给药系统的可提取物与制剂浸出物评估的设计、论证和实施框架，确立了评估的关键点，并对各关键点进行了技术层面和应用层面的探讨，同时还对相关术语进行了详细的定义。

USP通过对包装材料、组分和对其使用适应性能的检查，建立健全了包装系统的质量保证体系。相比其他药典，USP体系更完善、内容更丰富、理念更先进，尤其大量章节包含开放形式的指导原则，很多理念都是USP最早提出，可以说引领了目前认知的前沿。例如<1207><1663><1664>章节首次由USP提出后，迅速被国内药品审评机构所认可，一直是当前国内仿制药一致性评价的关注热点。

1.2 欧洲药典

《欧洲药典》（European Pharmacopoeia，EP）由欧洲药品质量管理局（European Directorate for the Quality of Medicines & Health Care，EDQM）编辑出版，1977年出版第一版，至今已发布11版。第十一版《欧洲药典》即EP11.0（图8-1），于2023年1月生效。《欧洲药典》的基本组成有凡例、通用分析方法（包括一般鉴别试验，一般检查方法，常用物理、化学测定法，常用含量测定方法，生物检查和生物分析，生药学方法）、容器和材料、试剂、正文和索引等。《欧洲药典》为欧洲药品质量检测的唯一指导文献,所有药品和药用底物的生产厂家在欧洲范围内推销和使用的过程中,必须遵循《欧洲药典》的质量标准。

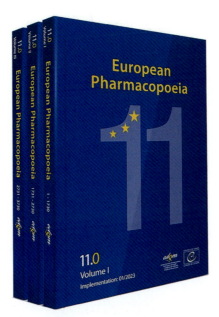

图 8-1 《欧洲药典》

EP 11.0 版中有关药包材的内容主要分为两大部分:"3.1 制造容器用材料"和"3.2 包容器",详见表 8-2。

表 8-2 EP 11.0 版药包材标准体系表

编号	名称	备注
3.1	Materials Used For The Manufacture Of Containers	制造容器用材料
3.1.3	Polyolefines	聚烯烃
3.1.4	Polyethylens Without Additives For Containers For Parenteral Preparations And For Ophthalmic Preparations	用于注射剂与眼用制剂容器的无添加剂聚乙烯材料
3.1.5	Polyethylene With Additives For Containers For Parenteral Preparations And For Ophthalmic Preparations	用于注射剂与眼用制剂容器的含添加剂聚乙烯材料
3.1.6	Polypropylene For Containers And Closures For Parenteral Preparations And Ophthalmic Preparations	用于注射剂与眼用制剂容器及密封件的聚丙烯材料
3.1.7	Polyethylene-Vinyl Acetate For Containers And Tubing For Total Parenteral Nutrition Preparations	全肠外营养制剂容器和管件用聚乙酸乙烯酯材料
3.1.8	Silicone Oil Used As A Lubricant	用作润滑剂的硅油材料
3.1.9	Silicone Elastomer For Closures And Tubing	用于密封件和管件的硅橡胶弹性体
3.1.10	Materials Based On Non-Plasticised Poly(Vinyl Chloride)For Containers For Non-Injectable, Aqueous Solutions	用于非注射水溶液容器的非塑化聚氯乙烯材料
3.1.11	Materials Based On Non-Plasticised Poly(Vinyl Chloride)For Containers For Dry Dosage Forms For Oral Administration	用于口服固体制剂容器的非塑化聚氯乙烯材料
3.1.13	Plastic Additives	塑料添加剂

续表

编号	名称	备注
3.1.14	Materials Based On Plasticised Poly（Vinyl Chloride）For Containers For Aqueous Solutions For Intravenous Infusion	用于静脉输液水溶液容器的塑化聚氯乙烯材料
3.1.15	Polyethylene Terephthalate For Containers For Preparations Not For Parenteral Use	用于非注射制剂容器的聚对苯二甲酸乙二醇酯材料
3.2	Containers	容器
3.2.1	Glass Containers For Pharmaceutical Use	药用玻璃容器
3.2.2	Plastic Containers And Closures For Pharmaceutical Use	药用塑料容器和密封件
3.2.2.1	Plastic Containers For Aqueous Solutions For Infusion	输液水溶液塑料容器
3.2.9	Rubber Closures For Containers For Aqueous Parenteral Preparations, For Powders And For Freeze-Dried Powders	用于注射液、粉针剂、冻干粉针剂容器的橡胶密封件

3.1 章节所述的材料还包括用于制造医疗产品及组件，涵盖了聚烯烃（包含乙烯丙烯共聚物和混合物）、无添加剂聚乙烯、含添加剂聚乙烯、聚丙烯、聚乙烯-乙酸乙烯酯、硅油、硅橡胶弹性体、非塑化聚氯乙烯、塑料添加剂、塑化聚氯乙烯、聚对苯二甲酸乙二醇酯材料，并根据不同的剂型用途进行了分类。

3.2 章节所述的容器包括玻璃容器、塑料容器和密封件、橡胶密封件，均以注射剂包装容器为其关注重点，其他低风险剂型如口服制剂包装均无涉及。

另外 EP 11.0 还设置了 3.3 章节，专门介绍血液容器及组件材料、输血装置及材料和一次性注射器，虽然这属于医疗器械范畴，但是也有共通之处，对于材料和容器的涵盖范围也比较全面。

EP 注重药包材的质量控制，按材料种类及用途分类，明确规定每类材料的性状、鉴别、允许的添加剂及量、浸出物、残留单体及限度、灰分、抗氧剂等，并对塑料添加剂的分子式、结构式、化学名称等信息进行了详细的讨论。相比其他药典，EP 对材料和容器的介绍最为详细，特别是材料的检测项目、添加剂的种类及要求。而对其他类型风险评估的指导原则，EP 还是相对欠缺。

1.3　日本药局方

《日本药局方》即日本药典（Japanese Pharmacopoeia，JP）（图 8-2），由日本药局方编辑委员会编纂，日本厚生省颁布执行。1886 年颁布第一版，最新版为 2021 年生效的第十八版。《日本药局方》由一部和二部组成，一部收载有凡例、制剂总则（即制剂通则）、一般试验方法、医药品各论（主要为化学药品、抗生素、放射性药品以及制剂）；二部收载通则、生药总则、制剂总则、一般试验方法、医药品各论（主要为生药、生物制品、调剂用附加剂等）、药品红外光谱集等。

第八章　药用硬片标准介绍

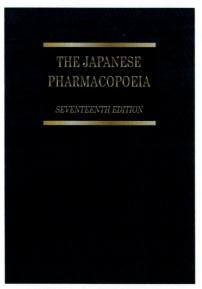

图 8-2　《日本药局方》

JP 18 版涉及药包材的内容较为简单，只有一个有关药包材试验方法的章节，分为 3 个子章节：玻璃容器、塑料容器、橡胶塞，且仅针对注射剂用容器，详见表 8-3。JP 中药包材标准体系的篇幅及品种均较少，关注点都是注射剂用包装容器。

表 8-3　JP 18 版药包材标准体系表

编号	名称
7	容器包装材料试验法
7.01	注射剂用玻璃容器试验法
7.02	塑料制医药品容器试验法
7.03	输液用橡胶塞试验法

第二节　国内标准介绍

目前药用硬片执行的国内标准主要为《国家药包材标准》和《中华人民共和国药典》（2020 年版），品种标准均收载于《国家药包材标准》，而方法标准则在《国家药包材标准》和《中华人民共和国药典》（2020 年版）均有收载。由于《国家药包材标准》是 2015 年发布，《中华人民共和国药典》（2020 年版）于 2020 年发布，收载了 2 个药包材通用原则和 16 个药包材通用检测方法，这些标准作为《国家药包材标准》收载标准的提高，替代了《国家药包材标准》中的相应标准，因此《国家药包材标准》中的相应标准就同时作废了。在《国家药包材标准》中没有收载的药用硬片品种，则采用企业标准的形式在执行备案时进行登记。企业标准应采用《中华人民共和国药典》的编写格式进行编制。

2.1 国家药包材标准

原国家食品药品监督管理总局于 2002—2006 年陆续颁布了 6 辑《直接接触药品的包装材料和容器标准汇编》，2015 年在上述标准的基础上进行了修订，由国家药典委员会出版了 2015 年版《国家药包材标准》（图 8-3），标准基本覆盖了我国制药工业所有剂型使用的药包材品种，包括玻璃类、金属类、塑料类、橡胶类、预灌封类等 83 个药包材品种标准和 47 个方法标准。

图 8-3 《国家药包材标准》

涉及硬片类药包材品种标准包括《聚氯乙烯固体药用硬片》YBB 00212005—2015、《聚氯乙烯/低密度聚乙烯固体药用复合硬片》YBB 00232005—2015、《聚氯乙烯/聚偏二氯乙烯固体药用复合硬片》YBB 00222005—2015、《聚氯乙烯/聚乙烯/聚偏二氯乙烯固体药用复合硬片》YBB 00202005—2015、《铝/聚乙烯冷成型固体药用复合硬片》YBB 00182004—2015、《聚酰胺/铝/聚氯乙烯冷冲压成型固体药用复合硬片》YBB 00242002—2015。

涉及硬片类药包材的方法标准包括了《包装材料红外光谱测定法》YBB 00262004—2015、《密度测定法》YBB 00132003—2015、《气体透过量测定法》YBB 00082003—2015、《水蒸气透过量测定法》YBB 00092003—2015、《剥离强度测定法》YBB 00102003—2015、《拉伸性能测定法》YBB 00112003—2015、《热合强度测定法》YBB 00122003—2015、《加热伸缩率测定法》YBB 00292004—2015、《氯乙烯单体测定法》YBB 00292004—2015、《偏二氯乙烯单体测定法》

YBB 00152003—2015、《包装材料溶剂残留量测定法》YBB 00312004—2015。随着《中华人民共和国药典》（2020 年版）四部的实施，代替了部分方法标准，目前现行有效的为《剥离强度测定法》YBB 00102003—2015、《加热伸缩率测定法》YBB 00292004—2015、《氯乙烯单体测定法》YBB 00292004—2015、《偏二氯乙烯单体测定法》YBB 00152003—2015、《包装材料溶剂残留量测定法》YBB 00312004—2015。

2.2 《中华人民共和国药典》

《中华人民共和国药典》（Pharmacopoeia of the Peoples Republic of China，ChP）于 1953 年颁布第一版，从 1985 年开始，每五年颁布一版，至今已经颁布 11 版，目前最新版为 2020 年版。《中华人民共和国药典》2020 年版由国家药典委员会编写并颁布，由一部、二部、三部和四部构成，收载品种共计 5 911 种。一部中药收载 2 711 种。二部化学药收载 2 712 种。三部生物制品收载 153 种。四部收载通用技术要求 361 个，其中制剂通则 38 个、检测方法及其他通则 281 个、指导原则 42 个，药用辅料收载 335 种（图 8-4）。

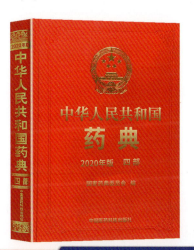

图 8-4 《中华人民共和国药典》2020 年版四部

《中华人民共和国药典》2015 年版四部中首次收载了＜9621＞药包材通用要求指导原则和＜9622＞药用玻璃材料和容器指导原则两个指导原则，拉开了药包材标准纳入《中华人民共和国药典》的序幕；《中华人民共和国药典》（2020 年版）四部于 2020 年 12 月 1 日起正式实施，又进一步扩充了药包材标准体系，首次增加了 16 个药包材通用检测方法。这 16 个通用检测方法均来自于《国家药包材标准》

2015 年版，并且经过了修订。至此药典涉及药包材的专门章节总计达到了 18 个，包括了玻璃容器测试方法、机械性能测试方法、阻隔性能测试方法、材料鉴别测试方法、生物安全测试方法和指导原则等（表 8-4）。

表 8-4　ChP 2020 药包材标准体系表

标准类型	编号	标准名称
玻璃容器测试方法	< 4001 >	121 ℃ 玻璃颗粒耐水性测定法
材料鉴别测试方法	< 4002 >	包装材料红外光谱测定法
玻璃容器测试方法	< 4003 >	玻璃内应力测定法
机械性能测试方法	< 4004 >	剥离强度测定法
机械性能测试方法	< 4005 >	拉伸性能测定法
玻璃容器测试方法	< 4006 >	内表面耐水性测定法
阻隔性能测试方法	< 4007 >	气体透过量测定法
机械性能测试方法	< 4008 >	热合强度测定法
玻璃容器测试方法	< 4009 >	三氧化二硼测定法
阻隔性能测试方法	< 4010 >	水蒸气透过量测定法
生物安全测试方法	< 4011 >	药包材急性全身毒性检查法
材料鉴别测试方法	< 4012 >	药包材密度测定法
生物安全测试方法	< 4013 >	药包材溶血检查法
生物安全测试方法	< 4014 >	药包材细胞毒性检查法
机械性能测试方法	< 4015 >	注射剂用胶塞、垫片穿刺力测定法
机械性能测试方法	< 4016 >	注射剂用胶塞、垫片穿刺落屑测定法
指导原则	< 9621 >	药包材通用要求指导原则
指导原则	< 9622 >	药用玻璃材料和容器指导原则

涉及硬片类药包材的检测方法有 < 4002 > 包装材料红外光谱测定法、< 4005 > 拉伸性能测定法、< 4007 > 气体透过量测定法、< 4008 > 热合强度测定法、< 4010 > 水蒸气透过量测定法、< 4012 > 药包材密度测定法、< 9621 > 药包材通用要求指导原则。

《国家药包材标准》和《中华人民共和国药典》是强制标准，而国外药典均为非强制要求。如 USP 的要求仅仅是参考标准，如果药包材企业有足够的科学研究数据，证明药典的检测方法不适用于某些药包材，但是对药品无不良影响，美国食品药品管理局（food and drug administration，FDA）在关联审评过程中也会接受此类标准。

第三节 药用硬片方法标准介绍

3.1 包装材料红外光谱测定法

红外光谱法又称红外分光光度法。包装材料红外光谱测定法是指在一定波数范围内采集供试品的红外吸收光谱,主要用于药品包装材料的鉴别。

仪器及其校正 仪器及其校正照红外分光光度法(通则0402)要求。

测定法 常用方法有透射法、衰减全反射(attenuated total reflection,ATR)法和显微红外法等。

第一法 透射法

透射法是通过采集透过供试品前后的红外吸收光强度变化,得到红外吸收光谱。透射法光谱采集范围一般为 $4\,000 \sim 400\ cm^{-1}$ 波数。

根据供试品的制备方法不同,又分为热敷法、膜法、热裂解法等。

1. 热敷法

本法适用于塑料产品及粒料。除另有规定外,将溴化钾片或其他适宜盐片加热后,趁热将供试品轻擦于热溴化钾片或其他适宜盐片上,以不冒烟为宜。

2. 膜法

本法适用于塑料产品及粒料。除另有规定外,取供试品适量,制成厚度适宜均一的薄膜。常用的薄膜制备方式可采用热压成膜,或者加适宜溶剂高温回流使供试品溶解,趁热将回流液涂在溴化钾片或其他适宜盐片上,加热挥发溶剂等方式。

3. 热裂解法

本法适用于橡胶产品。除另有规定外,取供试品切成小块,用适宜溶剂抽提后烘干,再取适量置于玻璃试管底部,置酒精灯上加热,当裂解产物冷凝在玻璃试管冷端时,用毛细管取裂解物涂在溴化钾片或其他适宜盐片上,立刻采集光谱。

经上述方法制备的供试品,均可采用透射法采集红外吸收光谱。

第二法 衰减全反射法(ATR法)

衰减全反射法是红外光以一定的入射角度照射供试品表面,经过多次反射得到的供试品的反射红外吸收光谱,该法又分为单点衰减全反射法和平面衰减全反射法。衰减全反射法光谱采集范围一般为 $4\,000 \sim 650\ cm^{-1}$ 波数。

本法适用于塑料产品及粒料、橡胶产品。除另有规定外,取表面清洁平整的供试品适量,与衰减全反射棱镜底面紧密接触,采用衰减全反射法采集光谱。

第三法 显微红外法

本法适用于多层膜、袋、硬片等产品。除另有规定外,用切片器将供试品切成厚度小于 50 μm 的薄片,置于显微红外仪上观察供试品横截面,选择每层材料,通常以透射法采集光谱。

按上述方法采集的供试品红外吸收光谱,照品种项下规定要求进行判定。

3.2 拉伸性能测定法

对于塑性材料,抗拉应力表征了材料最大均匀塑性变形的力,拉伸试样在承受最大拉应力之前,变形是均匀一致的,但超出之后,对于没有(或很小)均匀塑性变形的脆性材料,反映了材料的断裂抗力。

拉伸强度系指在拉伸试验中,试验直至断裂为止,单位初始横截面上承受的最大拉伸负荷(抗拉应力)。断裂伸长率系指在拉伸试验中,试样断裂时,标线间距离的增加量与初始标距之比,以百分率表示。

本法适用于塑料薄膜和片材(厚度不大于 1 mm)的拉伸强度和断裂伸长率的测定。

仪器装置 可使用材料试验机进行测定,或能满足本试验要求的其他装置。仪器的示值误差应在实际值的 ±1% 以内。

仪器应有适当的夹具,夹具应使试样长轴与通过夹具中心线的拉伸方向重合,夹具应尽可能避免试样在夹具处断裂,并防止被夹持试样在夹具中滑动。

试验环境 样品应在 23 ℃ ± 2 ℃、50% ± 5% 相对湿度的环境中放置 4 h 以上,并在此条件下进行以下试验。

试样形状及尺寸 本方法规定使用四种类型的试样,Ⅰ、Ⅱ、Ⅲ型为哑铃形试样。见图 8-5 ~ 图 8-7。Ⅳ型为长条形试样,宽度 10 ~ 25 mm,总长度不小于 150 mm,标距至少为 50 mm。试样形状和尺寸根据各品种项下规定进行选择。

试样制备 试样应沿纵、横方向大约等间隔裁取。哑铃形及长条形试样可用冲刀冲制,长条形试样也可用在标准试片截取板上用裁刀截取。试样边缘必须平滑无缺口损伤,按试样尺寸要求准确打印或画出标线。此标线应对试样产品不产生任何影响。

试样按每个试验方向为一组,每组试样不少于 5 个。

试验速度(空载)

    a. 1 mm/min ± 0.2 mm/min;

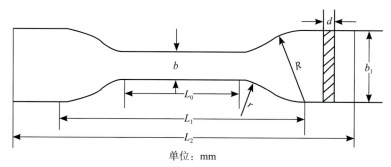

单位：mm

图 8-5　Ⅰ型试样

L_2. 总长 120；L_1. 夹具间初始距离 86±5；L_0. 平行部分长度 40±0.5；d. 厚度；R. 大半径 25±2；r. 小半径 14±1；b. 平行部分宽度 10±0.5；b_1. 端部宽度 25±0.5。

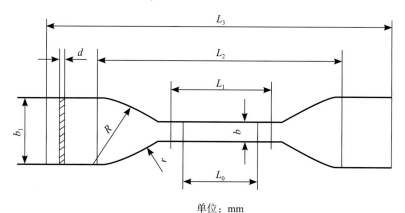

单位：mm

图 8-6　Ⅱ型试样

L_3. 总长 115；L_2. 夹具间初始距离 80±5；L_1. 平行部分长度 33±2；L_0. 标线间距离 25±0.25；R. 大半径 25±2；r. 小半径 14±1；b. 平行部分宽度 6±0.4；b_1. 端部宽度 25±1；d. 厚度。

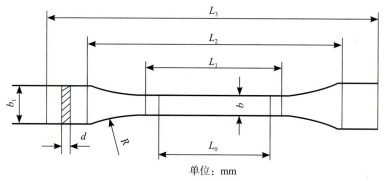

单位：mm

图 8-7　Ⅲ型试样

L_3. 总长 150；L_2. 夹具间初始距离 115±5；L_1. 平行部分长度 60±0.5；d. 厚度；L_0. 标线间距离 50±0.55；R. 半径 60；b. 平行部分宽度 10±0.5；b_1. 端部宽度 20±0.5。

b. 2 mm/min ± 0.4 mm/min；或 2.5 mm/min ± 0.5 mm/min；

c. 5 mm/min ± 1 mm/min；

d. 10 mm/min ± 2 mm/min；

e. 30 mm/min ± 3 mm/min；或 25 mm/min ± 2.5 mm/min；

f. 50 mm/min ± 5 mm/min；

g. 100 mm/min ± 10 mm/min；

h. 200 mm/min ± 20 mm/min；或 250 mm/min ± 25 mm/min；

i. 500 mm/min ± 50 mm/min。

应按各品种项下规定的要求选择速度。如果没有规定速度，则硬质材料和半硬质材料选用较低的速度，软质材料选用较高的速度。

测定法

（1）用上、下两侧面为平面的精度为 0.001 mm 的量具测量试样厚度，用精度为 0.1 mm 的量具测量试样宽度。每个试样的厚度及宽度应在标距内测量三点，取算术平均值。长条形试样宽度和哑铃形试样中间平行部分宽度应用冲刀的相应部分的平均宽度。

（2）将试样置于试验机的两夹具中，使试样纵轴与上、下夹具中心线连线相重合，夹具松紧适宜，以防止试样滑脱或在夹具中断裂。

（3）按规定速度开动试验机进行试验。试样断裂后读取断裂时所需负荷以及相应的标线间伸长值。若试样断裂在标线外的部位时，此试样作废。另取试样重做。

结果的计算和表示

拉伸强度　按下式计算。

$$\sigma_t = \frac{p}{bd}$$

式中，σ_t 为拉伸强度，MPa；p 为最大负荷、断裂负荷，N；b 为试样宽度，mm；d 为试样厚度，mm。

断裂伸长率　按下式计算。

$$\varepsilon_t = \frac{L - L_0}{L_0} \times 100\%$$

式中，ε_t 为断裂伸长率，%；L_0 为试样原始标线距离，mm；L 为试样断裂时标线间距离，mm。

分别计算纵、横向组试样的算术平均值为试验结果。

3.3 气体透过量测定法

本法用于测定药用薄膜或薄片的气体透过量。本法包括压差法和电量分析法。电量分析法仅适用于检测氧气透过量。

气体透过量系指在恒定温度和单位压力差下，在稳定透过时，单位面积和单位时间内透过供试品的气体体积。通常以标准温度和 1 个标准大气压下的体积值表示，单位为：$cm^3/(m^2 \cdot 24\,h \cdot 0.1\,MPa)$。气体透过系数系指在恒定温度和单位压力差下，在稳定透过时，单位面积和单位时间内透过单位厚度供试品的气体体积。通常以标准温度和 1 个标准大气压下的体积值表示，单位为：$cm^3 \cdot cm/(m^2 \cdot 24\,h \cdot 0.1\,MPa)$。

测试环境：温度：23 ℃±2 ℃，相对湿度：50%±5%。

3.3.1 第一法 压差法

药用薄膜或薄片将低压室和高压室分开，高压室充约 0.1 MPa 的试验气体，低压室的体积已知。供试品密封后用真空泵将低压室内的空气抽到接近零值。用测压计测量低压室的压力增量 ΔP，可确定试验气体由高压室透过供试品到低压室的以时间为函数的气体量，但应排除气体透过速度随时间而变化的初始阶段。

仪器装置 压差法气体透过量测定仪，主要包括以下几部分。

透气室 由上、下两部分组成，当装入供试品时，上部为高压室，用于存放试验气体，装有气体进样管。下部为低压室，用于贮存透过的气体并测定透气过程中的前后压差。

测压装置 高、低压室应分别有一个测压装置，高压室的测压装置灵敏度应不低于 100 Pa，低压室测压装置的灵敏度应不低于 5 Pa。

真空泵 应能使低压室的压力不大于 10 Pa。

试验气体 纯度应大于 99.5%。

测定法 除另有规定外，选取厚度均匀，无褶皱、折痕、针孔及其他缺陷的适宜尺寸的供试品 3 片，在供试品朝向试验气体的一面做好标记，在 23 ℃±2 ℃ 环境下，置于干燥器中，放置 48 h 以上，用适宜的量具分别测量供试品厚度，精确到 0.001 mm，每片至少测量 5 个点，取算术平均值。置仪器上，进行试验。为剔除开始试验时的非线性阶段，应进行 10 min 的预透气试验，继续试验直到在相同的时间间隔内压差的变化保持恒定，达到稳定透过。

气体透过量（Q_g）可按下式计算。

$$Q_g = \frac{\Delta P}{\Delta t} \times \frac{V}{S} \times \frac{T_0}{P_0 T} \times \frac{24}{(P_1 - P_2)}$$

式中，Q_g 为供试品的气体透过量，cm³/(m²·24 h·0.1 MPa)；$\Delta P/\Delta t$ 为在稳定透过时，单位时间内低压室气体压力变化的算术平均值，Pa/h；V 为低压室体积，cm³；S 为供试品的试验面积，m²；T 为试验温度，K；P_1-P_2 为供试品两侧的压差，Pa；T_0 为标准状态下的温度（273.15 K）；P_0 为 1 个标准大气压（0.1 MPa）。

气体透过系数（P_g）可按下式计算。

$$P_g = \frac{\Delta P}{\Delta t} \times \frac{V}{S} \times \frac{T_0}{P_0 T} \times \frac{24 \times D}{(P_1-P_2)} Q_g \times D$$

式中，P_g 为供试品的气体透过系数，cm³·cm/(m²·24 h·0.1 MPa)；$\Delta P/\Delta t$ 为在稳定透过时，单位时间内低压室气体压力变化的算术平均值，Pa/h；T 为试验温度，K；D 为供试品厚度，cm。

试验结果以三个供试品的算术平均值表示，除高阻隔性能供试品 [气体透过量结果小于或等于 0.5 cm³/(m²·24 h·0.1 MPa)] 外，每一个供试品测定值与平均值的差值不得超过平均值的 ±10%。高阻隔性能供试品每次测定值均不得大于 0.5 cm³/(m²·24 h·0.1 MPa)。

3.3.2　第二法　电量分析法（库仑计法）

供试品将透气室分为两部分。供试品的一侧通氧气，另一侧通氮气载气。透过供试品的氧气随氮气载气一起进入电量分析检测仪中进行化学反应并产生电压，该电压与单位时间内通过电量分析检测仪的氧气量成正比。

仪器装置　电量分析法气体透过量测定仪，仪器主要包括以下几部分。

透气室　由两部分构成，应配有测温装置，还需装配适宜的密封件，供试品测试面积根据测试范围调整，通常应在 1~150 cm²。

载气　通常为氮气或者含一定比率的氢气的氮氢混合气。

试验气体　纯度应不低于 99.5%。

电量检测器（库仑计）　对氧气敏感，运行特性恒定，用来测量透过的氧气量。

测定法　除另有规定外，选取厚度均匀、平整、无褶皱、折痕、针孔及其他缺陷的适宜尺寸的供试品 3 片，在供试品朝向试验气体的一面做好标记，在 23 ℃±2 ℃ 环境下，置于干燥器中，放置 48 h 以上，用适宜的量具测量供试品厚度，精确到 0.001 mm，至少测量 5 个点，取算术平均值。将供试品放入透气室，然后进行试验，当仪器显示的值已稳定一段时间后，测试结束。

氧气透过率（R_{O_2}）可按下式计算。

$$R_{O_2} = \frac{(E_e - E_0) \times Q}{A \times R}$$

式中，R_{O_2} 为氧气透过率，$cm^3/(m^2 \cdot 24\ h)$；E_e 为稳态时测试电压，mV；E_0 为试验前零电压，mV；A 为供试品面积，m^2；Q 为仪器校准常数 $cm^3 \cdot \Omega/(mV \cdot 24\ h)$；$R$ 为负载电阻值，Ω。

氧气透过量（P_{O_2}）可按下式进行计算。

$$P_{O_2} = \frac{R_{O_2}}{P}$$

式中，P_{O_2} 为氧气透过量，$cm^3/(m^2 \cdot 24\ h \cdot 0.1\ MPa)$；$R_{O_2}$ 为氧气透过率，$cm^3/(m^2 \cdot 24\ h)$；P 为透气室中试验气体侧的氧气分压，单位为 MPa；即氧气的摩尔分数乘以总压力（通常为 1 个大气压）。载气侧的氧气分压视为零。

氧气透过系数（$\bar{P}_{O_2}$）可按下式进行计算。

$$\bar{P}_{O_2} = P_{O_2} \times t$$

式中，$\bar{P}_{O_2}$ 为氧气透过系数，$cm^3/(m^2 \cdot 24\ h \cdot 0.1\ MPa)$；$P_{O_2}$ 为氧气透过量，$cm^3/(m^2 \cdot 24\ h \cdot 0.1\ MPa)$；$t$ 为供试品平均厚度，m。

试验结果以三个供试品的算术平均值表示，除高阻隔性能供试品 [气体透过量结果小于或等于 0.5 $cm^3/(m^2 \cdot 24\ h \cdot 0.1\ MPa)$] 外，每一个供试品测定值与平均值的差值不得超过平均值的 ±10%。高阻隔性能供试品每次测定值均不得大于 0.5 $cm^3/(m^2 \cdot 24\ h \cdot 0.1\ MPa)$。

3.4 热合强度测定法

对于热合在一起的材料，用从接触面进行分离时产生的力，反映材料的热合强度。

热合强度系指将规定宽度的试样，在一定速度下，进行 T 型分离或断裂时的最大载荷。

本法适用于塑料热合在塑料或其他基材（如铝箔等）上的热合强度及塑料复合袋的热合强度的测定。

仪器装置 可用材料试验机进行测定，或能满足本试验要求的其他装置。仪器的示值误差应在实际值的 ±1% 以内。

试验环境 样品应在温度 23 ℃ ± 2 ℃、相对湿度 50% ± 5% 的环境中放置 4 h 以上，并在此条件下进行以下试验。

试样制备 如图 8-8 所示，分别在袋的不同热合部位，裁取 15.0 mm ± 0.1 mm 宽的试样总共 10 条，各部位取样条数相差不得超过 1 条。若展开长度不足 100 mm ± 1 mm 时，可按图 8-8 所示，用胶黏带黏接与袋相同材料，使试样展开长度满足 100 mm ± 1 mm 要求。

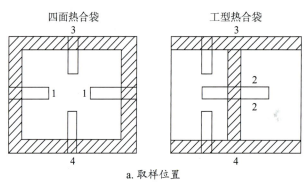

a. 取样位置

1. 侧面热合；2. 背面热合；3. 顶部热合；4. 底部热合

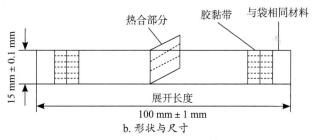

b. 形状与尺寸

图 8-8　试样制备示意图

测定法　取试样，以热合部位为中心，打开呈 180°，把试样的两端夹在试验机的两个夹具上，试样轴线应与上下夹具中心线相重合，并要求松紧适宜，以防止试验前试样滑脱或断裂在夹具内。夹具间距离为 50 mm，试验速度为 300 mm/min ± 30 mm/min，读取试样分离或断裂时的最大载荷。

若试样断在夹具内，则此试样作废，另取试样重做。

结果判定　试验结果，材料以纵向、横向 10 个试样的算术平均值，代以不同热合部位 10 个试样的平均值作为该样品的热合强度，单位以 N/15 mm 表示。

3.5　水蒸气透过量测定法

本法用于测定药用包装材料或容器的水蒸气透过量，包括但不限于药用薄膜或薄片及药用包装容器的水蒸气透过量测定。水蒸气透过量系指在规定的温度、相对湿度、一定的水蒸气压差下，供试品在一定时间内透过水蒸气的量。

本法包括重量法、电解分析法和红外检测器法。

3.5.1　第一法　重量法

本法主要有两种方法，采用基于干燥剂的增重和基于水溶液的减重的重量变化得到水蒸气透过量。

3.5.1.1 增重法

测定在规定的温度、相对湿度环境下,材料或容器透入的水蒸气量,通常用干燥剂的重量增重来计算。增重法通常又可分为杯式法和容器法两种。

(1)杯式法 系指将供试品固定在特制的装有干燥剂的透湿杯上,通过透湿杯的重量增量来计算药用薄膜或薄片的水蒸气透过量。一般适用于水蒸气透过量不低于 2 g/(m²·24 h) 的薄膜或薄片。

仪器装置 恒温恒湿箱 温度精度为 ±0.6 ℃;相对湿度精度为 ±2%;风速为 0.5~2.5 m/s;恒温恒湿箱关闭后,15 min 内应重新达到规定的温、湿度。

分析天平 灵敏度为 0.1 mg。

透湿杯 如图 8-9 所示。应由质轻、耐腐蚀、不透水、不透气的材料制成;有效测定面积不得低于 25 cm²。

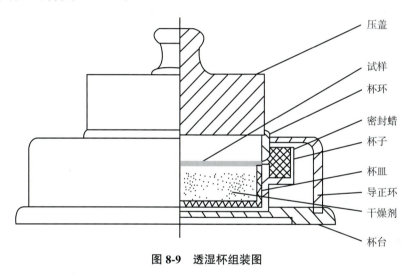

图 8-9 透湿杯组装图

试验条件 常用试验条件如下。

A:温度 23 ℃ ± 2 ℃,相对湿度 90% ± 5%
B:温度 38 ℃ ± 2 ℃,相对湿度 90% ± 5%

测定法 除另有规定外,选取厚度均匀,无皱褶、折痕、针孔及其他缺陷的供试品 3 片,分别用圆片冲刀冲切,供试品直径应介于杯环直径与杯子直径之间。将干燥剂放入清洁的杯皿中,加入量应使干燥剂距供试品表面约 3 mm 为宜。将盛有干燥剂的杯皿放入杯子中,然后将杯子放到杯台上,供试品放在杯子正中,加上杯环后,用导正环固定好供试品的位置,再加上压盖。小心地取下导正环,将熔融的密封蜡浇灌至杯子的凹槽中,密封蜡凝固后不允许产生裂纹及气泡。待密封蜡凝固后,取下压盖和杯台,并清除粘在透湿杯边及底部的密封蜡。在 23 ℃ ± 2 ℃ 环境中放置 30 min,称量封好的透湿杯。将透湿杯放入已调好温度、湿度的恒温恒湿箱中,

16 h 后从箱中取出，放在处于 23 ℃ ± 2 ℃ 环境中的干燥器中，平衡 30 min 后进行称量，称量后将透湿杯重新放入恒温恒湿箱内，以后每两次称量的间隔时间为 24、48 或 96 h，称量前均应先放在处于 23 ℃ ± 2 ℃ 环境中的干燥器中，平衡 30 min。直到前后两次质量增量相差不大于 5% 时，方可结束试验。同时取一个供试品进行空白试验。按下式计算水蒸气透过量（water vapor transmission，WVT）。

$$WVT = \frac{24 \times (\Delta m_1 - \Delta m_2)}{A \times t}$$

式中，WVT 为供试品的水蒸气透过量，$g/(m^2 \cdot 24\ h)$；t 为质量增量稳定后的两次间隔时间，h；Δm_1 为 t 时间内的供试品试验质量增量，g；Δm_2 为 t 时间内的空白试验质量增量，g；A 为供试品透水蒸气的面积，m^2。

试验结果以三个供试品的算术平均值表示，每一个供试品测定值与平均值的差值不得超过平均值的 ± 10%。

【附注】

（1）密封蜡：密封蜡应在温度 38 ℃、相对湿度 90% 条件下暴露不会软化变形。若暴露表面积为 50 cm²，则在 24 h 内质量变化不能超过 1 mg。例如：石蜡（熔点为 50 ~ 52 ℃）与蜂蜡的配比约为 85 : 15。

（2）干燥剂：无水氯化钙粒度直径为 0.60 ~ 2.36 mm。使用前应在 200 ℃ ± 2 ℃ 烘箱中，干燥 2 h。

（3）每次称量后应轻微晃动杯子中的干燥剂，使其上下混合。

（4）试验结束后，干燥剂吸湿总增量应不得过 10%。

（5）空白试验：系指除杯中不加干燥剂外，其他试验步骤同供试品试验。

（2）容器法 系指在规定的温度、相对湿度环境下，包装容器内透入的水蒸气量。一般适用于口服固体制剂用包装容器，如固体瓶等。

仪器装置 恒温恒湿箱 温度精度为 ± 0.6 ℃；相对湿度精度为 ± 2%；风速为 0.5 ~ 2.5 m/s。恒温恒湿箱关闭之后，15 min 内应重新达到规定的温、湿度。

分析天平 灵敏度为 0.1 mg（当称重大于 200 g 时，灵敏度可不大于 1 mg；当称重大于 1 000 g 时，灵敏度可不大于称重量的 0.01%）。

试验条件 常用试验条件如下。

A：温度 40 ℃ ± 2 ℃，相对湿度 75% ± 5%

B：温度 30 ℃ ± 2 ℃，相对湿度 65% ± 5%

C：温度 25 ℃ ± 2 ℃，相对湿度 75% ± 5%

测定法 除另有规定外，取试验容器适量，用干燥绸布擦净每个容器，将容器盖连续开、关 30 次后，在容器内加入干燥剂：20 mL 或 20 mL 以上的容器，加入干燥剂至距瓶口 13 mm 处；小于 20 mL 的容器，加入的干燥剂量为容积的 2/3，立即将盖盖紧。另取两个容器装入与干燥剂相等量的玻璃小球,作对照用。容器盖紧后分别精密称定,然后将容器置于恒温恒湿箱中,放置 72 h,取出,用干燥绸布擦干每个容器,室温放置 45 min,分别精密称定。按下式计算 WVT。

$$WVT = \frac{1000}{3V}[(T_t - T_i) - (C_t - C_i)]$$

式中,WVT 为供试品的水蒸气透过量,mg/(24 h·L);V 为容器的容积,mL;T_i 为容器试验前的重量,mg;C_i 为对照容器试验前的平均重量,mg;T_t 为容器试验后的重量,mg;C_t 为对照容器试验前的平均重量,mg。

【附注】

干燥剂:一般为无水氯化钙,粒度直径应大于 4.75 mm。使用前置 110 ℃ 烘箱中,干燥 1 h。

3.5.1.2　减重法

本法是指在规定的温度、相对湿度环境下,一定时间内容器内水分损失的百分比。一般适用于口服、外用液体制剂用容器、输液容器等包装容器。

仪器装置　恒温恒湿箱　温度精度为 ±0.6 ℃;相对湿度精度为 ±2%;风速为 0.5~2.5 m/s。恒温恒湿箱关闭之后,15 min 内应重新达到规定的温、湿度。

分析天平　灵敏度为 0.1 mg(当称重量大于 200 g 时,灵敏度可不大于 1 mg;当称重量大于 1 000 g 时,灵敏度可不大于称重量的 0.01%)。

试验条件　常用试验条件如下。

A:温度 40 ℃ ± 2 ℃,相对湿度 25% ± 5%

B:温度 25 ℃ ± 2 ℃,相对湿度 40% ± 5%

C:温度 30 ℃ ± 2 ℃,相对湿度 35% ± 5%

测定法　除另有规定外,取试验容器适量,在容器中加入水至标示容量,旋紧瓶盖,精密称定。然后将容器置于恒温恒湿箱中,放置 14 天,取出后,室温放置 45 min 后,精密称定,按下式计算水分损失百分率。

$$水分损失百分率（\%）= \frac{W_1 - W_2}{W_1 - W_0} \times 100\%$$

式中,水分损失百分率即为容器水蒸气透过量,%;W_1 为试验前容器及水溶液的重量,g;W_0 为空容器重量,g;W_2 为试验后容器及水溶液的重量,g。

如供试品为已罐装好液体的包装(如输液产品)时,除另有规定外,取供试品质量,精密称定,然后将供试品置于恒温恒湿箱中,放置 14 天,取出后,室温放置 45 min 后,精密称定。按下式计算水分损失百分率:

$$水分损失百分率(\%) = \frac{W_1 - W_2}{W_1} \times 100\%$$

式中，水分损失百分率即为容器水蒸气透过量，%；W_1 为试验前容器及水溶液的重量，g；W_2 为试验后容器及水溶液的重量，g。

3.5.2 第二法 电解分析法

本法是指水蒸气遇电极电解为氢气和氧气，通过电解电流的数值计算出一定时间内透过单位面积供试品的水蒸气透过总量的水蒸气透过量分析方法。

仪器装置 水蒸气透过量测定仪，仪器主要包括：

透湿室 上端测试皿为高湿腔，通常包含一个在饱和盐溶液中浸泡过的毛玻璃板，以保持供试品一端的恒定的湿度环境，下端与电解槽相通。

电解传感器 可定量测定在其中所携带的水蒸气。

试验条件 常用试验条件如下。

A：温度 23 ℃ ± 0.5 ℃，相对湿度 85% ± 2%

B：温度 38 ℃ ± 0.5 ℃，相对湿度 90% ± 2%

测定法 除另有规定外，选取厚度均匀、无皱褶、折痕、针孔及其他缺陷的供试品 3 片，供试品应在 23 ℃ ± 2 ℃，相对湿度 50% ± 10% 的条件下，进行供试品调节，调节时间至少 4 h。按仪器使用说明书，进行试验操作，当显示的值稳定后，测试结束（一般来说，相邻 3 次电流采样值波动幅度相差不大于 5% 时，可视为达到稳定状态）。所需相对湿度可通过盐溶液调节。常用的温湿度配制方法见表 8-5。

表 8-5 相对湿度的配制

温度	相对湿度	溶液
23 ℃	85%	氯化钾饱和溶液
38 ℃	90%	硝酸钾饱和溶液

WVT 也可由仪器所带的计算机分析软件进行直接计算得到，也可按下式进行计算。

$$WVT = 8.067 \times I/S$$

式中，WVT 为供试品的水蒸气透过量，g/(m²·24 h)；S 为供试品的透过面积，m²；I 为电解电流，A；8.067 为常数，g/(A·24 h)。

试验结果以三个供试品的算术平均值表示，除高阻隔性能供试品［水蒸气透过量结果小于或等于 0.5 g/(m²·24 h)］外，每一个供试品测定值与平均值的差值不得超过平均值的 ±10%。高阻隔性能供试品每次测定值均不得大于 0.5 g/(m²·24 h)。

3.5.3 第三法 红外检测器法

本法适用于药用薄膜或薄片等材料片材的水蒸气透过量的测定。当供试品置于测试腔时，供试品将测试腔隔为两腔。供试品一边为低湿腔，另一边为高湿腔，里面充满水蒸气且温度已知。由于存在一定的湿度差，水蒸气从高湿腔通过供试品渗透到低湿腔，由载气传送到红外检测器产生一定量的电信号，当试验达到稳定状态后，通过输出的电信号计算出供试品水蒸气透过率。

仪器装置 红外透湿仪（图 8-10），由湿度调节装置、测试腔、红外检测器、干燥管及流量表等组成。高湿腔的湿度调节可采用载气加湿的方式或饱和盐溶液的方式调节，红外检测器与低湿腔相连测定水蒸气浓度。红外传感器对水蒸气的灵敏度至少为 1 μg/L 或 1 mm^3/dm^3。

试验条件 常用试验条件如下。
A：温度 25 ℃ ± 0.5 ℃，相对湿度 90% ± 2%
B：温度 38 ℃ ± 0.5 ℃，相对湿度 90% ± 2%
C：温度 40 ℃ ± 0.5 ℃，相对湿度 90% ± 2%
D：温度 23 ℃ ± 0.5 ℃，相对湿度 85% ± 2%
E：温度 25 ℃ ± 0.5 ℃，相对湿度 75% ± 2%

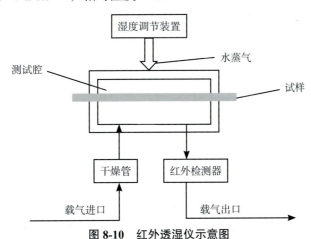

图 8-10 红外透湿仪示意图

测定法 除另有规定外，选取具有代表性、厚度均匀、无皱褶、折痕、针孔及其他缺陷的适宜尺寸的供试品 3 片，供试品应在 23 ℃ ± 2 ℃，相对湿度 50% ± 10% 的条件下，进行供试品调节，调节时间至少 4 h。然后进行试验，当仪器显示的值稳定后，测试结束（一般来说，连续两次输出的电压值或仪器显示的水蒸气透过率值变化不大于 5% 时，可视为达到稳定状态。如果连续两次输出值变化未在 5% 以内，应在报告里就试验终止情况加以说明）。

WVT 也可由仪器所带的计算机分析软件进行直接计算得到，也可按下式计算。

$$WVT = \frac{S \times (E_S - E_0)}{(E_R - E_0)} \times \frac{A_R}{A_S}$$

式中，WVT 为供试品的水蒸气透过量，g/（m^2·24 h）；E_0 为零点漂移值电压，V；E_R 为参考膜测试稳定时电压，V；S 为参考膜水蒸气透过率，g/（m^2·24 h）；E_S 为供试品测试稳定时电压，V；A_R 为参考膜测试面积，m^2；A_S 为供试品测试面积，m^2。

试验结果以三个供试品的算术平均值表示，除高阻隔性能供试品［水蒸气透过量结果小于等于 0.5 g/（m^2·24 h）］外，每一个供试品测定值与平均值的差值不得超过平均值的 ±10%。高阻隔性能供试品每次测定值均不得大于 0.5 g/（m^2·24 h）。

试验结果以所测三个试样的算术平均值表示，结果若小于 1，小数点后保留 2 位；大于 1，则保留两位有效数字。

【附注】试验具体操作，如零点漂移测定、载气流量调节等应根据所测材料阻隔性能的高低，按照仪器使用说明书的要求进行。

3.6 药包材密度测定法

密度是指在规定温度下单位体积物质的质量。温度为 t°C 时的密度用 ρ_t 表示，单位为 kg/m^3、g/cm^3。密度是药品包装材料的特性之一，可用于药品包装材料的鉴别。

药品包装材料的密度一般采用浸渍法测定。浸渍法是指供试品在规定温度的浸渍液中，所受到浮力的大小，采用供试品排开浸渍液的体积与浸渍液密度的乘积表示。而浮力的大小可以通过测量供试品的质量与供试品在浸渍液中的质量之差求得。

本法适用于除泡沫塑料以外的塑料容器（材料）的密度测定。

仪器装置 精度为 0.1 mg 的天平，附密度测定装置（温度计的最小分度值为 0.1 °C）。

供试品的制备及测定 供试品应在 23 °C ± 2 °C，相对湿度 50% ± 5% 环境中放置 4 h 以上，然后在此条件下进行试验。供试品为除粉料以外的任何无气孔材料，表面应光滑平整、无凹陷、清洁、无裂缝、无气泡等缺陷。尺寸适宜，供试品质量不超过 2 g。

浸渍液应选用新沸放冷水或其他适宜的液体（不会与供试品作用的液体）。在测试过程中供试品上端距浸渍液液面应不小于 10 mm，供试品表面不能黏附空气泡，必要时可加入润湿剂，但应小于浸渍液总体积的 0.1%，以除去小气泡。浸渍液密度应小于供试品密度；当材料密度大于 1 时可选用水或者无水乙醇，当材料密度小于 1 时可选用无水乙醇。

取供试品适量，置于天平上，精密测定其在空气中的质量（a），然后将供试品置于盛有一定量已知密度(ρ_x)的浸渍液（水或无水乙醇）中，精密测定其质量（b），按下式计算容器（材料）的密度。

$$\rho_t = \frac{a \times \rho_x}{a - b}$$

式中，ρ_t 为温度为 t℃ 时供试品的密度，g/cm³；a 为供试品在空气中的质量，g；b 为供试品在浸渍液中的质量，g；ρ_x 为浸渍液的密度，g/cm³。

【附注】水及无水乙醇在不同温度下的密度见表8-6，表8-7。

表 8-6 水在不同温度下的密度   单位：g/cm³

温度(℃)	0.0	0.1	0.2	0.3	0.4	0.5	0.6	0.7	0.8	0.9
18	0.998 62	0.998 60	0.998 59	0.998 57	0.998 55	0.998 53	0.998 51	0.998 49	0.998 47	0.998 45
19	0.998 43	0.998 41	0.998 39	0.998 37	0.998 35	0.998 33	0.998 31	0.998 29	0.998 27	0.998 25
20	0.998 23	0.998 21	0.998 19	0.998 17	0.998 15	0.998 13	0.998 11	0.998 09	0.998 06	0.998 04
21	0.998 02	0.998 00	0.997 98	0.997 95	0.997 93	0.997 91	0.997 89	0.997 86	0.997 84	0.997 82
22	0.997 80	0.997 77	0.997 75	0.997 73	0.997 71	0.997 68	0.997 66	0.997 64	0.997 61	0.997 59
23	0.997 56	0.997 54	0.997 52	0.997 49	0.997 47	0.997 44	0.997 42	0.997 39	0.997 37	0.997 35
24	0.997 32	0.997 30	0.997 27	0.997 25	0.997 22	0.997 20	0.997 17	0.997 15	0.997 12	0.997 10
25	0.997 07	0.997 04	0.997 02	0.996 99	0.996 97	0.995 94	0.996 91	0.996 89	0.996 86	0.996 84

表 8-7 无水乙醇在不同温度下的密度   单位：g/cm³

温度(℃)	0.0	0.1	0.2	0.3	0.4	0.5	0.6	0.7	0.8	0.9
18	0.791 05	0.790 96	0.790 88	0.790 79	0.790 71	0.790 62	0.790 54	0.790 45	0.790 37	0.790 28
19	0.790 20	0.790 11	0.790 02	0.789 94	0.789 85	0.789 77	0.789 68	0.789 60	0.789 51	0.789 43
20	0.789 34	0.789 26	0.789 17	0.789 09	0.789 00	0.788 92	0.788 83	0.788 74	0.788 66	0.788 57
21	0.788 49	0.788 40	0.788 32	0.788 23	0.788 15	0.788 06	0.787 97	0.787 89	0.787 80	0.787 72
22	0.787 63	0.788 55	0.787 46	0.787 38	0.787 29	0.787 20	0.787 12	0.787 03	0.786 95	0.786 86
23	0.786 78	0.786 69	0.786 60	0.786 52	0.786 43	0.786 35	0.786 26	0.786 18	0.786 09	0.786 00
24	0.785 92	0.785 83	0.785 75	0.785 66	0.785 58	0.785 49	0.785 40	0.785 31	0.785 23	0.785 15
25	0.785 06	0.784 97	0.784 89	0.784 80	0.784 72	0.784 63	0.784 54	0.784 46	0.784 37	0.784 29

3.7 药包材通用要求指导原则

药包材即直接与药品接触的包装材料和容器，是指药品生产企业生产的药品和医疗机构配制的制剂所使用的直接与药品接触的包装材料和容器。作为药品的一部分，药包材本身的质量、安全性、使用性能以及药包材与药物之间的相容性对药品质量有着十分重要的影响。药包材是由一种或多种材料制成的包装组件组合而成，应具有良好的安全性、适应性、稳定性、功能性、保护性和便利性，在药品的包装、贮藏、运输和使用过程中起到保护药品质量、安全有效、实现给药目的（如气雾剂）的作用。

药包材可以按材质、形制和用途进行分类。

按材质分类可分为塑料类、金属类、玻璃类、陶瓷类、橡胶类和其他类（如纸、干燥剂）等，也可以由两种或两种以上的材料复合或组合而成（如复合膜、铝塑组合盖等）。常用的塑料类药包材如药用低密度聚乙烯滴眼剂瓶、口服固体药用高密度聚乙烯瓶、聚丙烯输液瓶等；常用的玻璃类药包材有钠钙玻璃输液瓶、低硼硅玻璃安瓿、中硼硅管制注射剂瓶等；常用的橡胶类药包材有注射液用氯化丁基橡胶塞、药用合成聚异戊二烯垫片、口服液体药用硅橡胶垫片等；常用的金属类药包材如药用铝箔、铁制的清凉油盒。

按用途和形制分类可分为输液瓶（袋、膜及配件）、安瓿、药用（注射剂、口服或者外用剂型）瓶（管、盖）、药用胶塞、药用预灌封注射器、药用滴眼（鼻、耳）剂瓶、药用硬片（膜）、药用铝箔、药用软膏管（盒）、药用喷（气）雾剂泵（阀门、罐、筒）、药用干燥剂等。

药包材的命名应按照用途、材质和形制的顺序编制，文字简洁，不使用夸大修饰语言，尽量不使用外文缩写。

药包材在生产和应用中应符合下列要求。

药包材的原料应经过物理、化学性能和生物安全评估，应具有一定的机械强度、化学性质稳定、对人体无生物学意义上的毒害。药包材的生产条件应与所包装制剂的生产条件相适应；药包材生产环境和工艺流程应按照所要求的空气洁净度级别进行合理布局，生产不洗即用药包材，从产品成型及以后各工序其洁净度要求应与所包装的药品生产洁净度相同。根据不同的生产工艺及用途，药包材的微生物限度或无菌应符合要求；注射剂用药包材的热原或细菌内毒素、无菌等应符合所包装制剂的要求；眼用制剂用药包材的无菌等应符合所包装制剂的要求。

药品应使用有质量保证的药包材，药包材在所包装药物的有效期内应保证质量稳定，多剂量包装的药包材应保证药品在使用期间质量稳定。不得使用不能确保药品质量和国家公布淘汰的药包材，以及可能存在安全隐患的药包材。

药包材与药物的相容性研究是选择药包材的基础，药物制剂在选择药包材时必须进行药包材与药物的相容性研究。药包材与药物的相容性试验应考虑剂型的风险水平和药物与药包材相互作用的可能性见表8-8，一般应包括以下几部分内容：①药包材对药物质量影响的研究，包括药包材（如印刷物、黏合物、添加剂、残留单体、小分子化合物以及加工和使用过程中产生的分解物等）的提取、迁移研究及提取、迁移研究结果的毒理学评估，药物与药包材之间发生反应的可能性，药物活性成分或功能性辅料被药包材吸附或吸收的情况和内容物的逸出以及外来物的渗透等；②药物对药包材影响的研究，考察经包装药物后药包材完整性、功能性及质量的变化情况，如玻璃容器的脱片、胶塞变形等；③包装制剂后药物的质量变化（药物稳定性），包括加速试验和长期试验药品质量的变化情况。

药包材标准是为保证所包装药品的质量而制订的技术要求。药包材质量标准分为方法标准和产品标准，药包材的质量标准应建立在经主管部门确认的生产条件、生产工艺以及原材料牌号、来源等基础上，按照所用材料的性质、产品结构特性、所包装药物的要求和临床使用要求制订试验方法和设置技术指标。上述因素如发生变化，均应重新制订药包材质量标准，并确认药包材质量标准的适用性，以确保药包材质量的可控性；制订药包材标准应满足对药品的安全性、适应性、稳定性、功能性、保护性和便利性的要求。不同给药途径的药包材，其规格和质量标准要求亦不相同，应根据实际情况在制剂规格范围内确定药包材的规格，并根据制剂要求、使用方式制订相应的质量控制项目。在制订药包材质量标准时既要考虑药包材自身的安全性，也要考虑药包材的配合性和影响药物的贮藏、运输、质量、安全性和有效性的要求。

表 8-8　药包材风险程度分类

不同用途药包材的风险程度	制剂与药包材发生相互作用的可能性		
	高	中	低
最高	1. 吸入气雾剂及喷雾剂 2. 注射液、冲洗剂	1. 注射用无菌粉末 2. 吸入粉雾剂 3. 植入剂	—
高	1. 眼用液体制剂 2. 鼻吸入气雾剂及喷雾剂 3. 软膏剂、乳膏剂、糊剂、凝胶剂及贴膏剂、膜剂	—	—
低	1. 外用液体制剂 2. 外用及舌下给药用气雾剂 3. 栓剂 4. 口服液体制剂	散剂、颗粒剂、丸剂	口服片剂、胶囊剂

药包材产品标准的内容主要包括三部分：①物理性能：主要考察影响产品使用的物理参数、机械性能及功能性指标，如橡胶类制品的穿刺力、穿刺落屑，塑料及复合膜类制品的密封性、阻隔性能等，物理性能的检测项目应根据标准的检验规则确定抽样方案，并对检测结果进行判断；②化学性能：考察影响产品性能、质量和使用的化学指标，如溶出物试验、溶剂残留量等；③生物性能：考察项目应根据所包装药物制剂的要求制订，如注射剂类药包材的检验项目包括细胞毒性、急性全身毒性试验和溶血试验等，滴眼剂瓶应考察异常毒性、眼刺激试验等。

药包材的包装上应注明包装使用范围、规格及贮藏要求，并应注明使用期限。

第九章

药用硬片的质量检验

第一节 药用硬片理化指标检验

1.1 红外光谱

红外光谱是一种常用的分析化学技术,可用于鉴别分子的结构和特性。它基于分子的振动和转动而产生的红外辐射吸收现象。红外辐射具有能够穿透样品并与样品中的分子相互作用的特点,它通过检测红外辐射的吸收和散射情况,得到样品中的分子组成和结构信息。在药包材鉴别中,红外光谱具有优势,因为它可以区分不同官能团,并通过分析指纹区的吸收峰位提高鉴别的专属性。此外,红外光谱具有非破坏性、快速和灵敏的特点,适用于直接分析样品。药用硬片的每层材料的红外光谱可采用衰减全反射法测定。

1.1.1 主要仪器

傅里叶变换红外分光光度计(图9-1):配衰减全反射(attenuated total reflection, ATR)附件。

图 9-1 红外分光光度计

1.1.2 试验环境条件

温度应在 15~30 ℃，相对湿度应小于 65%。适当通风换气，以避免积聚过量的二氧化碳和有机溶剂蒸汽。

1.1.3 试验步骤

取表面清洁平整的供试品适量，与衰减全反射棱镜底面紧密接触后采集光谱。

1.2 PVDC 涂布量

PVDC 是一种高阻隔材料，具有良好的防潮性和阻氧性。PVDC 涂布量的大小直接影响药用硬片的物理性能，涂布量不够或者不均匀，可能导致包装的阻隔性能降低，药品容易受到湿气和氧气的影响而失效。本方法称量其克重以表示涂布量，同时控制其涂布均匀性。

1.2.1 主要仪器设备

分析天平：灵敏度为 0.1 mg
恒温干燥箱：温度精度为 ±2 ℃

1.2.2 试验环境条件

常量分析天平使用环境温度应在 15~30 ℃，相对湿度应在 45%~65%。

1.2.3 试验步骤

裁取 10 cm×10 cm 的本品 5 片，分别精密称定，将试样置于乙酸乙酯（或适当溶剂）中浸泡，直至 PVDC 层与 PE 层能够剥离，将 PVDC 层于 80 ℃±2 ℃ 中干燥 2 h，再于 23 ℃±2 ℃，放置 4 h，精密称定，计算 PVDC 的涂布量（以 g/m^2 表示）。

1.3 水蒸气透过量

防潮性能是药用硬片主要功能之一，水蒸气透过量是评估其防潮性能的重要指标，一般采用杯式法、红外法和电解法测定。

1.3.1 杯式法

指将供试品固定在特制的装有干燥剂的透湿杯上（图 9-2），通过透湿杯的重量增量来计算药用硬片的水蒸气透过量，一般适用于水蒸气透过量不低于 2 g/（m² · 24 h）的药用硬片。

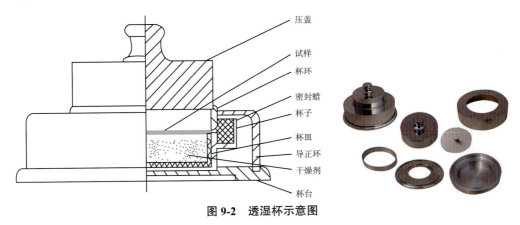

图 9-2　透湿杯示意图

1.3.1.1　主要仪器设备

恒温恒湿箱：温度精度为 ±0.6 ℃；相对湿度精度为 ±2%；风速为 0.5～2.5 m/s；恒温恒湿箱关闭后，15 min 内应重新达到规定的温、湿度。

分析天平（图 9-3）：灵敏度为 0.1 mg。

透湿杯：应由质轻、耐腐蚀、不透水、不透气的材料制成；有效测定面积不得低于 25 cm²。

图 9-3　分析天平

1.3.1.2　试验条件

A：温度 23 ℃ ± 2 ℃，相对湿度 90% ± 5%

B：温度 38 ℃ ± 2 ℃，相对湿度 90% ± 5%

1.3.1.3 试验步骤

照《中华人民共和国药典》2020年版四部 4010《水蒸气透过量测定法》第一法重量法进行。

1.3.2 电解分析法

将预先处理好的试样夹紧于测试腔之间,具有稳定相对湿度的氮气在薄膜的一侧流动,干燥氮气在薄膜的另一侧流动;由于湿度差的存在,水蒸气会从高湿侧穿过薄膜扩散到低湿侧;在低湿侧,透过的水蒸气被流动的干燥氮气携带至电解水分传感器,不同的水蒸气浓度产生不同的电量,通过分析计算得出浓度数值,进而计算试样的水蒸气透过率。

1.3.2.1 主要仪器设备

电解法水蒸气透过量测定仪(图 9-4)。

恒温恒湿箱:温度精度为 ±0.6 ℃;相对湿度精度为 ±2%。

图 9-4 电解法水蒸气透过量测定仪

1.3.2.2 试验条件

A:温度 23 ℃ ± 0.5 ℃,相对湿度 85% ± 2%

B:温度 38 ℃ ± 0.5 ℃,相对湿度 90% ± 2%

C:温度 23 ℃ ± 0.5 ℃,相对湿度 90% ± 2%

1.3.2.3 试验步骤

照《中华人民共和国药典》2020年版四部 4010《水蒸气透过量测定法》第二法电解分析法进行。

1.3.3 红外检测器法

将预先处理好的试样固定在测试腔中间,把测试腔分为上下两个腔,相对湿度稳定的氮气在薄膜的上腔流动,干燥氮气在下腔流动;由于湿度梯度的存在,水蒸气会从高湿腔穿过薄膜扩散到低湿腔;透过试样的水蒸气被流动的干燥氮气携带至红外传感器,通过传感器输出的电信号得出试样的水汽透过率等参数,如图9-5所示。

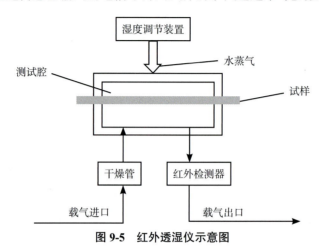

图 9-5 红外透湿仪示意图

1.3.3.1 试验主要仪器

红外水蒸气透过量测定仪(图9-6)。

恒温恒湿箱:温度精度为 ±0.6 ℃;相对湿度精度为 ±2%。

图 9-6 红外水蒸气透过量测定仪

1.3.3.2 试验条件

A:温度 23 ℃ ± 0.5 ℃,相对湿度 90% ± 2%

B:温度 25 ℃ ± 0.5 ℃,相对湿度 90% ± 2%

C：温度 38 ℃ ± 0.5 ℃，相对湿度 90% ± 2%

D：温度 40 ℃ ± 0.5 ℃，相对湿度 90% ± 2%

E：温度 23 ℃ ± 0.5 ℃，相对湿度 85% ± 2%

F：温度 25 ℃ ± 0.5 ℃，相对湿度 75% ± 2%

1.3.3.3 试验步骤

照《中华人民共和国药典》2020 年版四部 4010《水蒸气透过量测定法》第三法红外检测器法进行。

1.4 氧气透过量

氧气是导致药品降解变质的主要原因之一，氧气透过量试验对于保证药品质量尤其是易氧化或芳香类药品用包装材料很有必要。

1.4.1 压差法

将预置后的计样放置在高压室、低压室之间，压紧密封，然后对高、低压室同时抽真空，抽真空一定时间目真空度下降到要求值后，关闭低压室，向高压室充入试验气体，并调节高压室压力，在试样两侧保持恒定的气压差，气体在压力差作用下，由试样的高压侧向低压侧渗透，精确测量低压室的压强变化，计算出试样的气体透过性能参数。

1.4.1.1 试验环境条件

温度 23 ℃ ± 2 ℃，相对湿度 50% ± 5%。

1.4.1.2 主要仪器设备

压差法气体透过量测定仪（图 9-7）。

真空泵：应能使低压室的压力不大于 10 Pa。

氧气纯度应大于 99.5%。

图 9-7 压差法气体透过量测定仪

1.4.1.3 试验步骤

照《中华人民共和国药典》2020 年版四部 4007《气体透过量测定法》第一法压差法进行。

试验结果以三个供试品的算术平均值表示，除高阻隔性能供试品 [气体透过量结果小于或等于 0.5 cm^3/（m^2·24 h·0.1 MPa）] 外，每一个供试品测定值与平均值的差值不得超过平均值的 ±10%。高阻隔性能供试品每次测定值均不得大于 0.5 cm^3/（m^2·24 h·0.1 MPa）。

1.4.2 电量分析法

供试品将透气室分为两部分。供试品的一侧通氧气，另一侧通氮气载气。透过供试品的氧气随氮气载气一起进入电量分析检测仪中进行化学反应并产生电压，该电压与单位时间内通过电量分析检测仪的氧气量成正比。

1.4.2.1 试验环境条件

温度 23 ℃ ± 2 ℃，相对湿度 50% ± 5%。

1.4.2.2 主要仪器设备

电量分析法气体透过量测定仪（图 9-8），带电量检测器（库仑计）。

氧气纯度大于 99.5%。

氮气做载气。

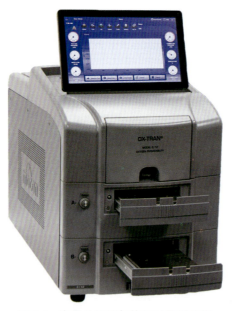

图 9-8 电量分析法气体透过量测定仪

1.4.2.3 试验步骤

照《中华人民共和国药典》2020 年版四部 4007《气体透过量测定法》第二法电量分析法（库仑计法）进行。

试验结果以三个供试品的算术平均值表示，除高阻隔性能供试品 [气体透过量结果小于或等于 0.5 cm^3/（m^2·24 h·0.1 MPa）] 外，每一个供试品测定值与平均值的差值不得超过平均值的 ±10%。高阻隔性能供试品每次测定值均不得大于 0.5 cm^3/（m^2·24 h·0.1 MPa）。

1.5 拉伸强度

拉伸强度是材料力学性能中最重要、最基本的性能之一，药用硬片应具有一定的机械性能，在生产使用过程中应具有一定的抗拉性能。

1.5.1 主要仪器设备

材料试验机（图 9-9）：误差应在 ±1% 以内。

哑铃裁刀：Ⅰ型（图 9-10）。

1.5.2 试验环境条件

温度 23 ℃ ± 2 ℃，相对湿度 50% ± 5%。

1.5.3 试验步骤

照《中华人民共和国药典》2020 年版四部 4005《拉伸性能测定法》进行。

图 9-9　材料试验机

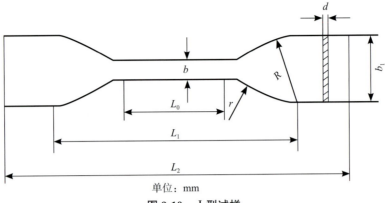

单位：mm

图 9-10　Ⅰ型试样

1.6　耐冲击

该项目反映材料的抗冲击性能，包装药品的药用硬片应能承受运输、储存、使用过程中可能发生的冲击破坏。此处破损是指完全被切断成二部分以上，而虽有破裂但不被切断成二部分，则不认为被破损。如果在夹持部位切断，则应重新取样试验。环境因素对实验结果影响较大。

1.6.1　试验主要仪器

落球冲击试验机（图 9-11）。

恒温恒湿箱：温度精度为 ±0.6 ℃；相对湿度精度为 ±2%。

1.6.2　试验环境条件

温度 23 ℃ ± 2 ℃，相对湿度 50 % ± 5%。

1.6.3　试验步骤

照聚氯乙烯固体药用硬片（YBB 00212005—2015）进行。

裁取 150 mm × 50 mm 试片，纵、横向各 5 片。试样在温度 23 ℃ ± 2 ℃，相对湿度 50% ± 5% 的环境中，放置 4 h 以上，并在上述条件下进行试验。将试样固定在落球冲击试验机上，跨距为 100 mm。按表 9-1 选取钢球和落球高度，使钢球自由落下于跨距中央部位，纵、

图 9-11　落球冲击试验机

横向均不得有 2 片以上破损。

表 9-1　钢球和落球高度的选择

名称	样品厚度（mm）	落球高度（mm）	钢球直径（mm）
PVC、PVC/PE/PVDC、PVC/PVDC	0.20~0.30	600	25（60 g±6 g）
	0.31~0.40	600	28.6（100 g±10 g）
PVC/LDPE	0.10~0.20	300	25（60 g±6 g）
	0.21~0.30	600	28.6（100 g±10 g）

1.7　加热伸缩率

药用硬片在药品生产过程中，受到温度变化影响后，会发生一定的形变，故应控制此项目。

1.7.1　主要仪器设备

烘箱（图 9-12）或老化实验箱，精度为 ±1 ℃。

测量用尺：精度为 ±0.2 mm。

图 9-12　烘箱

1.7.2　试验环境条件

温度应在 15~30 ℃，相对湿度应小于 65%。

1.7.3　试验步骤

照加热伸缩率测定法（YBB 00292004—2015）进行。

从硬片上切取正方形试片两片（图 9-13），每片边长分别为 120 mm±1 mm。

在中心点位置，用刀片切透，划出标点间距为 100 mm ± 1 mm 的二条互相垂直线纵向 AB、横向 CD，再分别在两条线的顶端划出刻痕，准确测定每片 AB、CD 线段长度后分别取算术平均值（L_1）。

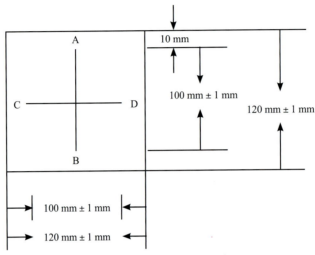

图 9-13　加热伸缩率裁切示意图

将试片平放在玻璃或金属板上，不应影响试片的自由变形，水平放置于 100 ℃ ± 1 ℃ 的加热装置内，保持 10 min，取出冷却至室温，然后分别准确测定每片 AB、CD 线段长度后分别取算术平均值（L_2）。

加热伸缩率（S）按下式计算：

$$S(\%) = \frac{L_2 - L_1}{L_1} \times 100$$

式中，S 为加热伸缩率，%；L_1 为加热前 AB 或 CD 标点间的距离，mm；L_2 为加热后 AB 或 CD 标点间的距离，mm。

1.8　热合强度

测试热合强度的意义在于评估材料在热合工艺中的性能，判断热合联接的质量和可靠性。药用硬片在药品包装生产时需与铝箔复合制成铝塑泡罩包装，它与药用铝箔热合效果的好坏直接影响药品包装质量，故应控制该指标。

1.8.1　试验环境条件

温度 23 ℃ ± 2 ℃，相对湿度 50% ± 5%。

1.8.2 试验主要仪器

热封仪（图 9-14）：温度精度 ±2 ℃，力值精度 ±1 N。
材料试验机：示值误差应在 ±1% 以内。
测量用尺：精度为 ±0.2 mm。

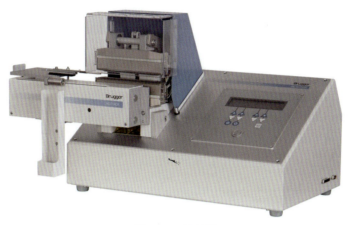

图 9-14　热封仪

1.8.3 试验步骤

照《中华人民共和国药典》2020 年版四部 4008《热合强度测定法》进行。

1.9 氯乙烯单体

氯乙烯单体聚合时，微量未反应的氯乙烯可残留在树脂中，由于氯乙烯对健康的危害性，应控制氯乙烯单体的残留量。

1.9.1 主要仪器设备

气相色谱仪分析仪（图 9-15）。
分析天平：灵敏度为 0.1 mg。

1.9.2 试验环境条件

温度应在 15～30 ℃，相对湿度应小于 65%。

1.9.3 色谱条件与系统适应性试验

毛细管柱：固定相为聚苯乙烯 – 二乙烯苯（如 HP-PLOT Q 30 m × 0.53 mm ×

40 μm）。

测定条件（供参考）：柱温 150 ℃，进样口温度 200 ℃，检测器温度 210 ℃，氮气 5 mL/min，氢气 40 mL/min，空气 400 mL/min，分流比 5∶1。

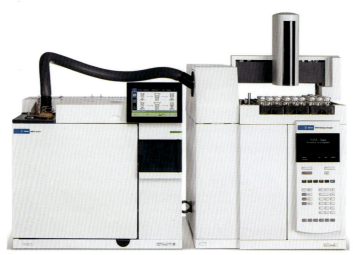

图 9-15　气相色谱仪分析仪

检测器：火焰离子化检测器（flame ionization detector，FID）。

理论板数：不得低于 5 000。

分离度：待测物质与相邻色谱峰的分离度应大于 1.5。

测定结果的相对标准偏差不大于 10%。

1.9.4　供试液的制备

将供试品剪成细小颗粒，取 0.5 ~ 1.0 g，精密称定，置于 20 mL 顶空瓶中，加 3 mL N,N 二甲基乙酰胺（N,N-dimethylacetamide，DMAC）后，立即压盖密闭，振摇使完全溶解或充分溶胀。

1.9.5　测定法

照氯乙烯单体测定法（YBB 00142003—2015）进行。测定方法一般采用第一法；当结果不符合规定时，应采用第二法进行复验或测定。

1.10　偏二氯乙烯单体

偏二氯乙烯单体是制备聚偏二氯乙烯时带入的，由于偏二氯乙烯对健康的危害性，应控制偏二氯乙烯单体残留量。

1.10.1 试验主要仪器

气相色谱仪分析仪。

分析天平：灵敏度为 0.1 mg。

1.10.2 试验环境条件

温度应在 15~30 ℃，相对湿度应小于 65%。

1.10.3 色谱条件与系统适应性试验

毛细管柱（推荐）：固定相为聚乙二醇（如 HP-INNOWax Q 30 m × 0.53 mm × 1 μm）。

测定条件（推荐）：柱温 80 ℃，进样口温度 180 ℃，检测器温度 190 ℃，氮气 5 mL/min，氢气 40 mL/min，空气 40 mL/min，分流比 5∶1。

检测器：火焰离子化检测器（FID）。

理论板数：不得低于 5 000。

待测物质与相邻色谱峰的分离度应大于 1.5。

测定结果的相对标准偏差不大于 10%。

1.10.4 供试液的制备

将供试品剪成细小颗粒，取 1.0 g，精密称定，放入 20 mL 顶空瓶中，压盖密闭。

1.10.5 测定法

照偏二氯乙烯单体测定法（YBB 00152003—2015）进行。除另有规定外，测定方法一般采用第一法；当结果不符合规定时，应采用第二法进行复验或测定。

1.11 溶剂残留量

由于 PVDC 乳液原料中含有有机溶媒，以及 PVC 及 PVDC 复合生产工艺中使用黏合剂，产品中残留有机溶媒。

1.11.1 试验主要仪器

气相色谱仪分析仪，带顶容器。

测量用尺：测量精度为 ± 0.2 mm。

1.11.2　试验环境条件

温度应在 15～30 ℃，相对湿度应小于 65%。

1.11.3　色谱条件与系统适应性试验

色谱柱可选用能满足待测溶剂分离要求的毛细管柱或其他适宜色谱柱，须经方法学验证后方可使用。常用色谱柱包括非极性色谱柱：100% 二甲基聚硅氧烷；极性色谱柱：聚乙二醇 PEG20 M；中极性色谱柱：6% 氰丙基苯基-94% 二甲基硅氧烷；弱极性色谱柱：5% 苯基-95% 甲基硅氧烷。极性相近的同类色谱柱之间一般可以互换使用，一般选用以聚乙二醇为固定液的色谱柱。

系统适用性试验用待测物的色谱峰计算，毛细管色谱柱的理论塔板数一般不低于 5 000。

色谱图中，待测物色谱峰与其相邻色谱峰的分离度应大于 1.5。

1.11.4　供试液的制备

取内表面为 200 cm^2 的试样：剪成 1 cm×3 cm 大小，置顶空瓶中，压盖，密封，平行试验 2 份。

1.11.5　对照品溶液的制备

分别取供试品中含有的有机溶剂适量，加溶剂（该溶剂应不干扰所有组分的测定，推荐使用 N,N 二甲基甲酰胺或正己烷）稀释成一定浓度。对照品溶液用微量进样器精密量取 20 μL，注入顶空瓶中迅速压盖密封。

1.11.6　测定法

照包装材料溶剂残留量测定法（YBB 00312004—2015）进行，推荐采用第一法，如果不符合规定，应采用第二法进行测定。

1.12　溶出物试验

药用硬片中的某些成分可能会在与药物接触中析出，并对药品质量产生影响。通过进行溶出物试验，可以确定药用硬片对药物的影响程度，从而评估药用硬片是否符合要求。

1.12.1　试验主要仪器

分析天平：灵敏度为 0.1 mg。
测量用尺：精度为 ±0.2 mm。
恒温水浴锅：精度 ±2 ℃。
烘箱：精度 ±2 ℃。
高压蒸气灭菌器（图 9-16）。

1.12.2　试验环境条件

常量分析天平使用环境温度应在 15～30 ℃，相对湿度应保持在 45%～65%。

1.12.3　供试液的制备

进行本试验的目的是控制药用硬片原料中的某些物质被水溶出，模拟包装、储存、使用情况，监控溶出物的量，以确保药液的安全、有效。水、65% 乙醇和正己烷是评估药包材的常用模拟溶剂，分别考察药用硬片中水溶性、醇溶性、脂溶性的成分析出量。

图 9-16　高压蒸气灭菌器

1.12.3.1 适用于 PVC、PVC/LDPE、PVC/PVDC 硬片

取本品适量，分别裁取内表面积 300 cm² （分割成长 3 cm，宽 0.3 cm 的小片）三份，用适量水清洗，一份置 500 mL 具塞锥形瓶中，加水 200 mL，密闭，置高压蒸气灭菌器内，121 ℃ ± 2 ℃ 加热 30 min 取出，放冷至室温；另二份分别置于锥形瓶中，一份加 65% 乙醇 200 mL，置 70 ℃ ± 2 ℃ 恒温水浴保持 2 h；另一份加正己烷 200 mL，置 58 ℃ ± 2 ℃ 恒温水浴保持 2 h，取出，放冷至室温，即得供试液；并同时以同批水、65% 乙醇、正己烷制备空白液。

1.12.3.2 适用于 Al/PVC、PVC/PE/PVDC、PA/Al/PVC 硬片

取本品适量，分别取本品内表面积 300 cm² （分割成长 3 cm，宽 0.3 cm 的小片）三份置具塞锥形瓶中，加水（70 ℃ ± 2 ℃）、65% 乙醇（70 ℃ ± 2 ℃）、正己烷（58 ℃ ± 2 ℃）200 mL 浸泡 2 h 后取出，放冷至室温，用同批试验用溶剂补充至原体积作为供试液，以同批水、65% 乙醇、正己烷为空白液。

1.12.4　澄清度测定法

澄清度是用于检查制剂中是否存在杂质而引起的混浊，以便控制药品的质量，确保用药安全。防止药用硬片对药物的澄清度产生影响，在质量标准中规定了澄清度的检测方法。

照《中华人民共和国药典》2020 年版四部 0902 澄清度检查法进行。

1.12.5　易氧化物测定法

易氧化物是指在普通环境下容易与氧气发生化学反应的物质，常见的就是容易生锈的金属，而在药品包装行业，一般指容易与氧气发生氧化反应的物质，如有机物、还原剂、硫、磷等。易氧化物的控制对确保药品质量、防止析出的还原性物质与药物发生化学反应、保障药品疗效和安全具有重要意义。

精密量取水供试液 20 mL，精密加入高锰酸钾滴定液（0.002 mol/L）20 mL 与稀硫酸 1 mL，煮沸 3 min，迅速冷却，加碘化钾 0.1 g，在暗处放置 5 min，用硫代硫酸钠滴定液（0.01 mol/L）滴定至浅棕色，再加入 5 滴淀粉指示液后滴定至无色；另取水空白液同法操作，二者消耗硫代硫酸钠滴定液（0.01 mol/L）之差为易氧化物的测定结果。

1.12.6　不挥发物测定法

水、65% 乙醇和正己烷三种溶剂是药用硬片检测过程中常见的溶出物试验使用的溶剂。水是药品包装检测过程中常见的溶出物试验使用的溶剂之一，主要原因是水是药品中常见的溶剂，很多药品在生产过程中都会使用到水，因此需要对其在包装容器中的迁移物进行评估。此外，水也是一种极性较小的溶剂，可以用于检测包装容器中非极性物质的迁移。乙醇是一种常见的有机溶剂，在药品包装检测中常用于检测包装容器中有机物质的迁移。乙醇具有中等极性，可以用于检测极性适中的物质，如某些有机化合物、重金属离子等。正己烷是一种非极性溶剂，在药品包装检测中常用于检测包装容器中非极性物质的迁移。正己烷的沸点较高，可以用于检测需要在较高温度下进行迁移试验的物质。

分别精密量取水、65% 乙醇、正己烷供试液与对应空白液各 100 mL 置于已恒重的蒸发皿中，水浴蒸干，在 105 ℃ 干燥至恒重，计算水、65% 供试液乙醇、正己烷供试液不挥发物残渣与其空白液残渣之差。

1.13　剥离强度（冷成型硬片）

亦称黏合强度，为了测定冷成型硬片在复合后的化学和物理的结合强度。冷成型硬片是由两种或两种以上不同性质的材料经特殊加工而制成的，其中一种材料作为基体，另一种材料作为增强体，基体与增强体之间具有很强的结合力。在复合材料中，界面是一个重要的结构要素，它对药用硬片的性能有很大的影响。如果界面结合不牢固，不仅会降低药用硬片的许多力学性能，还会影响复合材料的使用性能。

因此，药用硬片的界面通常需要进行剥离强度测试，以评估其界面结合的牢固程度，以保证产品在包装药品的生产过程中及药品的贮存期内不发生层间脱离现象，从而保证药品质量的稳定性。

1.13.1 主要仪器设备

材料试验机：仪器的示值误差应在实际值的 ±1% 以内。
测量用尺：测量精度为 ±0.2 mm。

1.13.2 试验环境条件

温度 23 ℃ ± 2 ℃，相对湿度 50% ± 5%。

1.13.3 试验步骤

照《中华人民共和国药典》2020 年版四部 4004 剥离强度测定法进行。

1.14 保护层黏合性和耐热性（Al/PE 冷成型硬片）

Al/PE 冷成型硬片的铝层表面有保护层，如果保护层的黏合性不佳，可能会在加工过程中出现起泡、脱落等问题，从而影响药用硬片的外观质量和防护性能。确保 Al 层与保护层之间的黏合应具有一定的强度，保护层的黏合性是保证 Al/PE 冷成型硬片在生产、加工和使用过程中不发生保护层脱落的关键因素。

保护层的耐热性是指其在高温环境下的稳定性和耐受能力。在生产、加工和使用过程中，Al/PE 冷成型硬片会遇到高温环境，如热封等。如果保护层的耐热性不足，可能会导致保护层发生变形、龟裂、脱落等现象。确保其保护层在铝热封时，能承受一定的热压作用，特设此项目。

1.14.1 主要仪器设备

热封仪：温度精度 ±2 ℃，力值精度 ±1 N。

1.14.2 试验环境条件

环境温度应为 15 ~ 30 ℃，相对湿度应为 45% ~ 65%。

1.14.3 试验步骤

1.14.3.1 保护层黏合性

取一张纵向长 90 mm，宽为全幅的本品（注意试样不应有皱折），将试样平放在玻璃板上，保护层向上，取聚酯胶粘带（与铝箔的剥离力不小于 2.94 N/20 mm）一片，横向均匀地贴压在试样表面，以 160°~180° 方向迅速地剥离。

1.14.3.2 保护层耐热性

取 100 mm×100 mm 本品 3 片，分别将试样的保护层与铝箔原材叠合，置于热封仪中，进行热封（热封条件：温度 200 ℃、压力 0.2 MPa、时间 1 s），取出放冷，将试样与铝箔原材分开，观察保护层的耐热情况。

1.15 凸顶高度（Al/PE 冷成型硬片）

项目设立的目的是通过压缩空气无摩擦的成型，测试 Al/PE 冷成型硬片在一定的凸顶高度时，是否发生针孔，从而评价产品的冷塑性。

1.15.1 主要仪器设备

凸顶高度测定仪（图 9-17）：测量精度 0.1 mm。
针孔度仪检验台（图 9-18）。

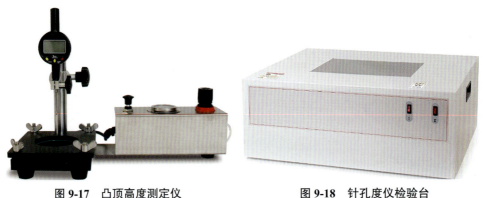

图 9-17　凸顶高度测定仪　　　　图 9-18　针孔度仪检验台

1.15.2 试验环境条件

环境温度应在 15~30 ℃，相对湿度应保持在 45%~65%。

1.15.3 试验步骤

取无折痕和皱纹的本品适量，裁取 130 mm×130 mm 大小的试样五张，将试样的 PE 面向下，置于凸顶高度测试仪中间，用螺母将上压板（内圆面积 50 cm²）与试样紧紧固定在测试仪底座上，打开气压调节阀，调节压力至 0.15 MPa，试验在 10~20 s 内完成。当凸顶高度测量表上显示出试样的凸出高度大于 10 mm 时，关闭进气阀，打开排气阀，取出试样，置于针孔度仪检验台上观察。

1.16 颜色反应

PVDC 是一种疏水性高分子化合物，它的分子结构中包含着强的极性键，而且其分子排列有序，极性基定向。吗啉是一种极性溶剂，当 PVDC 遇到吗啉液时，由于溶剂化和去溶剂化的作用，使得 PVDC 的极性基团与吗啉的极性基团之间产生相互作用，从而引起显色反应。这种显色反应是由于极性基团的相互作用导致的，与 PVDC 的化学结构和性质有关。含 PVDC 层的药用硬片需要检测该项目，作为 PVDC 的特征鉴别指标。

1.16.1 试验环境条件

环境温度应在 15~30 ℃，相对湿度应保持在 45%~65%。

1.16.2 试验步骤

在复合硬片上滴一滴吗啉液，PVDC 面呈橘黄色，PVC 面不变色。

1.17 钡（PVC 硬片）

钡盐稳定剂在 PVC 工艺中的作用主要是作为有机锡或铅盐稳定剂的替代品，可以有效地提高 PVC 制品的耐热性和耐候性，同时能够抑制制品中的初期着色。钡盐稳定剂主要种类包括脂肪酸钡、醇酸钡、酯类钡和多元醇类钡等，通常与其他稳定剂如有机锡、铅盐、抗氧化剂等配合使用，以协同提高制品的稳定性和性能。

钡盐具有毒性，主要原因在于钡离子对于生物体具有毒性，特别是在水或稀盐酸中可溶解的钡化合物均具毒性。控制钡的含量，可以确保 PVC 药用硬片符合相关的法规要求，从而保证药品的安全性。

1.17.1 主要仪器设备

马弗炉（图 9-19）：温度精度 ±20 ℃。

1.17.2 试验环境条件

环境温度应在 15~30 ℃，相对湿度应保持在 45%~65%。

1.17.3 试验步骤

称取本品 2 g，置坩埚中，缓缓炽灼至炭化。放冷，加盐酸 1 mL 溶解后，蒸干，在 800 ℃ 炽灼使完全灰化。放冷，残渣用 1 mol/L 盐酸 10 mL 溶解，过滤，滤液中加稀硫酸 1 mL，摇匀，观察是否混浊。

图 9-19 马弗炉

第二节 药用硬片微生物限度检验

本章节为药用硬片成品质量控制中微生物检测项目设置、方法建立、指标制订以及检测频次等提供指导。

2.1 检测项目

药用硬片的微生物检测项目为微生物限度检查。微生物限度检查包括微生物计数法和控制菌检查法。其中微生物计数法包含供试品中需氧菌总数测定和真菌和酵母菌总数的测定。

2.2 总体要求

试验环境应符合微生物限度检查的要求，应在不低于 D 级背景下的生物安全柜或 B 级洁净区域内进行。检验全过程必须严格遵守无菌操作，防止再污染，防止污染的措施不得影响供试品中微生物的检出。洁净空气区域、工作台面及环境应定期进行监测。

微生物限度检查试验中所使用的商品化预制培养基、由脱水培养基或按处方配制的培养基均应进行培养基适用性检查。被检液体培养基管应与对照培养基比较，判断试验菌生长情况。对照培养基系指按培养基处方特别制备、质量优良的培养基，以保证药品微生物检验用培养基的质量。对照培养基由中国食品药品检定研究院研制及分发。

药包材生产企业可参考以下内容完成方法建立并完成方法确认后，在常规检测中采用确认的方法实施日常检测。若检验程序或产品发生变化可能影响检验结果时，微生物限度检查方法应重新进行方法确认。

供试品检出控制菌或其他致病菌时，按一次检出结果为准，不再复试。

2.3 设备

微生物实验室应配备与检验能力和工作量相适应的仪器设备，微生物限度检查试验重要的仪器设备有培养箱、冰箱、高压灭菌器、生物安全柜等。对于培养箱、冰箱、高压灭菌锅等影响实验准确性的关键设备应在其运行过程中对关键参数（如温度、压力）进行观测和记录，有条件的情况下尽量使用自动记录装置。如果发生偏差，应评估对以前的检测结果造成的影响并采取必要的纠正措施。

对于一些容易污染微生物的仪器设备，如水浴锅、培养箱、冰箱和生物安全柜等应定期进行清洁和消毒。

2.4 菌种及菌液制备

2.4.1 菌种

标准菌株应来自《中华人民共和国药典》规定的菌种保藏机构，其复苏、复壮或培养物的制备应按供应商提供的说明或按已验证的方法进行。从规定的菌种保藏机构获得的标准菌株经过复活并在适宜的培养基中生长后，即为标准储备菌株。标准储备菌株应进行纯度和特性确认。标准储备菌株保存时，可将培养物等份悬浮于抗冷冻的培养基中，并分装于小瓶中，建议采用低温冷冻干燥、液氮贮存、超低温冷冻（低于 $-30℃$）等方法保存。低于 $-70℃$ 或低温冷冻干燥方法可以延长菌种保存时间。标准储备菌株可用于制备每月或每周 1 次转种的工作菌株。冷冻菌种一旦解冻转种制备工作菌株后，不得重新冷冻和再次使用。

培养基适用性检查、方法建立和确认以及日常检测时试验用菌株的传代次数不得超过 5 代（从菌种保藏中心获得的干燥菌种为第 0 代）。计数法的试验菌株有金黄色葡萄球菌[CMCC（B）26 003]、铜绿假单胞菌[CMCC（B）10 104]、枯草芽孢杆菌[CMCC（B）63 501]、白色念珠菌[CMCC（F）98 001]、黑曲霉[CMCC（F）98 003]，控制菌检查法的试验菌株根据控制菌检查项目确定，如大肠埃希菌[CMCC（B）44 102]。试验用菌株需采用适宜的菌种保藏技术进行保存，以保证其生物学特性。

2.4.2 菌液制备

金黄色葡萄球菌、铜绿假单胞菌、枯草芽孢杆菌和大肠埃希菌培养条件为胰酪大豆胨琼脂培养基或胰酪大豆胨液体培养基，培养温度30～35 ℃，培养时间18～24 h。白色念珠菌培养条件为沙氏葡萄糖琼脂培养基或沙氏葡萄糖液体培养基，培养温度20～25 ℃，培养时间2～3天。黑曲霉培养条件为沙氏葡萄糖琼脂培养基或沙氏葡萄糖液体培养基，培养温度20～25 ℃，培养时间5～7天，或直到获得丰富的孢子。

取金黄色葡萄球菌、铜绿假单胞菌、枯草芽孢杆菌、大肠埃希菌、白色念珠菌的新鲜培养物，用pH 7.0无菌氯化钠－蛋白胨缓冲液或0.9%无菌氯化钠溶液制成适宜浓度的菌悬液；取黑曲霉的新鲜培养物加入适量含0.05%聚山梨酯80的pH 7.0无菌氯化钠－蛋白胨缓冲液或含0.05%聚山梨酯80的0.9%无菌氯化钠溶液，将孢子洗脱。然后，采用适宜的方法吸出孢子悬液至无菌试管内，用含0.05%聚山梨酯80的pH 7.0无菌氯化钠－蛋白胨缓冲液或含0.05%聚山梨酯80的0.9%无菌氯化钠溶液制成适宜浓度的黑曲霉孢子悬液。

菌液制备后若在室温下放置，应在2 h内使用；若保存在2～8 ℃，可在24 h内使用。黑曲霉孢子悬液可保存在2～8 ℃，在验证过的贮存期内使用。

2.5 阴性对照试验

以冲洗液代替供试液进行阴性对照试验，阴性对照试验应无菌生长。如果阴性对照有菌生长，应进行偏差调查。

2.6 计数方法建立

药用硬片的原料为高分子树脂和助剂等，这些材料一般无抗菌活性，因此，方法建立时无须考虑去除或中和。胰酪大豆胨琼脂培养基用于测定需氧菌总数；沙氏葡萄糖琼脂培养基用于测定真菌和酵母菌总数。

2.6.1 供试液制备

一般随机取不少于 5 份，每份 100 cm²。取供试品，采用振摇法，每份分别投入盛有一定体积冲洗液的无菌容器中，振摇一定时间，充分冲洗供试品，将冲洗液合并，即得供试液。必要时，可预先剪碎处理。视情况可合并供试品制备供试液。

2.6.2 计数方法

药用硬片微生物限度检查可参照薄膜过滤法进行。薄膜过滤法所采用的滤膜孔径应不大于 0.45 μm，直径一般为 50 mm。滤器及滤膜使用前应采用适宜的方法灭菌。使用时，应保证滤膜在过滤前后的完整性。

过滤前先将少量的冲洗液过滤以润湿滤膜，再取供试液，过滤，抽干后，取出滤膜，菌面朝上贴于胰酪大豆胨琼脂培养基或沙氏葡萄糖琼脂培养基上培养。培养条件为胰酪大豆胨琼脂培养基平板在 30~35 ℃ 培养 3~5 天，沙氏葡萄糖琼脂培养基平板在 20~25 ℃ 培养 5~7 天，观察菌落生长情况，点计滤膜上生长的所有菌落数，计数并报告。菌落蔓延生长成片的滤膜不宜计数。每张滤膜上的菌落数应不超过 100 cfu。

2.6.3 菌数报告规则

以相当于 100 cm² 供试品的菌落数报告菌数；若滤膜上无菌落生长，以 < 1 报告菌数（每张滤膜过滤不小于 100 cm² 供试品），或 < 1 乘以最低稀释倍数的值报告菌数。

2.6.4 结果判断

需氧菌总数是指胰酪大豆胨琼脂培养基上生长的总菌落数（包括真菌菌落数）；真菌和酵母菌总数是指沙氏葡萄糖琼脂培养基上生长的总菌落数（包括细菌菌落数）。若因沙氏葡萄糖琼脂培养基上生长的细菌使真菌和酵母菌的计数结果不符合微生物限度要求，可使用含抗生素（如氯霉素、庆大霉素）的沙氏葡萄糖琼脂培养基或其他选择性培养基（如玫瑰红钠琼脂培养基）进行真菌和酵母菌总数测定。使用选择性培养基时，应进行培养基适用性检查。

若供试品的需氧菌总数、真菌和酵母菌总数的检查结果均符合该药用硬片项下的规定，判供试品符合规定；若其中任何一项不符合该品种项下的规定，判供试品不符合规定。

2.7 控制菌检查方法建立

2.7.1 供试液制备和增菌培养

控制菌的供试液制备方法同计数方法。取相当于 100 cm^2 的供试液，接种至适宜体积（经方法确认试验确定）的胰酪大豆胨液体培养基（以大肠埃希菌为例）中，混匀，30～35 ℃ 培养 18～24 h。

2.7.2 选择和分离培养

取上述培养物 1 mL 接种至 100 mL 麦康凯液体培养基中，42～44 ℃ 培养 24～48 h。取麦康凯液体培养物划线接种于麦康凯琼脂培养基平板上，30～35 ℃ 培养 18～72 h。

2.7.3 阳性对照

控制菌检查应随行设置阳性对照，试验方法同供试品的控制菌检查，对照菌的加量应不大于 100 cfu。阳性对照试验应检出相应的控制菌。

2.7.4 结果判断

若麦康凯琼脂培养基平板上有菌落生长，应进行分离、纯化及适宜的鉴定试验，确证是否为大肠埃希菌；若麦康凯琼脂培养基平板上没有菌落生长，或虽有菌落生长但鉴定结果为阴性，判供试品未检出大肠埃希菌。若供试品检出疑似致病菌，确证的方法应选择已被认可的菌种鉴定方法，如细菌鉴定一般依据《伯杰氏系统细菌学手册》。

2.8 异常结果处理

由于微生物试验的特殊性，在实验结果分析时，对结果应进行充分和全面的评价，所有影响结果观察的微生物条件和因素均应考虑，包括与规定的限度或标准有很大偏差的结果；微生物在药用硬片或试验环境中存活的可能性；微生物的生长特性等。特别要了解实验结果与标准的差别是否有统计学意义。若发现实验结果不符合建立的质量标准，应进行原因调查。引起微生物污染结果不符合标准的原因主要有两个：试验操作错误或产生无效结果的试验条件；产品本身的微生物污染总数超过规定的限度或检出控制菌。

异常结果出现时，应进行调查。调查时应考虑实验室环境、抽样区的防护条件、样品在该检验条件下以往检验的情况、样品本身具有使微生物存活或繁殖的特性等情况。此外，回顾试验过程，也可评价该实验结果的可靠性及实验过程是否恰当。如果试验操作被确认是引起实验结果不符合的原因，那么应制订纠正和预防措施，按照正确的操作方案进行实验，在这种情况下，对试验过程及试验操作应特别认真地进行监控。

样品检验应有重试的程序，如果依据分析调查结果发现试验有错误而判实验结果无效，应进行重试。如果需要，可按相关规定重新抽样，但抽样方法不能影响不符合规定结果的分析调查。上述情况应保留相关记录。

2.9 微生物限度标准

药用硬片微生物限度检查的限度标准包括需氧菌总数限度标准、真菌和酵母菌总数限度标准以及控制菌的种类。微生物限度标准的制订应综合考虑其原料来源及性质、生产工艺条件、药品给药途径及微生物污染对患者的潜在危险等因素。在满足药品安全性、有效性等方面考量的基础上，一般应由供需双方在企业标准或质量协议中规定。

2.10 检测频次

微生物限度检查频次可参考药品审评部门的相关技术指导原则，由供需双方在企业标准或质量协议中规定，应保证每批产品的微生物限度均符合限度标准规定（图 9-20 ~ 图 9-22）。

图 9-20　微生物试验

图 9-21　微生物形态观察

图 9-22　数据处理

第三节　毒理检验

为加强药用硬片在使用上的安全，保证材料符合药用的要求，防止生产过程中引入或其他原因所致的毒性，国家标准中要求进行异常毒性检查。

异常毒性试验（abnormal toxicity test，ATT）是一种常见的生物毒性测定方法，在药物、药品包装、化妆品、食品等诸多领域中被广泛使用。该试验旨在评估化学物质对实验动物的急性毒性和潜在毒性，可用于检测材料对机体的不良反应。异常毒性检查法系给予动物一定剂量的供试品溶液，在规定时间内观察动物出现的异常反应或死亡情况，检查供试品中是否污染外源性毒性物质以及是否存在意外的不安全因素。

异常毒性一般是在产品登记备案和产品出现重大质量事故后重新生产的时候，需要进行检查。产品登记备案后，药用硬片生产企业在原料产地、添加剂、生产工艺等没有变更的情况下，可以不用进行本项目的检查。

试验操作：

供试品溶液的制备：取本品 500 cm^2（以内表面积计），剪碎（长 3 cm，宽 0.3 cm 的小片），加入氯化钠注射液 50 mL，置高压蒸气灭菌器 110 ℃ 保持 30 min 后取出，冷却至室温备用，以同批氯化钠注射液做空白。

试验用动物：应健康合格，在试验前及试验的观察期内，均应按正常饲养条件饲养。做过本试验的动物不得重复使用。

试验：除另有规定外，取小鼠 5 只，体重 18～22 g，每只小鼠分别静脉给予供试品溶液 0.5 mL。应在 4～5 s 内匀速注射完毕（图 9-23）。规定缓慢注射的品种可延长至 30 s。除另有规定外，全部小鼠在给药后 48 h 内不得有死亡；如有死亡时，应另取体重 19～21 g 的小鼠 10 只复试，全部小鼠在 48 h 内不得有死亡。

图 9-23　小鼠尾静脉注射

第四节　稳定性研究

自身稳定性研究的目的是对药用硬片在规定的温度及湿度环境下随时间变化的规律进行考察，为药用硬片的贮存条件的确立以及药品生产企业确定药用硬片与药品结合的最后期限提供科学依据。

药用硬片自身稳定性研究确认其产品在规定的贮存条件下的质量稳定期限，是药品生产企业在选择药用硬片进行适用性评价的重要考虑因素，并指导药品生产企业在规定条件下对药用硬片进行贮存、运输及使用。

药用硬片的质量稳定期限系指从药用硬片生产日期到药物有效期内，药用硬片的稳定期限。该期限为药用硬片在规定的环境条件下或规定的贮存条件下，预期能保证质量特性的时间。

4.1 稳定性研究

从药用硬片材料来看，由于受环境因素影响存在老化及稳定性问题，在国内外受到广泛关注。药用硬片稳定性问题一方面会造成产品由于稳定性原因失去其保护性和功能性，从而间接影响了药品在临床使用的安全性，另一方面还存在着可提取物和潜在浸出物改变的风险。因而，药用硬片稳定性研究，既有助于为药用硬片生产企业进行合理的配方、加工工艺设计、质量稳定期限验证和确认提供依据，又对药品生产企业根据制剂的特性，进行药用硬片的选择和合理使用起到重要指导意义。

4.1.1 基本要求

首先对药用硬片材料及工艺进行文献查阅研究，了解如温度、湿度、光照、氧化、过氧化物、臭氧、辐照等环境条件对材料及成品的影响。通常情况，药用硬片稳定性研究基本要求包括以下几个方面：

（1）稳定性研究包括影响因素研究、加速试验和长期试验。若需要进行影响因素试验，则应采用至少 1 批（含 1 批）样品进行。加速试验与长期试验应采用至少 1 批（含 1 批）样品进行试验。

（2）稳定性研究的样品应具有代表性。稳定性研究通常应采用稳定生产线、规模化生产的样品，其产品配方、生产工艺、产品规格及包装应与商业化生产的产品一致。样品的质量标准应与规模生产所采用的质量标准一致。

（3）长期试验提供的数据为药用硬片质量稳定期限确立的最终依据。

4.1.2 评价考虑

4.1.2.1 影响因素研究

研究目的主要是探讨影响药用硬片稳定性的因素及可能的降解途径，为加工、包装、贮存条件提供科学依据。影响因素研究所考虑的因素一般包括温度、湿度、光照、氧化、过氧化物、臭氧、辐照等。针对塑料制品，国内外已有大量报道影响其稳定性的文献，尤其是国内外已发布的塑料类制品的贮存条件指南性标准，为确认药用硬片稳定性的影响因素提供了有益的文献研究基础。若文献研究不够充分，可进行影响因素试验，试验时采用至少 1 批样品，可参照国家药典委员会 2018 年 12 月 14 日发布的《塑料和橡胶类药包材稳定性研究指导原则》（征求意见稿）及其他国内外发布的塑料类材料或制品的影响因素研究模型或权威文献研究模型进行试验。

4.1.2.2 加速试验

此项试验是在加速条件下进行，目的是通过加速药用硬片的老化，评价药用硬片的稳定性，为药用硬片的设计、使用、包装、运输、贮存及稳定期限的确立提供必要的资料。供试品要求至少 1 批，按市售包装或与市售包装相当的包装，在所选定的温度与湿度下放置至所需的加速老化时间。加速老化试验所用设备应能控制温度 ±2 ℃、相对湿度 ±5%，并能对真实温度与湿度进行实时监测和自动记录。

加速老化因子法是一个研究药用硬片长期影响的简单而又严谨的技术，加速试验宜与长期试验同时开展。加速老化原理和参数确定详细信息见附录 1。

4.1.2.3 长期试验

长期试验是在接近药用硬片的实际贮存条件下进行，其目的是为加速试验研究结果提供真实依据，并为制订药用硬片的质量稳定期限提供支持。

供试品至少 1 批，市售包装或与市售包装相当的包装，在温度 25 ℃ ± 2 ℃，相对湿度 60% ± 10% 的条件下，放置至期望的稳定期限（如，不低于 3 年）。建议按每 6 个月取样一次（包括零时刻），按稳定性考察项目检测。将测定结果采用获准的或拟定的药用硬片质量标准进行综合评估，以确定药用硬片的质量稳定期限。

对预期用于包装冷藏药品的药用硬片，长期试验条件除在温度 25 ℃ ± 2 ℃，相对湿度 60% ± 10% 的条件下放置（如，至少 1 年），还需随后在 5 ℃ ± 3 ℃ 放置 2 年。按上述时间要求进行检测，以制订用于冷藏药品的药用硬片的稳定期限。

对预期用于包装冷冻药品的药用硬片，长期试验条件除在温度 25 ℃ ± 2 ℃，相对湿度 60% ± 10% 的条件下放置（如，至少 1 年），还需随后在 -20 ℃ ± 5 ℃ 放置 2 年。按上述时间要求进行检测，以制订用于冷冻药品的药用硬片的稳定期限。

对预期包装其他温度下贮存药物的药用硬片，长期试验条件除在温度 25 ℃ ± 2 ℃，相对湿度 60% ± 10% 的条件下放置，还需随后在相应药物贮存温度下放置 2 年。按上述时间要求进行检测，以制订用于其他贮存条件下药品的药用硬片的稳定期限。

注：若冷藏、冷冻或其他温度贮存药物的有效期超过 2 年，则应在冷藏、冷冻或其他条件下放置至所需的时间。

4.2 考察项目

4.2.1 一般考虑要点

稳定性考察项目一般应考虑满足药用硬片的技术要求，如《国家药包材标准》或企业注册标准的要求。在实际考察项目选择时，可根据标准中不同项目考察的目的和意义，判定加速实验或长期试验对其是否造成影响，或者在经过加速实验或长期试验后，该项实验是否还具有考察意义。稳定性考察项目除考虑采用《国家药包材标准》和企业注册标准外，还宜根据药用硬片的材料特性、加工工艺特性等考虑适宜的标准外相关测试项目。除此之外，由于国家药包材标准质控项目及指标的设置更多考虑其保护性、功能性和安全性，而进行稳定性研究时，除考虑上述因素外，还宜考虑与降解相关的考察因素。将稳定性实验获得的数据进行综合分析和评估，获得药用硬片稳定性研究结论。

4.2.2 考察项目

药用硬片拟包装为口服制剂，考察项目见表 9-2，表 9-2 中未列出的考察项目，可根据药用硬片的特点制订。

表 9-2 药用硬片考察项目参考表

功能性及保护性考察项目	安全性考察项目
外观、水蒸气透过量、氧气透过量、拉伸强度、耐冲击、加热伸缩率、热合强度、剥离强度、保护层黏合性、保护层耐热性、凸顶高度	溶出物试验（澄清度、易氧化物、正己烷不挥发物）

注：考察项目不限于表 9-2 中项目。

氯乙烯单体和偏二氯乙烯单体，是材料合成过程中未完全反应导致的产品中残留物，不会随着产品贮存时间产生自然降解而增加。复合硬片产品的溶剂残留主要来源为黏合剂的溶剂，随着贮存时间增加会慢慢挥发降低。水不挥发物、乙醇不挥发物则分别控制的是药用硬片溶出物中极性或中等极性物质的总量。重金属一般为催化剂残留、原料杂质残留或生产过程污染导致。钡残留主要是控制 PVC 生产工艺中添加的毒害性较高的钡盐稳定剂。上述这些物质都不是降解产物，在稳定性考察中可以不予考察。

4.2.3 加速老化原理及参数确定

加速老化是指材料或成品的安全性和功能随时间而加速变化。加速老化技术是基于这样的假定，即材料在退化中所包含的化学反应遵循阿列纽斯反应速度函数。这一函数表述了相同过程的温度每增加或降低 10 ℃，大约会造成其化学反应的速率加倍或减半（Q10）。加速试验的步骤如下：

4.2.3.1 材料或产品表征

加速老化理论及其应用与药用硬片的组成直接相关。可能影响加速老化研究结果的材料特性包括：组成、形态学、添加剂、加工助剂、催化剂、润滑剂、残留溶剂、腐蚀性气体和填料。选择加速老化温度（temperature for accelerated aging，TAA）时要考虑研究药用硬片的热转化温度（T_m、T_g、T_α），老化温度宜低于药用硬片的任何转化温度或低于使药用硬片发生扭曲的温度。

4.2.3.2 加速老化方案步骤

加速老化采用以下温度时间公式：

$$AAF = Q_{10}^{[(T_{AA}-T_{RT})/10]} \qquad AAT = \frac{\text{Desired(RT)}}{AAF}$$

加速老化因子（accelerated aging factor，AAF）：一个计算的或估计的与药包材实际贮存条件达到同样水平性能变化的时间比率。

TAA：进行老化研究时所采用的某一较高温度，它是基于估计的贮存温度推算出来的。

加速老化时间（accelerated aging time，AAT）：进行加速老化试验的时间跨度。

环境温度（temperature reference for real time，TRT）：进行实际时间老化样品时的贮存温度，该温度代表了实际贮存条件。

Desired（RT）：期望的有效期老化因子（Q_{10}）：温度增加或降低 10 ℃的老化因子。

加速老化方案步骤：

（1）选择老化因子 Q_{10} 值：Q_{10}=2 是通常使用的老化因子的保守数值。更加剧烈的反应速率因子也可以使用（如 Q_{10}=2.2～2.5），但药用硬片的材料在老化速率方面必须具有很好的文献表征。

（2）根据市场和产品需求等明确所期望的药用硬片稳定期限，一般为 3 年或 5 年。

（3）确定 TRT 和 TAA：TRT 根据长期试验参数选择 25 ℃。TAA 依据药用硬片的材料特性选择适宜的加速老化温度。推荐使用不高于 60 ℃的温度。

（4）用 Q_{10}、TRT 和 TAA 计算试验周期。

（5）确定老化试验的时间间隔，包括零时刻，一般不少于 5 次，如采用 60 ℃的加速老化温度（以 Q_{10}=2 计），期望的稳定期限为 5 年，则宜分别于第 32、65、97、129、161 天取样，按稳定性考察项目检测。

（6）确定相对湿度（relative humidity，RH）条件

可采用理化计算器，根据其不同温度下对应的水蒸气量计算其相对湿度。根据长期试验参数，25 ℃，相对湿度 60% 条件下的水分浓度为 15 128 ppm，由此计算其他温度下所对应的相对湿度。

加速实验条件示例如表 9-3 所示（室温 25 ℃，相对湿度 60%，Q_{10}=2 计）。

表 9-3 加速实验条件示例

期望有效期（年）	加速老化温度（℃）	相对湿度（%）	试验周期（天）
3	60	10	96
	50	15	193
	40	26	387
	30	45	774
5	60	10	161
	50	15	322
	40	26	645
	30	45	1 290

在老化方案里加入湿度参数并不预期用来评估湿度对药用硬片的影响。如果需要这方面的评估，应进行独立的包含事先确定湿度极限的非老化方案。

第十章

药用硬片未来发展趋势

药用硬片包装材料的发展趋势可总结为以下几点：①采用先进材料来增强保护性能，防止药物受潮、氧化或受光照等环境因素的影响；②引入智能包装和追踪技术，可以更好地监控和追踪药物的存储和运输过程；③含有防伪和认证功能，确保药品的真实性和安全性；④注重设计儿童防护和老年人友好的包装，以避免误食，且便于使用；⑤在可持续性方面，采用环保举措，使用可降解和可回收的材料，以减少对环境的影响；⑥注重用户友好设计，以提高患者的依从性，如清晰的标签和易读的说明；⑦智能技术的应用，如与智能设备连接，帮助患者管理药物；⑧个性化医学定制，根据患者的需求提供个性化的包装解决方案。

所有这些创新旨在确保药物的完整性，改善患者的体验，并推动环境的可持续发展。

第一节 涂层和活性包装技术

1.1 涂层技术和高阻隔薄膜

在未来，药用硬片包装材料的主要发展趋势之一将集中在涂层技术和高阻隔薄膜上。这些材料具备出色的防潮、防氧、防光和抵御其他可能降低药物稳定性和疗效的环境因素的能力。为了确保药剂的最佳保护和货架寿命，将开发出创新的薄膜和涂层材料，如多层结构或纳米复合材料。这些材料具有增强的阻隔特性，可以有效地保护药物不受外界环境的影响。以下是一些示例：

多层结构：包装材料可以采用多层结构设计，每一层都有特定的功能，以增强阻隔能力。例如，薄膜可能由聚合物层、金属箔层和阻隔涂层组成，形成高效的湿气和氧气屏障。这些多层结构作为屏障，防止有害物质进入，保持片剂的稳定性。

纳米复合材料：纳米技术为开发具有出色阻隔特性的包装材料提供了潜力。纳米复合材料将纳米颗粒与聚合物或涂层相结合，形成阻隔能力强的薄膜。这些材料能有效地阻挡湿气、氧气和光线的渗透，保护药物免受降解。此外，纳米复合材料还可以提供其他功能，如抗菌性能或增强机械强度。

涂层技术：创新的涂层技术可以应用于药用硬片包装材料，以增强其阻隔特性。例如，可以在包装内表面涂上薄膜层，形成保护层，阻止湿气和氧气的渗透。这些涂层可以根据需要提供特定的阻隔能力，如高防潮性或紫外线保护，确保药物长时间保持品质。

1.2 活性包装技术

活性包装技术是一种将活性剂嵌入包装材料中，与周围环境积极互动，延长药物的货架寿命的方法。例如，可以在包装中集成氧气吸附剂，以去除氧气并防止药物氧化。另外，还可以添加干燥剂或吸湿材料，控制湿度水平，以防止湿气导致药物降解。这些活性包装解决方案在保持制药片剂的稳定性和疗效方面起着重要的作用。以下是一些示例：

氧气吸附剂：一种能够吸收包装内氧气的活性剂。它能有效地减少氧气与药物接触，避免片剂氧化反应。将氧气吸附剂集成到包装材料中，可以延长片剂的保质期，保持其疗效（图10-1）。

图10-1　集成氧气吸附剂的复合硬片包装

干燥剂：一种吸湿材料，用于控制包装内的湿度。在药用硬片包装中，干燥剂能吸收潮湿空气中的湿气，降低片剂暴露在潮湿环境中的风险。通过控制湿度水平，干燥剂可以防止片剂因湿气引起的降解反应，保持其稳定性。

包装内衬层：活性包装技术之一，它在包装内衬层中添加活性剂。这些活性剂可以通过释放化合物或气体与包装内的环境相互作用。例如，包装内衬层中可以含有微胶囊释放抗菌物质，保持片剂的无菌性。这种包装技术有助于防止微生物污染，延长片剂的保质期。

光线过滤剂：活性剂，用于阻挡对药物有害的光线。某些药物对光敏感，暴露在光线下会引起降解反应。通过在包装材料中加入光线过滤剂，可以降低光照引起的药物降解，保持药物的稳定性。

pH 调节剂：用于控制药物所需的适宜酸碱环境，防止药物与环境中的酸碱物质发生反应，保持药物的稳定性。

第二节　智能包装和追踪技术

2.1　智能标签和传感器

智能包装解决方案将把智能标签和传感器结合起来，为药物提供实时信息并进行主动监测。智能标签内置传感器，可以监测温度、湿度和其他环境参数，提供与药物存储条件和可能影响药物质量的潜在问题相关的信息。医疗专业人员和患者可以通过移动应用程序获取这些数据，以确保药物得到适当的存储和处理。这样做可以更好地管理药物，减少药物质量问题的风险，并提高患者的治疗效果。以下是一些示例：

温度传感器：智能包装里面有一个温度传感器，可以实时监测药物的温度。这对于需要在特定温度条件下存储的药物非常重要。传感器会不断监测温度的变化，并把数据传送到智能标签上，这样用户就可以随时了解药物的存储温度是否符合要求（图 10-2）。

湿度传感器：湿度是影响药物质量的一个重要因素。智能包装里还有一个湿度传感器，可以监测药物周围的湿度水平。传感器会检测湿度的变化，并通过智能标签发出警报或提醒，确保药物在适宜的湿度环境中存储。

光照传感器：有些药物对光线非常敏感，所以智能包装会配备光照传感器，用来检测药物所受到的光线强度。传感器会监测光照的变化，并发出警报或提醒，以保护药物免受光照引起的降解。

包装完整性传感器：智能包装还有一个包装完整性传感器，用来检测包装是否被篡改或者损坏。这个传感器可以识别包装上的任何破损或者被打开的痕迹，并通过智能标签发出安全警报。这有助于确保药物的真实性和完整性。

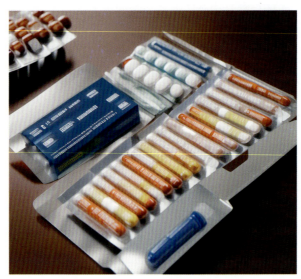

图 10-2　集成温度传感器的药品包装

2.2　追踪技术

未来的药用硬片包装材料将整合追踪技术，以打击仿冒产品并确保供应链的完整性。这些技术包括 GPS 定位功能，RFID 标签、QR 码或唯一序列号等，可以实现药物在整个供应链中的端到端追踪和认证。制药厂商、分销商和药房可以通过验证药片的真实性和来源，确保患者的安全，并降低仿冒产品进入市场的风险。这些追踪技术将为药物供应链带来更大的透明度和安全性，让人们更加放心地使用药物。以下是一些示例：

GPS 定位功能：为了保障药物在分销和运输过程中的安全性，智能包装还可以具备全球定位系统（GPS）定位功能。通过集成 GPS 芯片和智能标签，药物的位置可以实时追踪，确保它在运输过程中不会丢失或被盗。这样可以提高药物的安全性和追踪能力。

RFID 标签：RFID 标签是一种可以嵌入包装材料中的无线通信技术。通过与 RFID 阅读器的通信，可以读取和追踪药物的信息，确保药物的真实性和供应链的可追溯性。制药公司和供应链中的各个环节都可以扫描 RFID 标签，验证药物的真实性和合法性。

QR 码：QR 码是一种二维码技术，可以通过智能手机或其他设备进行扫描。药物包装上的 QR 码可以包含药物的唯一识别信息，例如批号、生产日期和有效期等。供应链中的参与者可以扫描 QR 码，验证药物的真实性和追溯其供应链历史。

唯一序列号：通过为每个药物包装分配唯一的序列号，制药公司可以实现对药物包装的精确追踪。这些唯一序列号可以与数据库中的相关信息关联，以确保药物的真实性和合法性。供应链参与者可以通过验证唯一序列号来确认药物的来源和供应链路径（图10-3）。

图10-3　带序列号的药品包装

第三节　防伪和认证特性

3.1　防篡改包装

通过增强防篡改特征，如防篡改封条、标签或密封装置，药用硬片包装材料能够提供明显的篡改证据。这有助于确保药物的完整性和真实性，并提供患者和医护人员对药物包装是否受到干预的清晰判断。为了提供明显的篡改证据，防篡改包装特征将进一步增强。防篡改封条、标签或密封装置将被设计成能指示包装是否被破坏，确保药物的完整性和真实性。以下是一些示例：

防篡改封条：防篡改封条是一种可见的密封装置，被用于封闭药物包装。一旦封条被撕开或破坏，就会留下明显的痕迹，表明包装已经被篡改。这可以提供对药物是否经历过未经授权的干预的清晰证据。

防篡改标签：防篡改标签采用特殊的材料和设计，使其难以被非法复制或篡改。它们可以附加在药物包装上的瓶盖、瓶身或其他部位，以提供对包装完整性的监测。一旦标签被破坏或修改，就会显示明显的迹象，警示患者和医护人员可能存在的问题。

密封装置：一些包装设计会采用特殊的密封装置，如安全帽、可密封的药丸瓶盖等。这些装置在使用前必须被破坏或打开，一旦密封被破坏，就会表明包装可能遭受干扰。这种设计能够提供明确的证据，确保药物的完整性和真实性。

3.2　全息图和安全油墨

先进的认证特性，如全息图和安全油墨，将被整合到药用硬片包装材料中，以防止仿冒者。这些安全特征在视觉上独特且难以复制，提供产品真实性的可见指示。通过整合全息图和安全墨水等先进的身份验证特征，药用硬片包装材料能够防止伪造行为。这些安全特征在视觉上独特且难以复制，提供了对产品真实性的可见指示，以保护药物免受伪造品的侵害。以下是一些示例：

全息图：全息图是一种光学效应，通过交叉干涉将光分散为多个颜色和视角，形成立体效果。药用硬片包装上的全息图可以采用特殊的图案和设计，使其难以复制。当消费者倾斜或旋转包装时，全息图会显示出独特的图像和光影效果，提供产品真实性的可视证据。

安全墨水：安全墨水是一种特殊的墨水，其成分和属性使其难以复制。在药用硬片包装中使用安全墨水可以包括颜色变化、发光效果、隐形墨水等特征。这些安全墨水在包装上可以印刷出不易被复制的标识或图案，以提供对产品真实性的可见保护。

光变油墨：光变油墨是一种具有特殊效果的安全墨水，它会根据观察角度或光线条件发生颜色变化。药用硬片包装材料上使用光变油墨可以增加产品的防伪性。当消费者改变观察角度时，光变油墨会显示出不同的颜色，从而提供对产品真实性的可见证据。

3.3　移动认证解决方案

随着智能手机的普及，移动身份验证解决方案将被整合到制药包装中。通过将移动身份验证解决方案整合到制药包装中，患者可以使用智能手机来验证药物的真实性。这种移动身份验证提供了额外的安全层和放心感，使患者能够通过扫描二维码或使用移动应用程序来确认药物的真实性，确保使用的是合法、安全的药物。以下是一些示例：

二维码验证：在制药包装上添加一个独特的二维码，患者可以使用手机上的扫描应用程序扫描该二维码，以验证药物的真实性。二维码可以包含产品的唯一标识信息，通过扫描后与数据库中的信息进行比对，确保药物的真实性和完整性。

移动应用程序验证：制药包装可以与专用的移动应用程序配合使用，患者可以通过应用程序进行药物的身份验证。这些应用程序可以提供药物的详细信息，如批次号、生产日期和供应商信息等，以及验证机制来确保药物的真实性和合法性。

NFC技术验证：制药包装材料可以集成近场通信（NFC）技术，患者可以使用支持NFC功能的智能手机将手机靠近包装，通过NFC芯片进行验证。NFC技术可以提供更方便快捷的验证方式，仅需将手机靠近包装即可获得药物的真实性和合法性信息（图10-4）。

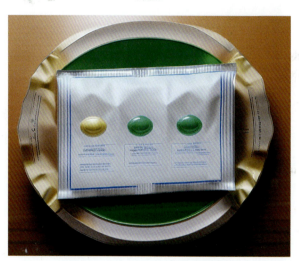

图10-4 含NFC芯片的药品包装

第四节 儿童安全和老年人友好的包装

4.1 防儿童开盒包装

防儿童开盒包装将继续发展，通过使儿童难以接触药物，确保儿童的安全（图10-5）。这些开盒包装需要特定的开启机制或多个动作的组合才能打开药片，降低意外吞食的风险。通过不断改进儿童安全泡泡包装的设计，制药行业致力于提供更高的儿童安全性，减少意外药物接触和误食的风险。这些设计要求孩子们具备特定的操作能力，使他们难以打开包装并接触到药物，从而确保了药物的安全性。以下是一些示例：

图 10-5　儿童安全型的复合硬片包装

双重锁定机制：儿童安全泡泡包装可以设计成具有双重锁定机制，需要按下或旋转特定的按钮才能打开。这种设计要求孩子们具有特定的操作能力，难以轻易打开包装并接触到药物。

按压与推拉组合：另一种设计是通过同时按压和推拉的组合动作来打开泡泡包装。这种操作方式需要更高的协调能力和手指灵活性，从而减少了孩子们误开包装的可能性。

刻度或指示标记：部分儿童安全泡泡包装在开启机制上添加了刻度或指示标记，要求按照特定位置或顺序进行操作。这种设计增加了操作的复杂性，使得孩子们更难以打开包装。

透明防护层：儿童安全泡泡包装可以在药片上方添加一层透明防护层，使孩子们无法直接接触到药物。这种防护层可以有效阻止孩子们将手指或其他物体插入泡泡包装中，从而降低了意外接触的风险。

4.2　可再密封的防儿童密封件

未来的药用硬片包装材料可能采用可再封闭的儿童安全密封盖。这种密封盖在保持安全密封的同时，对成年人来说容易打开和关闭，确保了父母和照顾者的便利和安全。通过使用可再封闭的儿童安全密封盖，制药行业致力于提供更便利和安全的包装解决方案。这种设计使得成年人能够轻松打开和关闭包装，同时确保了儿童无法意外接触到药物。这样，父母和照顾者在使用药物时能够获得方便性和安心感。

以下是一些示例：

推拉式盖子：可再封闭的儿童安全密封盖可以设计成推拉式结构，成年人只需进行简单的推拉动作即可打开和关闭包装。这种设计使得包装方便易用，同时确保了儿童的安全。

扭转式盖子：另一种常见的设计是可再封闭的扭转式密封盖，成年人只需进行扭转动作即可打开和关闭包装。这种设计简单方便，同时有效地阻止了儿童的意外接触。

点击式盖子：部分可再封闭的儿童安全密封盖采用点击式设计，成年人只需按下盖子即可打开和关闭包装。这种设计简单易行，同时提供了可靠的安全性。

4.3 老年人友好的设计

为了满足老年人的需求，药物包装材料将融入老年人友好的设计元素。这可能包括更大且易于阅读的标签和说明书字体，便于握持和打开的人体工学设计，以及用于不同药物的直观色彩编码或形状区分。老年人友好设计的制药包装材料旨在提高老年人对药物的使用便利性和安全性。通过考虑老年人的特殊需求，这些设计元素可以帮助他们更轻松地处理药物，减少错误用药的风险，提高药物治疗的效果和安全性（图 10-6）。以下是一些示例：

图 10-6　老年人友好型的复合硬片包装

大字体标签和说明书：老年人常常面临视力下降的问题，因此制药包装材料可以采用更大的字体，使标签和说明书更易读。清晰可见的字体可以帮助老年人更容易地辨认药物和理解用药说明。

人体工程学设计：老年人可能面临手部力量和灵活性的挑战，因此制药包装材料可以采用人体工程学设计，提供易于握持和开启的功能。例如，设计成握持舒适的形状、加强握持部位的纹理，或者使用方便的开启机制，如轻按或拉扯。

直观的颜色编码和形状区分：为了帮助老年人更容易辨认和区分不同的药物，制药包装材料可以采用直观的颜色编码或形状区分。例如，不同的药物可以采用不同的颜色标识或形状设计，使老年人能够迅速识别所需的药物。

清晰的使用说明：老年人常常需要额外的指导和帮助来正确使用药物，因此制药包装材料应提供清晰易懂的使用说明。使用说明书可以采用简洁明了的语言，结合图示和图表，以帮助老年人更好地理解用药方法和注意事项。

第五节　可持续性和环境考虑

5.1　可生物降解和可堆肥材料

为了应对日益增长的环境问题，药用硬片包装材料将越来越多地采用可生物降解或可堆肥材料。这些材料，如生物基塑料或植物衍生聚合物，提供了比传统塑料更可持续的替代方案。它们可以设计成在自然条件下分解，不会在环境中留下有害残留物。采用可生物降解和可堆肥材料的药用硬片包装材料旨在减少对环境的影响，降低塑料垃圾的产生，并促进可持续发展。这些材料的使用有助于减少塑料污染和资源消耗，为环境提供更好的保护。以下是一些示例：

生物基塑料：生物基塑料是一种使用可再生资源制成的塑料，如植物淀粉、蔗糖、玉米等。这些塑料具有与传统塑料相似的性能，但在处理后能够自然降解，减少对环境的影响（图10-7）。

植物源聚合物：植物源聚合物是从植物中提取的天然聚合物，如纤维素、淀粉等。它们可以用于制造包装材料，具有良好的生物降解性能，并且在堆肥条件下能够分解为有机物，不会产生有害的残留物。

可堆肥包装材料：可堆肥包装材料是一种特殊设计的材料，可以在堆肥环境下分解为有机物。这些材料经过认证，符合相关的堆肥标准，确保在堆肥过程中不会对环境造成负面影响。

生物降解涂层：除了包装材料本身，生物降解涂层也可以应用于药用硬片包装材料。这些涂层能够提供额外的保护和防护，并在使用后能够自然降解。

图 10-7　生物基的复合硬片包装

5.2　轻量化和材料优化

通过利用先进的工程和材料科学，包装材料可以在使用更少资源的同时保持强度和功能性，从而在整个产品生命周期中减少环境影响。通过轻量化和材料优化的包装设计，可以降低资源消耗、减少废物产生，并减少整个产品生命周期中的环境影响。这些措施有助于实现可持续发展目标，保护环境并提高资源利用效率。以下是一些示例：

轻量化材料：使用轻量化材料是减少包装材料重量的一种关键策略。这些材料可以是轻质金属合金、高强度塑料或纤维复合材料，旨在减少材料的使用量，降低资源消耗，并减少运输过程中的能源消耗。

薄壁结构：采用薄壁结构设计的包装材料可以减少材料的使用量，同时保持必要的强度和耐用性。这种设计方法可以应用于各种包装形式，从而降低材料成本和废物产生。

材料优化：通过材料的优化选择和合理搭配，可以实现在保证包装性能的前提下降低材料的使用量。例如，采用高强度材料、使用可回收材料或采用可降解材料等，都可以减少资源的消耗和环境负荷。

循环利用和回收设计：在包装设计中考虑循环利用和回收的原则，可以降低废物产生，并促进资源的再利用。例如，采用可回收的包装材料、设计易于分离和回收的结构，以及标注清晰的回收标识等，都有助于提高包装材料的可持续性。

5.3　回收和闭环系统

未来的药物包装材料将考虑回收设计。这涉及使用易于分离和可回收的材料，加入回收标识和信息，并支持闭环回收系统的发展。闭环系统可以实现包装材料的回收和再利用，减少对原材料的依赖，最小化废物产生。以下是一些示例：

可分离和可回收材料：包装材料的设计将考虑使用可分离和可回收的材料，如可回收塑料、玻璃、金属等。这些材料可以经过适当的处理和分类后进行回收利用，减少资源的消耗和环境负荷。

回收标识和信息：包装设计中将包括明确的回收标识和信息，以便消费者和回收工人能够正确辨识和分离可回收材料。这些标识可以是标准的回收符号，指示材料的类型和回收方式，促进有效的回收和分类。

闭环回收系统：支持闭环回收系统的发展将是未来的重要方向。闭环回收系统意味着将回收的包装材料再次用于包装生产，实现循环利用。这可以通过与回收企业、供应链合作伙伴和政府机构合作，建立回收网络和合理的回收渠道来实现。

第六节 用户友好的设计和患者依从性

6.1 基于日历的泡泡板包装

基于日历的泡泡板包装将在药用硬片包装中更加普遍（图10-8）。通过引入基于日历的泡泡板包装，患者可以更轻松地追踪和管理他们的药物治疗计划。清晰的标签和易于使用的设计可以提高患者的依从性，减少误服或漏服的风险，从而提高药物疗效的可靠性和患者治疗的成功率。以下是一些示例：

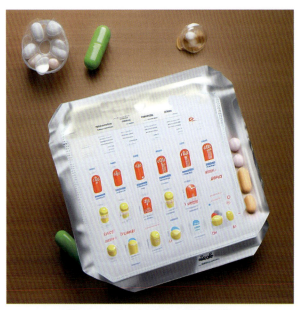

图10-8 带日历的复合硬片包装

日历标记：每个隔间都会标明日期和星期几，以便患者清楚了解每天需要服用的药物。这种标记可以通过醒目的颜色或图形来突出显示，帮助患者更容易辨认和遵循服药时间表。

容易使用的设计：日历泡泡板包装将采用简单易用的设计，方便患者打开和关闭每个隔间。这可以包括使用易于握持的拉环、推杆或翻盖设计，减少患者在操作包装时的困难。

提醒功能：部分日历泡泡板包装可能还会集成提醒功能，例如添加可编程的闹钟或声音提示装置，以帮助患者准时服药。这些功能可以通过电子或机械方式实现，提醒患者按时服用药物。

6.2　色彩编码和剂量特定的包装

色彩编码的包装和剂量特定的设计将帮助患者区分不同的药物和剂量强度。彩色编码和剂量特定的包装设计将帮助患者更好地识别和管理他们的药物治疗。通过减少混淆和错误使用药物的风险，这些设计提高了患者的安全性，并促进了患者的依从性，从而提高了治疗的效果和结果（图 10-9）。以下是一些示例：

图 10-9　色彩编码不同剂量的复合硬片包装

颜色编码：不同药物或剂量强度的包装可以使用不同的颜色编码，例如每种药物都有特定的颜色或颜色组合。患者可以通过识别颜色来快速辨认和区分不同的药物，并避免混淆和错误使用。

图形或标记：除了颜色编码外，包装上还可以使用图形或特定的标记，以进一步帮助患者识别和区分不同的药物和剂量。例如，每个药物可以有自己独特的图标或符号，使患者更容易辨认和使用正确的药物。

剂量标识：剂量特定的包装设计可以明确显示每个药物的剂量强度，以避免患者在服药时出现混淆或错误。这可以通过清晰的标签或标记来实现，确保患者按照正确的剂量服用药物。

6.3 集成的药物管理器

整合药物管理器将为患者提供方便的药物管理解决方案。通过集中存放多个药物并提供简单的组织和携带方式，这些管理器有助于患者在日常生活中遵循药物治疗计划。这提高了患者的依从性，并简化了药物管理过程，从而促进了治疗的有效性和结果。以下是一些示例：

多层隔间：整合药物管理器可以设计为具有多个层次的隔间，每个隔间用于放置不同的药物。这样，患者可以将他们的药物按照不同的时间或剂量方案进行组织，并方便地携带在身上。

便携式设计：整合药物管理器可以采用轻便和便携式的设计，使患者能够方便地携带在口袋或手提包中。这样，无论患者身在何处，他们都能随时访问和管理自己的药物。

标签和指示：整合药物管理器上可以附有标签或指示，以帮助患者识别不同的药物和正确的服药时间。例如，每个隔间可以标有星期几或早、中、晚等时间标签，以帮助患者准确服药。

6.4 提醒标记和互动功能

包装材料可以包含提醒标记或互动功能，帮助患者坚持按照用药时间表进行用药。例如，泡泡板可以具有患者可以标记的指示器，以指示他们何时服药，提供用药依从性的视觉提醒，有助于防止漏服。这有助于提高药物治疗的效果，并改善患者的治疗结果。以下是一些示例：

时间标记：包装材料上可以印有时间标记，例如早、中、晚或具体的时间点。患者可以在服药时选择相应的标记，以提醒自己是否已经按时服药。

服药提醒器：包装材料可能会集成电子或声音提醒器，以帮助患者记住服药时间。这些提醒器可以设定为在特定时间点发出提醒声音或振动，提醒患者服药。

移动应用集成：某些包装材料可能会与移动应用程序集成，通过智能手机或其他设备提供个性化的服药提醒和管理。患者可以设置提醒时间、接收定期提醒通知，并通过应用程序跟踪他们的药物服用情况。

第七节　智能技术的整合

7.1　物联网连接性

物联网（internet of things，IoT）技术的整合将使药用硬片包装材料能够与医疗系统和设备连接。例如，智能包装可以与智能药盒、电子健康记录或可穿戴设备进行通信，以促进用药管理，提醒患者服药，并跟踪用药依从性。以下是一些示例：

智能药物分发器：药物包装材料可以与智能药物分发器连接，以确保患者按照正确的剂量和时间服药。智能药物分发器可以根据预定的药物计划自动释放药物，并通过连接的包装材料确认患者是否已经服用药物。

电子健康记录：物联网连接的药物包装材料可以与患者的电子健康记录系统进行同步，记录患者的药物使用情况和依从性。这样，医疗保健提供者可以远程访问患者的服药数据，并监控治疗的有效性和安全性。

可穿戴设备：药物包装材料与可穿戴设备（如智能手表）的连接可以提供实时的药物提醒和监测。患者可以接收到来自包装材料的提醒，以确保按时服药，并通过可穿戴设备监测其服药依从性和健康状况。

7.2　近场通信和移动应用

药用硬片包装材料可以集成近场通信（near field communication，NFC）标签或交互式二维码，可由智能手机或支持 NFC 的设备扫描。这使患者可以通过移动应用程序访问数字化药物信息，接收剂量提醒，或获取个性化的指导和教育资源。患者可以通过智能手机轻松访问药物相关的功能，提高药物治疗的依从性和效果。以下是一些示例：

NFC 标签：药物包装材料上的 NFC 标签可以与支持 NFC 的设备进行通信。患者只需将手机或其他 NFC 设备靠近标签，即可获取与药物相关的信息。这些信息可能包括药物名称、用法用量、副作用警示等。通过 NFC 技术，患者可以方便地获取准确和实时的药物信息。

交互式二维码：药物包装材料上的二维码可以通过扫描器应用程序进行扫描。一旦扫描完成，患者将被引导至移动应用程序，以获取更多关于药物的信息和服务。这些移动应用程序可以提供个性化的药物提醒、用药计划管理、药物相互作用提示等功能。此外，一些应用程序还可以提供药物使用的教育资源和指导。

7.3 患者参与和支持

智能包装解决方案可以支持患者参与,并提供超出药物存储和跟踪的额外支持。它们可以提供教育内容、链接到医疗资源,或提供交互功能,使患者能够与医疗专业人员沟通或获取针对他们的药物治疗的个性化支持(图10-10)。通过智能包装材料的支持,患者可以更加积极地参与到药物治疗中,并获得更多的支持和指导。这将有助于提高患者对药物治疗的依从性,加强他们与医疗团队的合作,从而改善药物治疗的效果和患者的健康结果。以下是一些示例:

图10-10　可穿戴设备的药品包装

教育内容:智能包装材料可以包含有关特定药物的教育内容,例如药物的使用说明、注意事项、副作用等。这些内容可以帮助患者更好地理解药物的正确使用方法,提高他们对药物治疗的知识水平。

医疗资源链接:通过智能包装材料上的链接,患者可以轻松访问与他们的药物治疗相关的医疗资源。这些资源可以包括在线健康平台、支持组织的网站、社交媒体群组等,患者可以获取更多关于他们药物治疗的信息和支持。

个性化支持:智能包装材料可以提供与医疗专业人员或药剂师的交互功能,使患者能够与他们沟通并获得个性化的支持。例如,患者可以通过智能包装材料上的应用程序向医疗专业人员咨询关于药物的问题,或根据自己的需要获得药物治疗的个性化建议。

第八节 个性化医疗和定制化

8.1 定制化包装设计

个性化医疗的趋势将推动药用硬片包装材料的开发，以满足个体患者的需求。这可能涉及可定制的包装设计，如在包装上打印患者特定的信息、剂量说明或治疗计划。通过定制化的包装设计，包装材料可以更好地满足个体患者的需求，并提供更加个性化和精准的药物管理。这将有助于提高患者的治疗依从性，增强患者对药物治疗的信心，促进个性化医学的实现。以下是一些示例：

患者个人信息：包装材料可以提供空白区域或标签，以便医疗专业人员或患者填写患者的姓名、出生日期、药物过敏等个人信息。这样的个人化标识可以帮助确保药物的正确使用和归属。

定制的剂量指导：包装材料可以包含与患者个体情况相匹配的剂量指导，例如根据患者的年龄、体重或病情特点进行个性化的剂量建议。这样的定制化剂量指导可以帮助患者准确地使用药物，最大程度地提高治疗效果。

个性化治疗计划：包装材料可以提供空白区域或模板，患者或医疗专业人员可以在上面编写个性化的治疗计划。这种个性化的治疗计划可以包括特定的用药时间表、其他辅助治疗建议或注意事项，以满足患者个体化的治疗需求。

8.2 按需打印和制造

先进的打印技术，包括数码打印和 3D 打印，将使定制化的制药包装按需生产成为可能。这种方式可以实现灵活高效的制造流程，使得可以根据特定药物、剂量或患者需求生产定制化的包装解决方案。通过按需打印和制造，制药行业可以实现个性化的药物包装解决方案，提高生产效率，减少资源浪费。这将为患者提供更好的药物体验，同时也满足个体化医学的发展需求。以下是一些示例：

数码打印：利用数码打印技术，制药公司可以根据具体需求快速打印定制化的包装。这种技术可以实现高分辨率的图像和文字打印，使得包装能够精确地显示药物名称、剂量、使用说明等关键信息。

3D 打印：3D 打印技术可以制造出具有复杂形状和结构的包装。通过 3D 打印，可以生产出符合特定药物形状和尺寸要求的包装容器。此外，还可以根据患者的个体差异，定制出符合其特定需求的包装设计。

快速响应生产：按需打印和制造可以大大缩短生产周期，使制药公司能够快速响应市场需求。当有新的药物推出或市场需求变化时，制药公司可以根据需求进行及时生产，减少库存和过剩。

8.3 患者中心的信息和沟通

个性化的包装材料可以包含患者为中心的信息和沟通渠道。通过将患者为中心的信息和沟通集成到个性化的包装材料中，可以提供更加个性化和定制化的药物使用体验。这有助于患者更好地了解和遵循药物治疗方案，同时也增强了患者与医疗服务提供者之间的沟通和互动（图10-11）。以下是一些示例：

个性化QR码：包装上可以印刷个性化的QR码，患者可以使用智能手机或其他设备扫描码，以获得特定的药物使用说明、注意事项或其他与其病情相关的信息。这种个性化的信息传递方式能够帮助患者更好地理解和管理他们的药物治疗。

交互式元素：包装材料可以设计交互式元素，如按钮、触摸屏或语音控制，让患者能够直接与医疗服务提供者进行沟通。通过这些交互式元素，患者可以咨询药物使用问题、报告副作用或与医生进行在线咨询，从而获得更好的治疗支持和指导。

图10-11　带个性化印刷的药品包装

第九节　总　结

未来，制药行业的药物包装将有重大的改进。通过使用高阻隔膜和涂层，如多层结构或纳米复合材料，药物可以更好地受到保护，不会受潮湿、氧气和光线的影响。新的活性包装技术将添加一些特殊成分，可以延长药物的保存时间，还可以通过添加一些吸湿剂和氧气吸收剂来防止药物变质。新型智能包装将配备智能标签和传感器，可以提供药物的实时信息和监测功能，通过手机应用程序来查看。为了解决防伪问题，将使用RFID标签和QR码等追踪技术，还会采用防篡改包装和一些特殊的视觉元素，以增加包装的安全性。此外，还将设计一些适合儿童和老年人使用的包装，以确保他们的安全和方便用药。为了环保，将推广使用可生物降解的材料和可回收的包装。为了方便患者使用，还会设计一些用户友好的功能，比如基于日历的药物包装，颜色编码的包装和集成的药物组织器，以提醒患者按时服药。智能技术，如NFC标签和手机应用，将提供数字化的药物信息和用药提醒。此外，还将根据个体化的需求，提供定制化的包装设计，可以通过按需印刷和个性化的QR码来实现。未来的药物包装将注重提升阻隔性能、智能化解决方案、防伪措施、用户友好和环保设计、智能技术的整合以及个体化医疗，以提供更安全、更以患者为中心的解决方案。

参考文献

[1] Abdoon G I, Bashir N F. Proposed Procedure to Design an Optimum Ventilation System for Chemical Laboratory[J].Advances in Chemical Engineering and Science, 2017, 7(3): 325-332.

[2] Baowu Y, Yihong Q, Yuli L. Properties and Application of New Type Polyester Material in the 21st Century[J].Petrochemical Industry Trends, 2001.

[3] Bradley J L, Hughes M T, Schindel W D. Optimizing Delivery of Global Pharmaceutical Packaging Solutions, Using Systems Engineering Patterns[J].Incose International Symposium, 2010, 20(1): 2454-2460.

[4] Cazon P, Morales-Sanchez E, Velazquez G, et al.Measurement of the Water Vapor Permeability of Chitosan Films: A Laboratory Experiment on Food Packaging Materials[J].Journal of Chemical Education, 2022(6): 99.

[5] Concepts R, Wu Y, Kumaran K, et al.Influence of air space on multi-layered material water vapor permeability measurement[J]. 2014.

[6] Dean D A, Evans E R, Hall I H. Pharmaceutical Packaging Technology[M]. 2000.

[7] Debnath S, Aishwarya M N L, Babu M I. Formulation by design: An approach to designing better drug delivery systems[J]. Pharma Times, 2018, 50(8): 9-14.

[8] Du J, Meng S, Lin S, et al. Research on the Performances of Heat-Sealing BOPP Film[C]//International Conference on Chemical, Material and Food Engineering. 2015.

[9] Escobar M D P N, Rauwendaal C. Troubleshooting the Extrusion Process. A Systematic Approach to Solving Plastic Extrusion Problems[M]. 2010.

[10] Fang Y, Wang Q, Guo C, et al.Effect of zinc borate and wood flour on thermal degradation and fire retardancy of Polyvinyl chloride (PVC) composites[J]. Journal of analytical & applied pyrolysis, 2013.

[11] Fasogbon S K, Oladosu T M, Osasuyi O S. Thermal Analysis of Extrusion Process in Plastic Making[J]. 2016(3).

[12] Haiyan Z, Rui D. Study on The Low-Temperature Toughness of Transparent Polypropylene MateriaL[J]. Engineering Plastics Application, 2008.

[13] Huang H C, Ku P J. Intelligent technology enhances the friendliness of the pharmacy care service: Identification in drug prescription[C]//2019 International Conference on Technologies and Applications of Artificial Intelligence (TAAI), 2019.

[14] Iwasaki T, Takarada W, Kikutani T. Influence of processing conditions on heat sealing behavior and resultant heat seal strength for peelable heat sealing of multilayered polyethylene films[J]. Journal of Polymer Engineering, 2016, 36(9): 909-916.

[15] Kawamura Y, Tagai C, Maehara T, et al.Additives in Polyvinyl Chloride and Polyvinylidene Chloride Products[J]. Journal of the Food Hygienic Society of Japan, 2009, 40(4): 274-284_1.

[16] Keyashian M. Water Systems For Pharmaceutical Facilities[M]. 2014.

[17] Liang H, Shuwang D. Design and Realization of Material Chemical Laboratory Information Management System[C]//International Conference Big Data Engineering and Technology. ACM Press, 2018.

[18] Liu J, Chen G, Yang J. Preparation and characterization of poly (vinyl chloride)/layered double hydroxide nanocomposites with enhanced thermal stability[J]. Polymer, 2008, 49(18): 3923-3927.

[19] Lorenzini G C, Olsson A, Larsson A. User involvement in pharmaceutical packaging design -A case study[C]//2017.

[20] Manufacturing, Chemist, Group.ISO issues packaging guides[J].Manufacturing Chemist, 2006, 77(5): 8.

[21] Mcateer F. Pharmaceutical microbiology: Harmonization of microbial limits test for nonsterile products[J].CleanRooms, 2007, 21(1): 30-31.

[22] Mukhopadhyaya P, Kumaran K, Lackey J, et al.Water Vapor Transmission Measurement and Significance of Corrections[J].Journal of Astm International, 2007, 4(8).

[23] Narita S, Ichinohe S, Enomoto S. Infrared spectrum of polyvinylidene chloride. Ⅱ [J]. Journal of Polymer Science Part A Polymer Chemistry, 2010, 37(131).

[24] Pareek V, Khunteta D A. PHARMACEUTICAL PACKAGING: CURRENT TRENDS AND FUTURE[J]. 2014.

[25] R, L, Hamilton.Water Vapor Permeability of Polyethylene and Other Plastic

Materials[J]. Bell System Technical Journal, 2013.

[26] Rayhana S, Bhuyan M M A, Islam M T. Pharmaceutical Packaging Technology[M]. 2015.

[27] Sakai H, Kodani T, Takayama A, et al.Film-formation property of vinylidene chloride-methyl methacrylate copolymer latex. I. Effect of emulsion-polymerization process[J]. Journal of Polymer Science, Part B. Polymer Physics, 2002(10): 40.

[28] Schrder P A. Development and significance of the ISO GMP standard DIN en ISO 15378[J]. 2007.

[29] Singh A, Sharma P K, Malviya R. Eco Friendly Pharmaceutical Packaging Material[J]. World Applied Sciences Journal, 2011, 14(11): 1703-1716.

[30] Sun H, Shang H. Determination of Vinyl Chloride Monomer in Wastewater Using Purge and Trap Gas-chromatograph Method[C]//International Conference on Energy and Environmental Protection.2013.

[31] Trivedi P. POLYMER PRODUCTION TECHNOLOGY: POLYVINYL CHLORIDE[J]. Chemical News: Official Journal of the Indian Chemical Manufacturers Association, 2021(6): 18.

[32] Trivedi V, Patel U, Bhimani B, et al.DENDRIMER: A POLYMER OF 21ST CENTURY[J]. International Journal of Pharmaceutical Research and Bio-Science, 2012, 1(2).

[33] Uwe, Kehrel.The acceptance of process innovations in drug supply – An empirical analysis of patient-individualized blister packaging in stationary nursing facilities[J]. International Journal of Healthcare Management, 2015.

[34] Vidotto G, Crosato-Arnaldi A, Talamini G.Determination of transfer to monomer in the vinyl chloride polymerization[J]. Macromolecular Chemistry & Physics, 2010, 114(1).

[35] Xia S, Zhang Y H, Zhong F H. A continuous stirred hydrogen-based polyvinyl chloride membrane biofilm reactor for the treatment of nitrate contaminated drinking water[J]. Bioresource Technology, 2009, 100(24): 6223-6228.

[36] Xu, Chunjiang, Chen, et al.The starch nanocrystal filled biodegradable poly(epsilon-caprolactone) composite membrane with highly improved properties[J]. Carbohydrate Polymers Scientific & Technological Aspects of Industrially Important Polysaccharides, 2018.

[37] Yasuda H , Rosengren K .Isobaric measurement of gas permeability of polymers[J]. Journal of Applied Polymer Science, 2010, 14(11): 2839-2877.

[38] 陈超, 刘珊, 梁健谋, 等. 药用复合膜残留溶剂谱的建立与残留溶剂来源分析 [J]. 药物分析杂志, 2021, 41（12）: 2159-2170.

[39] 陈超, 王丹丹, 程磊, 等.《中华人民共和国药典》2020年版和国外药典的药包材标准体系概述 [J]. 中国医药工业杂志, 2021, 52（2）: 267-271.

[40] 陈超, 王丹丹. 外用液体药用聚氯乙烯瓶中添加剂的含量和迁移量研究 [J]. 中国现代应用药学, 2016, 33（1）: 83-90.

[41] 陈超, 赵嘉, 訾晓伟, 等.《中华人民共和国药典》2020年版新增药包材通用检测方法解读 [J]. 中国药品标准, 2022, 23（4）: 341-346.

[42] 陈超, 訾晓伟, 金立, 等. 基于国家标准的药包材抽样规则合理性探讨 [J]. 中国现代应用药学, 2017, 34（10）: 1482-1484.

[43] 陈传秀, 黄美兰, 杨占峰, 等. 聚偏二氯乙烯共聚乳液在防腐中的应用研究 [C]//2016水性技术年会论文集. 中国化工学会, 2016.

[44] 陈立威, 刘艳飞, 张林春. 医药洁净厂房的优化设计探索 [J]. 广东化工, 2021, 48（5）: 147-148.

[45] 陈水廷, 刘颖玲, 聂蕾. 衰减全反射红外光谱法鉴定药品包装材料材质 [J]. 化学分析计量, 2023, 32（11）: 89-93.

[46] 陈香利, 张锁怀, 韩庆红. 医用泡罩包装容器热成型仿真及工艺参数优化 [J]. 包装工程, 2016, 37（11）: 127-132.

[47] 陈铁楠, 葛斌, 王俊, 等. 基于集成分类器的泡罩包装药品缺陷识别 [J]. 包装工程, 2021, 42（1）: 250-259.

[48] 崔小明. PVDC树脂的生产、加工及市场前景 [J]. 塑料制造, 2009（5）: 5.

[49] 崔峥艳, 黎俊德. 企业化学实验室安全管理体系的构建 [J]. 化纤与纺织技术, 2022, 51（9）: 97-99.

[50] 杜延华, 王汉利, 李永仓, 等. 三氟氯乙烯聚合物的制备与应用研究进展 [J]. 有机氟工业, 2023（2）: 19-25.

[51] 冯雨薇, 吴红洋, 曹汐, 等. 药用复合硬片中偏二氯乙烯、1,1-二氯乙烷和1,2-二氯乙烷残留量的测定 [J]. 药物分析杂志, 2022, 42（12）: 2163-2168.

[52] 高春雨. 中国聚苯乙烯市场现状及发展趋势 [J]. 石化市场论坛, 2004（3）: 5.

[53] 龚浏澄, 郑德, 李杰. 聚氯乙烯塑料助剂与配方设计技术 [M]. 北京: 北京中国石化出版社, 2012.

[54] 国家食品药品监督管理总局.《总局关于调整原料药、药用辅料和药包材审评审批事项的公告》（2017年第146号）[EB/OL].（2017-11-23）[2019-04-10]. http://www.nmpa.gov.cn/WS04/CL2182/300445.html.

[55] 国家食品药品监督管理总局. 国家药包材标准 [S]. 北京: 中国医药科技出版社,

2015.

[56] 洪定一. 聚丙理、工艺与技术 [M]. 北京：北京中国石化出版社, 2011.

[57] 黄崇杏. 高阻隔性偏氯乙烯共聚乳液的研制及其在包装材料中的应用研究 [D]. 广西：广西大学, 2003.

[58] 贾宝丽. 化学实验室风险及管理策略分析 [J]. 化工管理, 2022（6）：87-89.

[59] 姜坤, 赵泽亚, 刘珺. 加强化学实验室安全管理的思考 [J]. 铁路节能环保与安全卫生, 2023, 13（1）：61-64.

[60] 兰婉玲, 蒲小聪, 游延军, 等. 药用复合硬片中甲苯二异氰酸酯单体残留检测 [J]. 包装工程, 2018, 39（1）：53-57.

[61] 李家鸣, 潘晓明. 乙烯-乙烯醇共聚物（EVOH）性能及发展现状 [J]. 安徽化工, 2019.

[62] 李晓莲. 聚乙烯生产工艺技术及行业发展现状 [J]. 化工管理, 2022（32）：3.

[63] 李阳. 医药洁净室换气次数的优化研究 [D]. 重庆：重庆大学, 2022.

[64] 李玉芳, 伍小明. 我国聚乙烯醇生产技术进展及市场分析 [J]. 国外塑料, 2013, 31（10）：4.

[65] 梁吉雷, 吴萌萌, 宋玉鹤, 等. 浅议我国药品包装材料现状及发展趋势 [J]. 山东化工, 2017, 46（6）：3.

[66] 刘鹏, 杨美琴, 戴翚, 等. 固体药用硬片的微生物污染状况分析 [J]. 药物分析杂志, 2018, 38（9）：1573-1578.

[67] 刘青, 王玉双. 固体制剂药品包装材料的选择与要求分析 [J]. 健康前沿, 2016, 25（12）.

[68] 刘亚彬, 许士鲁. 聚萘二甲酸乙二醇酯（PEN）工业化进展 [J]. 信息记录材料, 2021, 22（12）：3.

[69] 潘祖仁. 塑料工业手册：聚氯乙烯 [M]. 北京：化学工业出版社, 1999.

[70] 秦青, 胡健, 杨光. 气相色谱法测定聚氯乙烯固体药用硬片中17种邻苯二甲酸酯增塑剂 [J]. 中国包装, 2017, 37（2）：51-55.

[71] 邱晓枫, 王文强, 张成龙. 医药洁净厂房暖通空调系统设计探索 [J]. 工程技术研究, 2020, 5（13）：206-207.

[72] 饶艳春, 熊马剑, 汪元亮, 等. 高效液相色谱法测定聚氯乙烯固体药用硬片中17种添加剂 [J]. 塑料科技, 2023, 51（6）：53-58.

[73] 任杏珠. 医药洁净厂房空调系统确认和环境监测取样点选取探讨 [J]. 煤炭与化工, 2022, 45（1）：144-150.

[74] 孙怀远, 廖跃华, 杨丽英. 药品包装材料及选用分析 [J]. 现代制造, 2017（8）：55-58.

[75] 孙怀远，杨丽英，孙波，等.泡罩包装设备的主要工作机构分析[J].机电信息，2015（23）：1-8.

[76] 童涛，邓逍坷.医药洁净厂房电气设计分析[J].化工与医药工程，2023,44（1）：21-24.

[77] 涂明玉，葛斌，华昌彪，等.全自动泡罩药品包装生产线的设计与实现[J].包装工程，2019,40（23）：143-149.

[78] 王伯阳，王敏，储藏，等.口服固体制剂常用包装材料及容器的研究进展[J].包装工程，2023,44（3）：87-95.

[79] 王德柱，李起奖，周忠武.固体药用冷冲压成型复合硬片成型破裂原因分析[J].印刷技术，2014（22）：29-31.

[80] 王丽娟.老年人药品包装人性化与合理化设计原则[J].印刷技术，2015（22）：16-18.

[81] 吴倩.药品包装材料和容器质量控制标准研究[D].江西：江西中医药大学，2020.

[82] 吴志刚，尹作柱，王正良，等.PVC/PVDC复合硬片耐冲击强度影响因素研究[J].中国氯碱，2018（5）：4.

[83] 肖明.聚乙烯醇生产技术研究进展及市场分析[J].精细与专用化学品，2020,28（2）：3.

[84] 肖卫东，何培新，胡高平.聚氨酯胶黏剂[M].北京：化学工业出版社，2009.

[85] 徐若愚，沈佳斌，郭少云.聚三氟氯乙烯的制备、改性及加工应用研究进展[J].有机氟工业，2020（2）：18-24.

[86] 闫华，董波.我国胶黏剂的现状及发展趋势[J].化学与黏合，2007,29（1）：39-43.

[87] 杨靓婧，雷敏，谢雨岑，等.食品包装材料EVOH及其制品的研究进展[J].食品安全导刊，2020（19）：5.

[88] 杨亮，李韦霖，宋鑫钥，等.基于聚乙烯醇复合膜的改性研究进展[J].印染助剂，2022,39（11）：5-11.

[89] 杨铄冰，杨涛.多层共挤出复合薄膜原料简析[J].塑料包装，2018,28（4）：13.

[90] 杨欣，宁茜，李贴，等.药品泡罩包装缺陷智能检测系统[J].国外电子测量技术，2022,41（8）：174-180.

[91] 杨忠敏.解读药品的铝塑泡罩包装及其应用与发展[J].印刷质量与标准化，2015（2）：7.

[92] 殷喜丰，李春梅，范娟娟，等.全密度聚乙烯生产工艺现状[J].化工生产与技术，

2009, 16（2）: 5.

［93］岳宁. 医药工业洁净厂房照明设计的分析与探讨 [J]. 电气时代, 2018（11）: 54-55.

［94］曾凤彩, 张媛媛, 刘芳. 基于儿童安全的智能化药品包装结构的应用与分析 [J]. 包装世界, 2016（1）: 37-39.

［95］张丽珍, 周殿明. 塑料工程师手册 [M]. 北京：中国石化出版社, 2017.

［96］张鹏, 朱珍珍, 黄安平, 等. 国产茂金属聚乙烯薄膜料的结构与性能 [J]. 现代塑料加工应用, 2022, 34（5）: 16-19.

［97］张文睿, 贾涵, 张鑫, 等. 超高分子量聚乙烯薄膜制备方法与应用 [J]. 中国塑料, 2023, 37（5）: 1-8.

［98］章蔼静, 王丹丹, 程磊, 等. 硬片中氯乙烯单体和偏二氯乙烯单体测定法国内外比较及优化 [J]. 中国药品标准, 2022, 23（4）: 364-369.

［99］赵凯. 医药行业洁净厂房给排水消防设计探讨 [J]. 工程建设与设计, 2020（24）: 28-29.

［100］中华人民共和国药典 2020 年版. 四部 [S].2020.

［101］訾晓伟, 王丹丹, 陈超, 等 .PVC/PE/PVDC 固体药用复合硬片 PVDC 涂布量测定 [J]. 中国现代应用药学, 2018, 35（9）: 1327-1328.

附 录

药品泡罩包装用硬片相关国家药包材标准

YBB 00212005—2015

聚氯乙烯固体药用硬片
Julüyixi Guti Yaoyong Yingpian
PVC Sheet for Solid Preparation

本标准适用于以聚氯乙烯（PVC）树脂为主要原料制成的硬片，用于固体药品（片剂、胶囊剂等）泡罩包装。

【外观】取本品适量，在自然光线明亮处，正视目测。应色泽均匀，不允许有凹凸发皱、油污、异物、穿孔、杂质。每 100 cm^2 中，1.3 mm 及 1.3 mm 以下的晶点，不得过 3 颗，不得有 1.3 mm 以上的晶点。

【鉴别】（1）红外光谱 * 取本品适量，照包装材料红外光谱测定法（YBB 00262004—2015）第四法测定，应与对照图谱基本一致。

（2）密度取本品约 2 g，照密度测定法（YBB 00132003—2015）测定，应为 1.35~1.45 g/cm^3。

【物理性能】水蒸气透过量取本品适量，照水蒸气透过量测定法（YBB 00092003—2015）第一法实验条件 A 测定或第二法（试验温度 23 ℃±0.5 ℃，相对湿度 90%±2%）或第四法（试验温度 23 ℃±0.5 ℃，相对湿度 90%±2%）测定，不得过 2.5 g/（m^2·24 h）。

氧气透过量取本品适量，照气体透过量测定法（YBB 00082003—2015）第一法测定，不得过 30 cm^3/（m^2·24 h·0.1 MPa）。

拉伸强度取本品适量，照拉伸性能测定法（YBB 00112003—2015）测定，试验速度（空载）100 mm/min±10 mm/min，试样为 Ⅰ 型。纵向、横向拉伸强度平均值均不得低于 44 MPa。

耐冲击取本品适量，裁取长约150 mm，宽为50 mm试样，纵、横向各五个。试样应在温度23 ℃±2 ℃，相对湿度50%±5%的环境中，放置4 h以上，并在上述条件下进行试验。将试样固定在落球冲击试验机上，跨距为100 mm。按照附表1选取钢球和落球高度，使钢球自由落下于跨距中央部位，纵、横向均不得有2片以上破损。

附表1　钢球和落球高度　　　　　　　　　　单位：mm

样品厚度	落球高度	钢球直径
0.20～0.30	600	25（60 g±6 g）
0.31～0.40	600	28.6（100 g±10 g）

加热伸缩率取本品适量，照加热伸缩率测定法（YBB 00292004—2015）测定，伸缩率应在±6%以内。

热合强度取本品适量，均匀裁取100 mm×100 mm试样2片，与同样尺寸的药品包装用铝箔（YBB 00152002—2015）叠合，在热封仪上进行热合，热合条件：温度150 ℃±5 ℃,压力0.4 MPa,时间1 s。照热合强度测定法（YBB 00122003—2015）测定，不得低于7.0 N/15 mm。

【氯乙烯单体】取本品适量，照氯乙烯单体测定法（YBB 00142003—2015）测定，不得过百万分之一。

【溶出物试验】供试液的制备：取本品适量，分别裁取内表面积300 cm^2（分割成长3 cm，宽0.3 cm的小片）3份，用适量水清洗，一份置500 mL锥形瓶中，加水200 mL，密闭，置高压蒸气灭菌器内，121 ℃±2 ℃加热30 min取出，放冷至室温；另二份分别置具塞锥形瓶中，一份加65%乙醇200 mL，置70 ℃±2 ℃恒温水浴保持2 h；另一份加正己烷200 mL置58 ℃±2 ℃恒温水浴保持2 h，取出，放冷至室温，即得供液。同时以同批水、65%乙醇、正己烷制备空白对照溶液，进行下列试验：

澄清度取水供试品溶液10 mL，依法检查（《中华人民共和国药典》2015年版四部通则0902），溶液应澄清。如显浑浊，与2号浊度标准液比较，不得更浓。

易氧化物精密量取水供试品溶液20 mL，精密加入0.002 mol/L高锰酸钾液20 mL与稀硫酸1 mL，煮沸3 min，迅速冷却，加碘化钾0.1 g，在暗处放置5 min，用硫代硫酸钠滴定液（0.01 mol/L）滴定至近终点时，加入淀粉指示液5滴，继续滴定至无色。另取水空白对照液同法操作，两者消耗硫代硫酸钠滴定液（0.01 mol/L）的之差不得过1.5 mL。

不挥发物精密量取水、65%乙醇、正己烷供试品溶液与对应空白液各100 mL，分别置于已恒重的蒸发皿中，水浴蒸干，在105 ℃干燥至恒重，水不挥发物与其空白液之差不得过30.0 mg；65%乙醇不挥发物与其空白液之差不得过30.0 mg；正己烷不挥发物与其空白液之差不得过 30.0 mg。

重金属精密量取水供试品溶液 20 mL，加乙酸盐缓冲液（pH3.5）2 mL，依法检查（《中华人民共和国药典》2015 年版四部通则 0821），不得过百万分之一。

【钡】* 称取本品 2 g，置坩埚内，缓缓炽灼至炭化。放冷，加盐酸 1 mL 溶解后，蒸干，在 800 ℃ 炽灼使完全灰化。放冷，残渣用 1 mol/L 盐酸 10 mL 溶解，过滤，滤液中加稀硫酸 1 mL，摇匀，不得发生浑浊。

【微生物限度】取本品用开孔面积为 20 cm^2 的消毒过的金属模板压在内层面上，将无菌棉签用氯化钠注射液稍蘸湿，在板孔范围内擦抹 5 次，换 1 支棉签再擦抹 5 次，每个位置用 2 支棉签共擦抹 10 次，共擦抹 5 个位置 100 cm^2。每支棉签抹完后立即剪断（或烧断），投入盛有 30 mL 氯化钠注射液的锥形瓶（或大试管）中。全部擦抹棉签投入瓶中后，将瓶迅速摇晃 1 min，即得供试品液，供试品溶液进行薄膜过滤后，依法检查（《中华人民共和国药典》2015 年版四部通则 1105、1106）。细菌数不得过 1000 cfu/100 cm^2，真菌和酵母菌数不得过 100 cfu/100 cm^2，大肠埃希菌不得检出。

【异常毒性】** 取本品 500 cm^2（以内表面积计），剪碎（长 3 cm，宽 0.3 cm 的小片），加入氯化钠注射液 50 mL，置高压蒸气灭菌器 110 ℃ 保持 30 min 后取出，冷却备用，静脉注射，依法检查（《中华人民共和国药典》2015 年版四部通则 1141），应符合规定。

【贮藏】内包装用药用低密度聚乙烯袋密封，保存于清洁、通风处。

附件　检验规则

1. 产品检验分为全项检验和部分检验。
2. 有下列情况之一时，应按标准的要求，进行全项检验。
   （1）产品注册
   （2）产品出现重大质量事故后重新生产
3. 有下列情况之一时，应按标准的要求，进行除 "**" 外项目检验。
   （1）监督抽验
   （2）产品停产后，重新恢复生产
4. 产品批准注册后，药包材生产、使用企业在原料产地、添加剂、生产工艺等没有变更的情形下，可按标准的要求，进行除 "*" "**" 项目外所有项目的部分检验。
5. 外观检验：硬片按每卷取 2 米进行检验。应符合表 2 规定。

表 2　尺寸偏差　　　　　　　　　　　　　　　　　　　单位：mm

项目	规格尺寸	偏差
宽度	≥ 300	± 2
	< 300	± 1
厚度	0.20 ~ 0.40	± 0.02

YBB 00232005—2015

聚氯乙烯/低密度聚乙烯固体药用复合硬片
Julüyixi/Dimidujuyixi Gutiyaoyong Fuhe Yingpian
PVC/LDPE Composite Sheet for Solid Preparation

本标准适用于以聚氯乙烯（PVC）硬片为基材，复合低密度聚乙烯（LDPE）而制成的复合硬片。适用于固体药品（片剂、胶囊剂等）泡罩包装。

【外观】取本品适量，在自然光线明亮处，正视目测。应色泽均匀，不允许有凹凸发皱、油污、异物、穿孔、杂质。每 100 cm^2 中，1.3 mm 及 1.3 mm 以下的晶点，不得过 3 颗，不得有 1.3 mm 以上的晶点。

【鉴别】红外光谱＊取本品适量，照包装材料红外光谱测定法（YBB 00262004—2015）第四法测定，PVC 与 LDPE 应分别与对照图谱基本一致。

【物理性能】水蒸气透过量取本品适量，照水蒸气透过量测定法（YBB 00092003—2015）第一法实验条件 A 测定或第二法（试验温度 23 ℃ ± 0.5 ℃，相对湿度 90% ± 2%）或第四法（试验温度 23 ℃ ± 0.5 ℃，相对湿度 90% ± 2%）测定，试验时 LDPE 面向氧气低压侧，应符合表 1 的规定。

氧气透过量取本品适量，照气体透过量测定法（YBB 00082003—2015）第一法测定，试验时 LDPE 面向氧气低压侧，应符合表 1 的规定。

表 1　物理性能

规格	水蒸气透过量 g/（m^2·24 h）	氧气透过量 cm^3/（m^2·24 h·0.1 MPa）
0.15 mm	≤ 2.8	≤ 20
0.30 mm	≤ 2.5	

拉伸强度取本品适量，照拉伸性能测定法（YBB 00112003—2015）测定，试验速度（空载）100 mm/min ± 10 mm/min，试样为Ⅰ型。纵向、横向拉伸强度平均值均不得低于 40 MPa。

耐冲击取本品适量，裁取长约 150 mm，宽为 50 mm 试样，纵、横向各五个。试样应在温度 23 ℃ ± 2 ℃，相对湿度 50% ± 5% 的环境中，放置 4 h 以上，并在上述条件下进行试验。将试样固定在落球冲击试验机上，跨距为 100 mm。按照表 2 选取钢球和落球高度，使钢球自由落下于跨距中央部位，纵、横向均不得有 2 片以上破损。

表 2　钢球和落球高度的选择　　　　　　　　　　　　　　　　　　　　　　单位：mm

样品厚度	落球高度	钢球直径
0.10～0.20	300	25（60 g ± 6 g）
0.21～0.30	600	28.6（100 g ± 10 g）

加热伸缩率　取本品适量，照加热伸缩率测定法（YBB 00292004—2015）测定，伸缩率应在 ±6% 以内。

热合强度　取本品适量，裁取 100 mm × 100 mm 试片 2 片，将复合硬片的 LDPE 面与同样尺寸复合硬片的 LDPE 面自身叠合，在热封仪上进行热合，热合温度 150 ℃ ± 5 ℃，压力 0.2 MPa，时间 1 s。照热合强度测定法（YBB 00122003—2015）测定，不得低于 6.0 N/15 mm。

【溶剂残留量】取样品适量，裁取内表面积 0.02 m^2，照包装材料溶剂残留量测定法（YBB 00312004—2015）测定，溶剂残留总量不得过 5.0 mg/m^2，其中苯及苯类每种溶剂残留量均不得检出。

【氯乙烯单体】取本品适量，照氯乙烯单体测定法（YBB 00142003—2015）测定，不得过百万分之一。

【溶出物试验】供试液的制备：取样品适量，分别裁取内表面积 300 cm^2（分割成长 3 cm，宽 0.3 cm 的小片）3 份，用适量水清洗，一份置 500 mL 锥形瓶中，加水 200 mL，密闭，置高压蒸气灭菌器内，121 ℃ ± 2 ℃ 加热 30 min 取出，放冷至室温；另二份分别置具塞锥形瓶中，一份加 65% 乙醇 200 mL，置 70 ℃ ± 2 ℃ 恒温水浴保持 2 h；另一份加正己烷 200 mL 置 58 ℃ ± 2 ℃ 恒温水浴保持 2 h，取出，放冷至室温，即得供液。同时以同批水、65% 乙醇、正己烷制备空白对照溶液，进行下列试验：

澄清度　取水供试品溶液 10 mL，依法检查（《中华人民共和国药典》2015 年版四部通则 0902），溶液应澄清。如显浑浊，与 2 号浊度标准液比较，不得更浓。

易氧化物　精密量取水供试品溶液 20 mL，精密加入 0.002 mol/L 高锰酸钾液 20 mL 与稀硫酸 1 mL，煮沸 3 min，迅速冷却，加碘化钾 0.1 g，在暗处放置 5 min，用硫代硫酸钠滴定液（0.01 mol/L）滴定至近终点时，加入淀粉指示液 5 滴，继续滴定至无色。另取水空白对照液同法操作，两者消耗硫代硫酸钠滴定液（0.01 mol/L）的之差不得过 1.5 mL。

不挥发物　精密量取水、65% 乙醇、正己烷供试品溶液与对应空白液各 100 mL，分别置于已恒重的蒸发皿中，水浴蒸干，在 105 ℃ 干燥至恒重，水不挥发物与其空白液之差不得过 30.0 mg；65% 乙醇不挥发物与其空白液之差不得过 30.0 mg；正己烷不挥发物与其空白液之差不得过 30.0 mg。

重金属 精密量取水供试品溶液 20 mL，加乙酸盐缓冲液（pH3.5）2 mL，依法检查（《中华人民共和国药典》2015 年版四部通则 0821），不得过百万分之一。

【微生物限度】取本品用开孔面积为 20 cm² 的消毒过的金属模板压在内层面上，将无菌棉签用氯化钠注射液稍蘸湿，在板孔范围内擦抹 5 次，换 1 支棉签再擦抹 5 次，每个位置用 2 支棉签共擦抹 10 次，共擦抹 5 个位置 100 cm²。每支棉签抹完后立即剪断（或烧断），投入盛有 30 mL 氯化钠注射液的锥形瓶（或大试管）中。全部擦抹棉签投入瓶中后，将瓶迅速摇晃 1 min，即得供试品液，供试品溶液进行薄膜过滤后，依法检查（《中华人民共和国药典》2015 年版四部通则 1105、1106）。细菌数不得过 1000 cfu/100 cm²，真菌和酵母菌数不得过 100 cfu/100 cm²，大肠埃希菌不得检出。

【异常毒性】** 取本品 500 cm²（以内表面积计），剪碎（长 3 cm，宽 0.3 cm 的小片），加入氯化钠注射液 50 mL，置高压蒸气灭菌器 110 ℃ 保持 30 min 后取出，冷却备用，静脉注射，依法检查（《中华人民共和国药典》2015 年版四部通则 1141），应符合规定。

【贮藏】内包装用药用低密度聚乙烯袋密封，保存于清洁、通风处。

附件　检验规则

1. 产品检验分为全项检验和部分检验。
2. 有下列情况之一时，应按标准的要求，进行全项检验。
   （1）产品注册
   （2）产品出现重大质量事故后重新生产
3. 有下列情况之一时，应按标准的要求，进行除 "**" 外项目检验。
   （1）监督抽验
   （2）产品停产后，重新恢复生产
4. 产品批准注册后，药包材生产、使用企业在原料产地、添加剂、生产工艺等没有变更的情形下，可按标准的要求，进行除 "*" "**" 项目外所有项目的部分检验。
5. 外观检验：硬片按每卷取 2 米进行检验。应符合表 3 规定。

表 3　规格尺寸偏差　　　　　　　　　　　　　　　　　单位：mm

项目		规格	极限偏差
总厚度	其中 PE0.05	0.15	±0.015
		0.30	±0.025
宽度		400	±1

YBB 00222005—2015

聚氯乙烯/聚偏二氯乙烯固体药用复合硬片
Julüyixi/Jupianerlüyixi GutiYaoyong Fuhe Yingpian
PVC/PVDC Composite Sheet for Solid Preparation

本标准适用于以聚氯乙烯（PVC）树脂、聚偏二氯乙烯（PVDC）为主要原料，制成的复合硬片，用于固体药品（片剂、胶囊剂等）泡罩包装。

【外观】取本品适量，在自然光线明亮处，正视目测。应色泽均匀，不允许有凹凸发皱、油污、异物、穿孔、杂质。每 100 cm² 中，1.3 mm 及 1.3 mm 以下的晶点，不得过 3 颗，不得有 1.3 mm 以上的晶点。

【鉴别】（1）红外光谱＊取本品适量，照包装材料红外光谱测定法（YBB 00262004—2015）第四法测定，PVC、PVDC 层，应分别与对照图谱基本一致。

（2）颜色反应在复合硬片上滴一滴吗啉液，PVDC 面呈橘黄色，PVC 面不变色。

【PVDC 涂布量】取本品适量，裁取 100 mm × 100 mm 的样片 5 片，将样片放在丙酮（或适当溶剂）中浸泡数分钟，取出样片，小心分离 PVDC 层，在 80 ℃ ± 2 ℃ 中将 PVDC 层干燥 2 h，在室温 23 ℃ ± 2 ℃ 条件下，放置 4 h，精密称定每片 PVDC 层重量，计算，以 g/m² 表示 PVDC 的涂布量，PVDC 涂布量偏差不得过 ± 7%。

【物理性能】水蒸气透过量取本品适量，照水蒸气透过量测定法（YBB 00092003—2015）第一法实验条件 A 测定或第二法（试验温度 23 ℃ ± 0.5 ℃，相对湿度 90% ± 2%）或第四法（试验温度 23 ℃ ± 0.5 ℃，相对湿度 90% ± 2%）测定，试验时 PVDC 面向湿度低的一侧，应符合表 1 的规定。

氧气透过量取本品适量，照气体透过量测定法（YBB 00082003—2015）第一法测定，试验时 PVDC 面向氧气低压侧，应符合表 1 的规定。

表 1 气体物理性能

PVDC 涂布量（g/m²）	水蒸气透过量 [g/(m²·24 h)]	氧气透过量 [cm³/(m²·24 h·0.1 MPa)]
40	≤ 0.8	≤ 3.0
60	≤ 0.6	
90	≤ 0.4	

拉伸强度取本品适量，照拉伸性能测定法（YBB 00112003—2015）测定，试验速度（空载）100 mm/min ± 10 mm/min，试样为 Ⅰ 型。纵向、横向拉伸强度平均值

均不得低于 40 MPa。

耐冲击取本品适量，裁取 150 mm×50 mm 试样，纵、横向各 5 片。试样应在温度 23 ℃±2 ℃，相对湿度 50%±5% 的环境中，放置 4 h 以上，并在上述条件下进行试验，将试样（PVDC 面向上）固定于落球冲击试验机夹具上，跨距 100 mm，按表 2 选用钢球和落球高度，使钢球自由落下于跨距中央部位，纵、横向均不得有两片以上破损。

表 2　钢球和落球高度的选择　　　　　　　单位：mm

样品厚度	落球高度	钢球直径
0.20~0.30	600	25（约 60 g）
0.31~0.40	600	28.6（约 100 g）

加热伸缩率取本品适量，照加热伸缩率测定法（YBB 00292004—2015）测定，伸缩率应在 ±6% 以内。

热合强度取本品适量，均匀裁取 100 mm×100 mm 本品 2 片，将复合硬片的 PVDC 面与同样尺寸的药品包装用铝箔（YBB 00152002—2015）叠合，在热封仪上进行热合，热合条件：温度 150 ℃±5 ℃，压力 0.2 MPa，时间 1 s。照热合强度测定法（YBB 00122003—2015），测定，不得低于 6.0 N/15 mm。

【溶剂残留量】取样品适量，裁取内表面积 0.02 m^2，照包装材料溶剂残留量测定法（YBB 00312004—2015）测定，溶剂残留总量不得过 5.0 mg/m^2，其中苯及苯类每种溶剂残留量均不得检出。

【氯乙烯单体】取本品适量，照氯乙烯单体测定法（YBB 00142003—2015）测定，不得过百万分之一。

【偏二氯乙烯单体】取本品适量，照偏二氯乙烯单体测定法（YBB 00152003—2015）测定，不得过百万分之三。

【溶出物试验】供试液的制备：取样品适量，分别裁取内表面积 300 cm^2（分割成长 3 cm，宽 0.3 cm 的小片）3 份，用适量水清洗，一份置 500 mL 锥形瓶中，加水 200 mL，密闭，置高压蒸气灭菌器内，121 ℃±2 ℃ 加热 30 min 取出，放冷至室温；另二份分别置于锥形瓶中，一份加 65% 乙醇 200 mL，置 70 ℃±2 ℃ 恒温水浴保持 2 h；另一份加正己烷 200 mL 置 58 ℃±2 ℃ 恒温水浴保持 2 h，取出，放冷至室温，即得供液。同时以同批水、65% 乙醇、正己烷制备空白对照溶液，进行下列试验：

澄清度取水供试品溶液 10 mL，依法检查（《中华人民共和国药典》2015 年版四部通则 0902），溶液应澄清。如显浑浊，与 2 号浊度标准液比较，不得更浓。

易氧化物精密量取水供试品溶液 20 mL，精密加入 0.002 mol/L 高锰酸钾

液 20 mL 与稀硫酸 1 mL，煮沸 3 min，迅速冷却，加碘化钾 0.1 g，在暗处放置 5 min，用硫代硫酸钠滴定液（0.01 mol/L）滴定至近终点时，加入淀粉指示液 5 滴，继续滴定至无色。另取水空白对照液同法操作，两者消耗硫代硫酸钠滴定液（0.01 mol/L）的之差应符合表 3 的规定。

表 3　易氧化物

PVDC 的涂布量（g/m²）	易氧化物（mL）
40	≤ 2.0
60	
90	≤ 2.5

不挥发物　精密量取水、65% 乙醇、正己烷供试品溶液与对应空白液各 100 mL，分别置于已恒重的蒸发皿中，水浴蒸干，在 105 ℃ 干燥至恒重，水不挥发物与其空白液之差不得过 30.0 mg；65% 乙醇不挥发物与其空白液之差不得过 30.0 mg；正己烷不挥发物与其空白液之差不得过 30.0 mg。

重金属　精密量取水供试品溶液 20 mL，加乙酸盐缓冲液（pH3.5）2 mL，依法检查（《中华人民共和国药典》2015 年版四部通则 0821），不得过百万分之一。

【微生物限度】取本品用开孔面积为 20 cm² 的消毒过的金属模板压在内层面上，将无菌棉签用氯化钠注射液稍蘸湿，在板孔范围内擦抹 5 次，换 1 支棉签再擦抹 5 次，每个位置用 2 支棉签共擦抹 10 次，共擦抹 5 个位置 100 cm²。每支棉签抹完后立即剪断（或烧断），投入盛有 30 mL 氯化钠注射液的锥形瓶（或大试管）中。全部擦抹棉签投入瓶中后，将瓶迅速摇晃 1 min，即得供试品液，供试品溶液进行薄膜过滤后，依法检查（《中华人民共和国药典》2015 年版四部通则 1105、1106）。细菌数不得过 1000 cfu/100 cm²，真菌和酵母菌数不得过 100 cfu/100 cm²，大肠埃希菌不得检出。

【异常毒性】** 取本品 500 cm²（以内表面积计），剪碎（长 3 cm，宽 0.3 cm 的小片），加入氯化钠注射液 50 mL，置高压蒸气灭菌器 110 ℃ 保持 30 min 后取出，冷却备用，静脉注射，依法检查（《中华人民共和国药典》2015 年版四部通则 1141），应符合规定。

【贮藏】内包装用药用低密度聚乙烯袋密封，保存于清洁、通风处。

附件　检验规则

1. 产品检验分为全项检验和部分检验。
2. 有下列情况之一时，应按标准的要求，进行全项检验。

（1）产品注册

（2）产品出现重大质量事故后重新生产

3. 有下列情况之一时，应按标准的要求，进行除"**"外项目检验。

（1）监督抽验

（2）产品停产后，重新恢复生产

4. 产品批准注册后，药包材生产、使用企业在原料产地、添加剂、生产工艺等没有变更的情形下，可按标准的要求，进行除"*""**"项目外所有项目的部分检验。

5. 外观检验：每卷硬片取2米进行检验。应符合表4规定。

表4　尺寸偏差　　　　　　　　　　　　　　　　　　单位：mm

项目	规格	偏差
总厚度	0.20～0.40	±0.02
宽度	≤400	±1

YBB 00202005—2015

聚氯乙烯/聚乙烯/聚偏二氯乙烯固体药用复合硬片
Julüyixi/Juyixi/Jupianerlüyixi Guti Yaoyong Fuhe Yingpian
PVC/PE/PVDC Composite Sheet for Solid Preparation

本标准适用于以聚氯乙烯（PVC）树脂、聚乙烯（PE）、聚偏二氯乙烯（PVDC）为主要原料制成的复合硬片，用于固体药品（片剂、胶囊剂等）泡罩包装。

【外观】取本品适量，在自然光线明亮处，正视目测。应色泽均匀，不允许有凸凹发皱、油污、异物、穿孔、杂质。

【鉴别】（1）红外光谱＊取本品适量，照包装材料红外光谱测定法（YBB 00262004—2015）第五法或将本品置于乙酸乙酯（或适当溶剂）中浸泡，使PVDC层与PE/PVC层分离。照包装材料红外光谱测定法（YBB 00262004—2015）第四法测定，PVC、PE和PVDC层，应分别与对照图谱基本一致。

（2）颜色反应在复合硬片上滴一滴吗啉液，PVDC面呈橘黄色，PVC面不变色。

【PVDC涂布量】取本品适量，裁取 10 cm×10 cm 的样片 5 片，将样片放在丙酮（或适当溶剂）中浸泡，直至PVDC层与PE层能够剥离，将PVDC层于 80 ℃±2 ℃ 中干燥 2 h，再于 23 ℃±2 ℃，放置 4 h，精密称定，计算，以 g/m^2 表示PVDC的涂布量，应符合表1的规定。

表1 PVDC的涂布量

PVDC的涂布量规格（g/m^2）	极限偏差
40	−5% ~ +10%
60	
90	−5% ~ +5%

【物理性能】水蒸气透过量 取本品适量，照水蒸气透过量测定法（YBB 00092003—2015）第一法实验条件A测定或第二法（试验温度 23 ℃±0.5 ℃，相对湿度 90%±2%）或第四法（试验温度 23 ℃±0.5 ℃，相对湿度 90%±2%）测定，试验时PVDC面向湿度低的一侧，应符合表2的规定。

表2 气体阻隔性能

PVDC的涂布量（g/m^2）	水蒸气透过量[$g/(m^2 \cdot 24\ h)$]	氧气透过量[$cm^3/(m^2 \cdot 24\ h \cdot 0.1\ MPa)$]
40	≤ 0.8	≤ 3.0
60	≤ 0.6	
90	≤ 0.4	

拉伸强度取本品适量，照拉伸性能测定法（YBB 00112003—2015）测定，试验速度（空载）100 mm/min ± 10 mm/min，试样为Ⅰ型。纵向、横向拉伸强度平均值均不得低于 40 MPa。

耐冲击取本品适量，裁取 150 mm × 50 mm 试样，纵、横向各 5 片。试样应在温度 23 ℃ ± 2 ℃，相对湿度 50% ± 5% 的环境中，放置 4 h 以上，并在上述条件下进行试验，将试样（PVDC 面向上）固定于落球冲击试验机夹具上，跨距 100 mm，按表 3 选用钢球和落球高度，使钢球自由落下于跨距中央部位，纵、横向均不得有两片以上破损。

表 3 钢球和落球高度的选择　　　　　　　　　　　　　　单位：mm

样品厚度	落球高度	钢球直径
0.20 ~ 0.30	600	25（约 60 g）
0.31 ~ 0.40	600	28.6（约 100 g）

加热伸缩率取本品适量，照加热伸缩率测定法（YBB 00292004—2015）测定，伸缩率应在 ±6% 以内。

热合强度取本品适量，均匀裁取 100 mm × 100 mm 本品 2 片，将复合硬片的 PVDC 面与同样尺寸的药品包装用铝箔（YBB 00152002—2015）叠合，在热封仪上进行热合，热合条件：温度 150 ℃ ± 5 ℃，压力 0.2 MPa，时间 1 s。照热合强度测定法（YBB 00122003—2015），测定，不得低于 6.0 N/15 mm。

【溶剂残留量】取样品适量，裁取内表面积 0.02 m^2，照包装材料溶剂残留量测定法（YBB 00312004—2015）测定，溶剂残留总量不得过 5.0 mg/m^2，其中苯及苯类每种溶剂残留量均不得检出。

【氯乙烯单体】取本品适量，照氯乙烯单体测定法（YBB 00142003—2015）测定，不得过百万分之一。

【偏二氯乙烯单体】取本品适量，照偏二氯乙烯单体测定法（YBB 00152003—2015）测定，不得过百万分之三。

【溶出物试验】取本品适量，分别取本品内表面积 300 cm^2（分割成长 3 cm，宽 0.3 cm 的小片）三份置于锥形瓶中，加水（70 ℃ ± 2 ℃）、65% 乙醇（70 ℃ ± 2 ℃）、正己烷（58 ℃ ± 2 ℃）各 200 mL 浸泡 2 h 后取出，放冷至室温，用同批试验用溶剂补充至原体积作为供试品溶液，以同批水、65% 乙醇、正己烷为空白液，进行以下试验：

澄清度取水供试品溶液 10 mL，依法检查（《中华人民共和国药典》2015 年版四部通则 0902），溶液应澄清。如显浑浊，与 2 号浊度标准液比较，不得更浓。

易氧化物精密量取水供试品溶液 20 mL，精密加入 0.002 mol/L 高锰酸钾

液 20 mL 与稀硫酸 1 mL，煮沸 3 min，迅速冷却，加碘化钾 0.1 g，在暗处放置 5 min，用硫代硫酸钠滴定液（0.01 mol/L）滴定至近终点时，加入淀粉指示液 5 滴，继续滴定至无色。另取水空白对照液同法操作，两者消耗硫代硫酸钠滴定液（0.01 mol/L）的之差应符合表 4 的规定。

表 4 易氧化物

PVDC 的涂布量（g/m²）	易氧化物（mL）
40	≤ 2.0
60	
90	≤ 2.5

不挥发物 精密量取水、65% 乙醇、正己烷供试品溶液与对应空白液各 100 mL，分别置于已恒重的蒸发皿中，水浴蒸干，在 105 ℃ 干燥至恒重，水不挥发物与其空白液之差不得过 30.0 mg；65% 乙醇不挥发物与其空白液之差不得过 30.0 mg；正己烷不挥发物与其空白液之差不得过 30.0 mg。

重金属 精密量取水供试品溶液 20 mL，加乙酸盐缓冲液（pH3.5）2 mL，依法检查（《中华人民共和国药典》2015 年版四部通则 0 821），不得过百万分之一。

【微生物限度】取本品用开孔面积为 20 cm² 的消毒过的金属模板压在内层面上，将无菌棉签用氯化钠注射液稍蘸湿，在板孔范围内擦抹 5 次，换 1 支棉签再擦抹 5 次，每个位置用 2 支棉签共擦抹 10 次，共擦抹 5 个位置 100 cm²。每支棉签抹完后立即剪断（或烧断），投入盛有 30 mL 氯化钠注射液的锥形瓶（或大试管）中。全部擦抹棉签投入瓶中后，将瓶迅速摇晃 1 min，即得供试品液，供试品溶液进行薄膜过滤后，依法检查（《中华人民共和国药典》2015 年版四部通则 1105、1106）。细菌数不得过 1000 cfu/100 cm²，真菌和酵母菌数不得过 100 cfu/100 cm²，大肠埃希菌不得检出。

【异常毒性】** 取本品 500 cm²（以内表面积计），剪碎（长 3 cm，宽 0.3 cm 的小片），加入氯化钠注射液 50 mL，置高压蒸气灭菌器 110 ℃ 保持 30 min 后取出，冷却备用，静脉注射，依法检查（《中华人民共和国药典》2015 年版四部通则 1141），应符合规定。

【贮藏】内包装用药用低密度聚乙烯袋密封，保存于清洁、通风处。

附件 检验规则

1. 产品检验分为全项检验和部分检验。
2. 有下列情况之一时，应按标准的要求，进行全项检验。

（1）产品注册

（2）产品出现重大质量事故后重新生产

3. 有下列情况之一时，应按标准的要求，进行除"**"外项目检验。

（1）监督抽验

（2）产品停产后，重新恢复生产

4. 产品批准注册后，药包材生产、使用企业在原料产地、添加剂、生产工艺等没有变更的情形下，可按标准的要求，进行除"*""**"项目外所有项目的部分检验。

5. 外观检验：每卷硬片取2米进行检验。应符合表5规定。

表5　尺寸偏差　　　　　　　　　　　　　　　　　　　　单位：mm

项目	规格尺寸	允许最大偏差
宽度	≥300	±2
	<300	±1
厚度	0.20~0.40	±0.02

YBB 00182004—2015

铝/聚乙烯冷成型固体药用复合硬片
Lü/Juyixilengchengxing Gutiyaoyongfuheyingpian
Al/PE cold-formed foil for Solid Preparation

本标准适用于以保护层（印刷层）、铝箔（Al）及聚乙烯（PE）通过黏合剂复合而成的复合硬片。适用于栓剂包装。

【外观】取本品适量，在自然光线明亮处，正视目测，不得有穿孔、异物、异味、粘连、复合层间分离及明显损伤气泡、皱纹、脏污等缺陷。

【鉴别】*取本品适量，照包装材料红外光谱测定法（YBB 00262004—2015）第四法测定，PE层应与对照图谱基本一致。

【物理性能】水蒸气透过量取本品适量，照水蒸气透过量测定法（YBB 00092003—2015）第二法试验条件B或第四法试验条件2测定，试验时PE面向湿度低的一侧，不得过 0.5 g/（m^2·24 h）。

氧气透过量取本品适量，照气体透过量测定法（YBB 00082003—2015）第一法或第二法测定，试验时PE面向氧气低压侧，不得过 0.5 cm^3/（m^2·24 h·0.1 MPa）。

剥离强度取本品适量，照剥离强度测定法（YBB 00102003—2015）检查，AL与PE层间剥离强度不得低于 3.0 N/15 mm。

热合强度取本品适量，PE层与PE层对封，热合温度155 ℃±5 ℃、压力0.2 MPa、时间1 s，照热合强度测定法（YBB 00122003—2015）测定，试样的平均热合强度不得低于 5.0 N/15 mm。

保护层黏合性（图1）取一张纵向长90 mm，宽为全幅的本品（注意试样不应有皱折）。将试样平放在玻璃板上，保护层向上，取聚酯胶粘带（与铝箔的剥离力不小于2.94 N/20 mm）一片，横向均匀地贴压试样表面，以160°~180°方向迅速地剥离，保护层表面应无明显脱落。

保护层耐热性取100 mm×100 mm本品3片，分别将试样的保护层与铝箔原材叠合，置于热封仪中，进行热封（热封条件：温度200 ℃、压力0.2 MPa、时间1 s），取出放冷，将试样与铝箔原材分开，观察保护层的耐热情况，保护层表面应无明显黏落。

凸顶高度（图2）取无折痕和皱纹的本品适量，裁取130 mm×130 mm大小的试样5张，将试样的PE面向下，置于凸顶高度测试仪中间，用螺母将上压板（内圆面积50平方厘米）与试样紧紧固定在测试仪底座上，打开气压调节阀，调节压力至 0.15 MPa，试验在 10～20 s 内完成。当凸顶高度测量表上显示出试样的凸出高度大于 10 mm 时，关闭进气阀，打开排气阀，取出试样，置于针孔度检验台（符合 YBB 00152002—2015【针孔度】项下规定的要求）上观察，应无针孔。

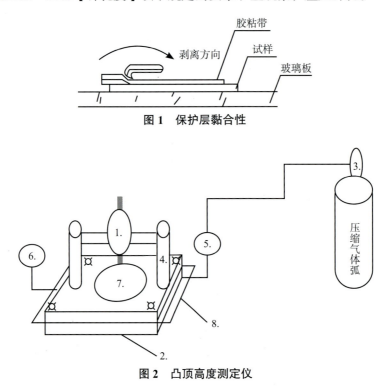

图 1　保护层黏合性

图 2　凸顶高度测定仪

1.数显凸顶高度测量表；2.成型装置及底座；3.气体调节阀；4.测量表固定支架；5.进气阀；6.排气阀；7.试样成型区域；8.试样

【溶剂残留量】取样品适量，裁取内表面积 0.02 m²，照包装材料溶剂残留量测定法（YBB 00312004—2015）测定，溶剂残留总量不得过 5.0 mg/m²，其中苯及苯类每种溶剂残留量均不得检出。

【溶出物试验】供试液的制备：取样品适量，分别裁取内表面积 300 cm²（分割成长 3 cm，宽 0.3 cm 的小片）三份置具塞锥形瓶中，加水（70 ℃±2 ℃）、65% 乙醇（70 ℃±2 ℃）、正己烷（58 ℃±2 ℃）各 200 mL 浸泡 2 h 后取出，放冷至室温，用同批试验用溶剂补充至原体积作为供试品溶液，以同批水、65% 乙醇、正己烷为空白液，进行以下试验：

易氧化物精密量取水供试品溶液 20 mL，精密加入 0.002 mol/L 高锰酸钾液 20 mL 与稀硫酸 1 mL，煮沸 3 min，迅速冷却，加碘化钾 0.1 g，在暗处放置 5 min，用硫代硫酸钠滴定液（0.01 mol/L）滴定至近终点时，加入淀粉指示液 5 滴，继续滴定至无色。另取水空白对照液同法操作，两者消耗硫代硫酸钠滴定液

（0.01 mol/L）的之差不得过 2.0 mL。

不挥发物分别取水、65% 乙醇、正己烷供试品溶液与空白液各 100 mL，置于已恒重的蒸发皿中，水浴蒸干，105 ℃ 干燥 2 h，冷却后精密称定，水不挥发物残渣与其空白液残渣之差不得过 30.0 mg；65% 乙醇不挥发物残渣与其空白液残渣之差不得过 30.0 mg；正己烷不挥发物残渣与其空白液残渣之差不得过 30.0 mg。

重金属 精密量取水供试品溶液 20 mL，加乙酸盐缓冲液（pH3.5）2 mL，依法检查（《中华人民共和国药典》2015 年版四部通则 0 821），不得过百万分之一。

【微生物限度】取本品用开孔面积为 20 cm^2 的消毒过的金属模板压在内层面上，将无菌棉签用氯化钠注射液稍蘸湿，在板孔范围内擦抹 5 次，换 1 支棉签再擦抹 5 次，每个位置用 2 支棉签共擦抹 10 次，共擦抹 5 个位置 100 cm^2。每支棉签抹完后立即剪断（或烧断），投入盛有 30 mL 氯化钠注射液的锥形瓶（或大试管）中。全部擦抹棉签投入瓶中后，将瓶迅速摇晃 1 min，即得供试品液，供试品溶液进行薄膜过滤后，依法检查（《中华人民共和国药典》2015 年版四部通则 1105、1106），应符合表 1 的规定。

表 1　微生物限度指标

项目	栓剂或外用药用复合硬片
细菌数，cfu/100 cm^2	≤ 100
真菌和酵母菌数，cfu/100 cm^2	≤ 10
大肠埃希菌	—
金黄色葡萄球菌	—
铜绿假单胞菌	—

注："—"为每 100 cm^2 中不得检出。

【异常毒性】** 取本品 300 cm^2（以内表面积计），剪成长 3 cm，宽 0.3 cm 的小片，加入氯化钠注射液 50 mL，110 ℃ 保持 30 min 后取出，冷却备用，静脉注射，依法检查（《中华人民共和国药典》2015 年版四部通则 1141），应符合规定。

附件　检验规则

1. 产品检验分为全项检验和部分检验。
2. 有下列情况之一时，应按标准的要求，进行全项检验。
 （1）产品注册
 （2）产品出现重大质量事故后重新生产
3. 有下列情况之一时，应按标准的要求，进行除"**"外项目检验。
 （1）监督抽验
 （2）产品停产后，重新恢复生产
4. 产品批准注册后，药包材生产、使用企业在原料产地、添加剂、生产工艺等没有变更的情形下,可按标准的要求,进行除"*""**"项目外所有项目的部分检验。

5.外观检验:每卷硬片取 2 m 进行检验。应符合表 2 规定。

表 2 尺寸偏差

项目	指标
宽度偏差,mm	±1.0
厚度偏差,%	±10

YBB 00242002—2015

聚酰胺/铝/聚氯乙烯冷冲压成型固体药用复合硬片
Juxianan/Lü/Julüyixi Lengchongyachengxing Guti Yaoyong Fuhe Yingpian
PA/Al/PVC Cold-formed Foil for Solid Preparation

本标准适用于以药用聚氯乙烯（PVC）、铝箔（Al）、聚酰胺（PA）通过黏合剂，经复合而成的复合片。适用于固体药品（片剂、胶囊等）用冷冲压成型的泡罩包装。

【外观】取本品适量，在自然光线明亮处，正视目测。不得有穿孔、异物、异味、粘连、复合层间分离及明显损伤、气泡、皱纹、脏污等缺陷。

【鉴别】红外光谱* 取本品适量，照包装材料红外光谱测定法（YBB 00262004—2015）第四法测定，PA 与 PVC 层应分别与对照图谱基本一致。

【物理性能】水蒸气透过量取本品适量，照水蒸气透过量测定法（YBB 00092003—2015）第一法试验条件 B 或第二法试验条件 B 或第四法试验条件 2 测定，试验时 PVC 面向低湿度侧，不得过 0.5 g/（m^2·24 h）。

氧气透过量取本品适量，照气体透过量测定法（YBB 00082003—2015）第一法或第二法测定，试验时 PVC 面向氧气低压侧，不得过 0.5 cm^3/m^2·24 h·0.1 MPa。

剥离强度取本品适量，照剥离强度测定法（YBB 00102003—2015）测定，PA 与 Al 层间剥离强度不得低于 8.0 N/15 mm；Al 与 PVC 层间剥离强度不得低于 7.0 N/15 mm。（若复合层不能剥离或复合层断裂时，其剥离强度为合格）。

热合强度裁取 100 mm × 100 mm 本品 2 片，将复合硬片的 PVC 面与同样尺寸的药品包装用铝箔（YBB 00152002—2015）叠合，在热封仪上进行热合，热合温度 155 ℃ ± 5 ℃，压力 0.2 MPa，时间 1 s。从热合部位裁取 15 mm 宽的试样，取中间 3 条进行试验。照热合强度测定法（YBB 00122003—2015）测定，6 个试样热合强度平均值不得低于 6.0 N/15 mm。

【氯乙烯单体】取本品适量，照氯乙烯单体测定法（YBB 00142003—2015）测定，不得过百万分之一。

【溶出物试验】供试液的制备：取本品适量，分别取本品内表面积 300 cm^2（分割成长 3 cm，宽 0.3 cm 的小片）三份置具塞锥形瓶中，加水（70 ℃ ± 2 ℃）、65% 乙醇（70 ℃ ± 2 ℃）、正己烷（58 ℃ ± 2 ℃）各 200 mL 浸泡 2 h 后取出，放冷至室温，用同批试验用溶剂补充至原体积作为供试品溶液，以同批水、65% 乙醇、正己烷为空白液，进行以下试验。

易氧化物精密量取水供试品溶液 20 mL，精密加入 0.002 mol/L 高锰酸钾

液 20 mL 与稀硫酸 1 mL，煮沸 3 min，迅速冷却，加碘化钾 0.1 g，在暗处放置 5 min，用硫代硫酸钠滴定液（0.01 mol/L）滴定至近终点时，加入淀粉指示液 5 滴，继续滴定至无色。另取水空白对照液同法操作，两者消耗硫代硫酸钠滴定液（0.01 mol/L）的之差不得过 1.5 mL。

不挥发物分别取水、65% 乙醇、正己烷供试品溶液与空白液各 100 mL，置于已恒重的蒸发皿中，水浴蒸干，105 ℃ 干燥 2 h，冷却后精密称定，水不挥发物残渣与其空白液残渣之差不得过 30.0 mg；65% 乙醇不挥发物残渣与其空白液残渣之差不得过 30.0 mg；正己烷不挥发物残渣与其空白液残渣之差不得过 30.0 mg。

重金属精密量取水供试品溶液 20 mL，加乙酸盐缓冲液（pH3.5）2 mL，依法检查（《中华人民共和国药典》2015 年版四部通则 0821），不得过百万分之一。

【微生物限度】取本品用开孔面积为 20 cm^2 的消毒过的金属模板压在内层面上，将无菌棉签用氯化钠注射液稍蘸湿，在板孔范围内擦抹 5 次，换 1 支棉签再擦抹 5 次，每个位置用 2 支棉签共擦抹 10 次，共擦抹 5 个位置 100 cm^2。每支棉签抹完后立即剪断（或烧断），投入盛有 30 mL 氯化钠注射液的锥形瓶（或大试管）中。全部擦抹棉签投入瓶中后，将瓶迅速摇晃 1 min，即得供试品液，供试品溶液进行薄膜过滤后，依法检查（《中华人民共和国药典》2015 年版四部通则 1105、1106），应符合表 1 的规定。

表 1 微生物限度指标

项目	口服固体复合硬片	外用药用复合硬片
细菌数 cfu/100 cm^2	≤ 1 000	≤ 100
真菌和酵母菌数 cfu/100 cm^2	≤ 100	≤ 10
大肠埃希菌	—	—
金黄色葡萄球菌		—
铜绿假单胞菌		—

注："—"为每 100 cm^2 中不得检出。

【异常毒性】** 取本品 300 cm^2（以内表面积计），剪成长 3 cm，宽 0.3 cm 的小片，加入氯化钠注射液 50 mL，110 ℃ 保持 30 min 后取出，冷却备用，静脉注射，依法检查（《中华人民共和国药典》2015 年版四部通则 1 141），应符合规定。

【贮藏】内包装用药用低密度聚乙烯袋密封，保存于清洁、通风处。

附件　检验规则

1. 产品检验分为全项检验和部分检验。
2. 有下列情况之一时，应按标准的要求，进行全项检验。
（1）产品注册
（2）产品出现重大质量事故后重新生产

(3)监督抽验

(4)产品停产后,重新恢复生产

3.产品批准注册后,药包材生产、使用企业在原料产地、添加剂、生产工艺等没有变更的情形下,可按标准的要求,进行除"*"外项目检验。

注:带"*"的项目半年内至少检验一次

4.外观检验:每卷硬片取2米进行检验。应符合表2规定。

表2 尺寸偏差

项目	指标
宽度偏差(mm)	±1.0
厚度偏差(%)	±10

YBB 00262004—2015

包装材料红外光谱测定法
Baozhuangcailiao Hongwaiguangpu Cedingfa
The Test Method for Infrared Spectrum in Packaging Material

红外光谱测定法是鉴别和分析物质化学结构的有效手段。化合物受红外辐射照射后，使分子的振动和转动运动由较低能级向较高能级跃迁，从而导致对特定频率红外辐射的选择性吸收，形成特征性很强的红外吸收光谱。以中红外区（4000～400 cm^{-1}）为常用区域。

包装材料的红外光谱测定技术：包括检测方法和制样技术。

检测方法有透射和衰减全反射（ATR）等。

透射是指通过测定透过样品前后的红外光强度变化，得到红外透射光谱。衰减全反射是指红外光以一定的入射角度通过ATR晶体后，在与晶体紧贴的样品表面经过多次反射而得到反射光谱图，可分为单点衰减全反射和平面衰减全反射。

制样技术有热敷法、薄膜法、热裂解法、衰减全反射法、显微红外法等。

仪器校正用聚苯乙烯薄膜（厚度约为0.05 mm）校正仪器，绘制其光谱图，用 3027 cm^{-1}、2851 cm^{-1}、1601 cm^{-1}、1028 cm^{-1}、907 cm^{-1} 处的吸收峰对仪器的波数进行校正。傅里叶变换红外光谱仪 3000 cm^{-1} 附近的波数误差应不大于 ±5 cm^{-1}，在 100 cm^{-1} 附近的波数误差应不大于 ±1 cm^{-1}。

用聚苯乙烯薄膜校正时，仪器的分辨率在 3110～2850 cm^{-1} 范围内应能清晰分辨出7个峰，峰 2851 cm^{-1} 与谷 2870 cm^{-1} 之间的分辨深度不小于18%透光率，峰 1583 cm^{-1} 与谷 1589 cm^{-1} 之间的分辨率深度不小于12%透光率。仪器的标称分辨率，除另有规定外，应不低于 2 cm^{-1}。

环境条件温度应在 15～30 ℃，相对湿度应小于65%。适当通风换气，以避免积聚过量的二氧化碳和有机溶剂蒸汽。

测定法

第一法　热敷法

本法适用于粒料、塑料瓶、单层薄膜的红外光谱测定。将溴化钾晶片或氯化钠晶片在酒精灯或控温电炉（温度接近材料熔点）上加热，趁热将样品轻擦于热溴化钾晶片或氯化钠晶片上（以不冒烟为宜），通过透射绘制光谱。

第二法　薄膜法

本法适用于粒料、塑料瓶、单层薄膜的红外光谱测定。

取样品约 0.25 g（可剪切成小碎块），加适宜的溶剂 [如聚乙烯（PE）、聚丙烯（PP）、乙烯与乙酸乙烯共聚物（EVA）可用甲苯；聚对苯二甲酸乙二醇酯（PET）可用 1 122- 四氯乙烷；聚碳酸酯（PC）可用二氯乙烷] 约 10 mL，高温回流使样品溶解，用毛细管趁热将回流液涂在溴化钾晶片或氯化钠晶片上，加热挥去溶剂后，通过透射绘制光谱。

第三法　热裂解法

本法适用于橡胶产品的红外光谱测定。

取样品约 3 g 切成小块，用丙酮或适宜的溶剂抽提 8 h 后，在 80 ℃ 烘干，取 0.1 ~ 0.2 g 置于玻璃试管的底部，然后用试管夹水平地将玻璃试管移到酒精灯上加热，当出现裂解产物冷凝在玻璃试管冷端时，用毛细管取裂解物涂在溴化钾晶片或氯化钠晶片上，立刻通过透射绘制光谱。

第四法　衰减全反射法（ATR 法）

本法适用于粒料、塑料瓶、薄膜、硬片、橡胶产品的红外光谱测定。

取表面清洁平整的样品适量，将其紧压在 ATR 附件所使用的晶片 [硒化锌（ZnSe）等] 上，通过反射直接绘制光谱。

第五法　显微红外法

本法适用于多层膜、袋、硬片的红外光谱测定。

用切片器将样品切成厚度适宜（小于 50 μm）的薄片，置于显微红外仪上观察样品横截面，选择所需检测的区域，通过透射绘制光谱。

YBB 00132003—2015

密度测定法
Midu Cedingfa
Determination of Density

本法适用于除泡沫塑料以外的塑料容器（材料）的密度测定。

本标准采用浸渍法，即根据浮力法进行密度的测定。

密度系指在规定温度下单位体积物质的质量。温度 t℃ 时的密度用 ρ_t 表示，单位为 kg/m^3、g/m^3。

浸渍法系指试样在规定温度的浸渍液中，所受到浮力的大小，等于试样排开浸渍液的体积与浸渍液密度的乘积。而浮力的大小可以通过测量试样的质量与试样在浸渍液中的质量求得。

仪器精度为 0.1 mg 的天平，附密度测定装置（温度计的最小分度值为 0.5 ℃）。

试样与浸渍液试样应在温度 23 ℃ ± 2 ℃，相对湿度 50% ± 5% 环境中放置 4 h 以上，然后在此条件下进行试验。试样为除粉料以外的任何无气孔材料，表面应光滑平整、无凹陷，清洁，无裂缝等缺陷。尺寸适宜，试样质量不超过 2 g。

浸渍液应选用新鲜纯化水或其他适宜的液体，不与试样作用的液体，必要时可加入润湿剂，但应小于浸渍液总体积的 0.1%，以除去小气泡。在测试过程中，试样与该液体接触时，对试样应无影响。浸渍液密度一般应小于试样密度；当材料密度大于 1 时选用水，当材料密度小于 1 时选用无水乙醇。

测定法取试样适量，置于天平上，精密测定其在空气中的质量（a），然后将样品置于盛有一定量已知密度（ρx）的浸渍液（水或无水乙醇）中，精密测定其质量（b），按下式计算容器（材料）的密度。

$$\rho_t = \frac{a \cdot \rho_x}{a-b}$$

式中，ρ_t—温度 t℃ 时试样的密度，g/cm^3；a—试样在量，g；b—试样在浸渍液中的表观质量，g；ρ_x—浸渍液的密度，g/cm^3。

如果在温度控制的环境中测试，整个仪器的温度，包括浸渍液的温度都应控制在 23 ℃ ± 2 ℃ 范围内。

注：试样上端距液面应不小于 10 mm，试样表面不能黏附空气泡。

水及无水乙醇在不同温度下的密度见表 1、表 2。

附录 药品泡罩包装用硬片相关国家药包材标准

表1 水在不同温度下的密度 单位：g/cm³

T/℃	0.0	0.1	0.2	0.3	0.4	0.5	0.6	0.7	0.8	0.9
18	0.998 62	0.998 60	0.998 59	0.998 57	0.998 55	0.998 53	0.998 51	0.998 49	0.998 47	0.008 45
19	0.998 43	0.998 41	0.998 39	0.998 37	0.998 35	0.998 33	0.998 31	0.998 29	0.998 27	0.998 25
20	0.998 23	0.998 21	0.998 19	0.998 17	0.998 15	0.998 13	0.998 11	0.998 08	0.998 06	0.998 04
21	0.998 02	0.998 00	0.997 98	0.997 95	0.997 93	0.997 91	0.997 89	0.997 86	0.997 84	0.997 82
22	0.997 80	0.997 77	0.997 75	0.997 73	0.997 71	0.997 68	0.997 66	0.997 64	0.997 61	0.997 59
23	0.997 56	0.997 54	0.997 52	0.997 49	0.997 47	0.997 44	0.997 42	0.997 40	0.997 37	0.997 35
24	0.997 32	0.997 30	0.997 27	0.997 25	0.997 22	0.997 20	0.997 17	0.997 15	0.997 12	0.997 10
25	0.997 07	0.997 04	0.997 02	0.996 99	0.996 97	0.996 94	0.996 91	0.996 89	0.996 86	0.996 84

表2 无水乙醇在不同温度下的密度 单位：g/cm³

T/℃	0.0	0.1	0.2	0.3	0.4	0.5	0.6	0.7	0.8	0.9
18	0.791 05	0.790 96	0.790 88	0.790 79	0.790 71	0.790 62	0.790 54	0.790 45	0.790 37	0.790 28
19	0.790 20	0.790 11	0.790 02	0.789 94	0.789 85	0.789 77	0.789 68	0.789 60	0.789 51	0.789 43
20	0.789 34	0.789 26	0.789 17	0.789 09	0.789 00	0.788 92	0.788 83	0.788 74	0.788 66	0.788 57
21	0.788 49	0.788 40	0.788 32	0.788 23	0.788 15	0.788 06	0.787 97	0.787 89	0.787 80	0.787 72
22	0.787 63	0.787 55	0.787 46	0.787 38	0.787 29	0.787 20	0.787 12	0.787 03	0.786 95	0.786 86
23	0.786 78	0.786 69	0.786 60	0.786 52	0.786 43	0.786 35	0.786 26	0.786 18	0.786 09	0.786 00
24	0.785 92	0.785 83	0.785 75	0.785 66	0.785 58	0.785 49	0.785 40	0.785 32	0.785 23	0.785 15
25	0.785 06	0.784 97	0.784 89	0.784 80	0.784 72	0.784 63	0.784 54	0.784 46	0.784 37	0.784 29

YBB 00092003—2015

水蒸气透过量测定法
Shuizhengqi Touguoliang Cedingfa
Test for Water Transmission

水蒸气透过量系指在规定的温度、相对湿度，一定的水蒸气压差下，试样在一定时间内透过的水蒸气的量。

药用薄膜、薄片及药用铝箔的水蒸气透过量系指在规定的温度、相对湿度，一定的水蒸气压差和一定厚度的条件下，1平方米的试样在24 h内透过的水蒸气的量。单位为：$g/(m^2 \cdot 24\,h)$。

液体瓶水蒸气透过量系指在规定的温度、相对湿度环境中，一定时间内瓶中水分损失的百分比。单位为：%。

固体瓶水蒸气透过量系指在规定的温度、相对湿度环境中，每升容量的瓶在24 h内透入的水蒸气量。单位为：$mg/(24\,h \cdot L)$。

输液用容器水蒸气透过量系指在规定的温度、相对湿度环境中，一定时间内容器中水分损失的百分比。单位为：%。

第一法　杯式法

一般适用于水蒸气透过量不低于 $2\,g/(m^2 \cdot 24\,h)$ 的薄膜、薄片。杯式法系指将试样固定在特制的透湿杯上，通过测定透湿杯的重量增量来计算药用薄膜、薄片及药用铝箔的水蒸气透过量的分析方法。

仪器装置

（1）恒温恒湿箱：恒温恒湿箱温度精度为 ±0.6 ℃；相对湿度精度为 ±2%；风速为 0.5~2.5 m/s。恒温恒湿箱关闭之后，15 min 内应重新达到设定的温、湿度。

（2）透湿杯：应由质轻、耐腐蚀、不透水、不透气的材料制成（图1）。有效测定面积不得低于 $25\,cm^2$。

（3）分析天平：灵敏度为 0.1 mg。

（4）干燥器。

（5）密封蜡：密封蜡应在温度 38 ℃、相对湿度 90% 条件下暴露不会软化变形。若暴露表面积为 $50\,cm^2$，则在 24 h 内质量变化不能超过 1 mg。例如：石蜡（熔点为 50~52 ℃）与蜂蜡的配比约为 85:15。

（6）干燥剂：无水氯化钙粒度为 0.60~2.36 mm。使用前应在 200 ℃ ± 2 ℃ 烘箱中，干燥 2 h。

透湿杯：组装图见图1：

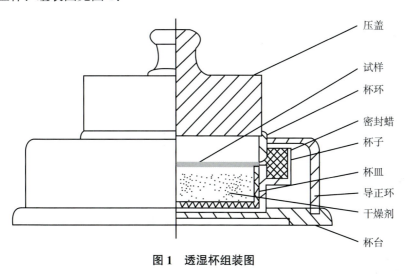

图 1　透湿杯组装图

试验条件除另有规定外，A：温度 23 ℃ ± 0.5 ℃，相对湿度 90% ± 2%。
B：温度 38 ℃ ± 0.5 ℃，相对湿度 90% ± 2%。

测定法除另有规定外，选取平整、无可见缺陷的试样三片，分别用圆片冲刀冲切，试样直径应介于杯环直径与杯子直径之间。将干燥剂放入清洁的杯皿中，加入量应使干燥剂距试样表面约 3 mm 为宜。将盛有干燥剂的杯皿放入杯子中，然后将杯子放到杯台上，试样放在杯子正中，加上杯环后，用导正环固定好试样的位置，再加上压盖。小心地取下导正环，将熔融的密封蜡浇灌至杯子的凹槽中，密封蜡凝固后不允许产生裂纹及气泡。待密封蜡凝固后，取下压盖和杯台，并清除粘在透湿杯边及底部的密封蜡。在 23 ℃ ± 2 ℃ 环境中放置 30 min，称量封好的透湿杯。将透湿杯放入已调好温度、湿度的恒温恒湿箱中，16 h 后从箱中取出，放在处于 23 ℃ ± 2 ℃ 环境中的干燥器中，平衡 30 min 后进行称量，称量后将透湿杯重新放入恒温恒湿箱内，以后每两次称量的间隔时间为 24、48 或 96 h，称量前均应先放在处于 23 ℃ ± 2 ℃ 环境中的干燥器中，平衡 30 min。直到前后两次质量增量相差不大于 5% 时，方可结束试验。（注：每次称量后应轻微晃动杯子中的干燥剂，使其上下混合；干燥剂吸湿总增量应小于 10%）同时取一个试样进行空白试验。（注：空白试验系指除杯中不加干燥剂外，其他试验步骤同样品试验）。水蒸气透过量（WVT）按下式进行计算：

$$WVT = \frac{24 \times (\Delta m_1 - \Delta m_2)}{A \times t}$$

式中，WVT 为水蒸气透过量，$g/(m^2 \cdot 24\ h)$；t—质量增量稳定后的两次间隔时间，h；Δm_1—t 时间内的样品试验试样质量增量，g；Δm_2—t 时间内的空白试验试样质量增量，g；A—试样透水蒸气的面积，m^2。

试验结果以三个试样的算术平均值表示，每一个试样测定值与算术平均值的偏差应不得过 ±10%。

第二法 电解分析法

电解分析法系指水蒸气遇电极电解为氢气和氧气，通过电解电流的数值计算出单位时间内透过单位面积试样的水蒸气透过总量的水蒸气透过量分析方法。

仪器装置水蒸气透过量测定仪，仪器主要包括以下几部分。

透湿室：上端测试皿包含一个在饱和盐溶液中浸泡过的毛玻璃板，以保持试样一端的水蒸气，下端与电解槽相通。

测试装置：精度为读数的 ±2%，不小于 0.01 g/（$m^2 \cdot 24$ h）。

试验条件除另有规定外，A：温度 23 ℃ ± 0.5 ℃，相对湿度 85% ± 2%。

B：温度 38 ℃ ± 0.5 ℃，相对湿度 90% ± 2%。

测定法除另有规定外，选取平整无可见缺陷的试样三片，进行试验，所需相对湿度可通过盐溶液调节。配制方法见表1，当显示的值已稳定一段时间后，测试结束（当相邻 3 次电流采样值波动幅度不大于 5% 时，可视为电流已保持恒定，水蒸气渗透量达到稳定状态）。

表1 控制相对湿度的盐溶液配制表

温度（℃）	相对湿度（%）	溶液
23	85	KCl 饱和溶液
38	90	KNO_3 饱和溶液

试验以三个试样的算术平均值表示，每一个试样测定值与算术平均值的偏差应不得过 ±10%。按下式计算每个试样的水蒸气透过率。

$$WVT = 8.067 \times I/A$$

式中，WVT 为试样的水蒸气透过量，g/（$m^2 \cdot 24$ h）；A 为试样的透过面积，m^2；I 为电解电流，A；8.067 为仪器常数，g/（A·24 h）。

第三法 重量法

（1）适用于口服、外用液体瓶

仪器装置①恒温恒湿箱：恒温恒湿箱温度精度为 ±0.6 ℃；相对湿度精度为 ±2%；风速为 0.5 ~ 2.5 m/s。恒温恒湿箱关闭之后，15 min 内应重新达到规定的温、湿度。

②分析天平：灵敏度为 0.1 mg。

试验条件除另有规定外，A：温度 40 ℃ ± 2 ℃，相对湿度 25% ± 5%。

B：温度 25 ℃ ± 2 ℃，相对湿度 40% ± 5%。

C：温度 30 ℃ ± 2 ℃，相对湿度 35% ± 5%。

测定法除另有规定外,取试验瓶适量,在瓶中加入水至标示容量,旋紧瓶盖,精密称重。然后将试瓶置于恒温恒湿箱中,放置14天,取出后,室温放置45 min后,精密称定。按下式计算重量损失的百分比。

$$水分损失百分率 = \frac{W_1 - W_2}{W_1 - W_0} \times 100\%$$

式中,W_1 为试验前液体瓶及水溶液的重量,g;W_0 为空液体瓶重量,g;W_2 为实验后液体瓶及水溶液的重量,g。

(2)适用于固体瓶

仪器装置①恒温恒湿箱:恒温恒湿箱温度精度为 ±0.6 ℃;相对湿度精度为 ±2%;风速为0.5~2.5 m/s。恒温恒湿箱关闭之后,15 min内应重新达到规定的温、湿度。

②分析天平:灵敏度为 0.1 mg。

试验条件除另有规定外,

A:温度 40 ℃±2 ℃,相对湿度 75%±5%

B:温度 30 ℃±2 ℃,相对湿度 65%±5%

C:温度 25 ℃±2 ℃,相对湿度 75%±5%

测定法除另有规定外,取试验瓶适量,用干燥绸布擦净每个试瓶,将瓶盖连续开、关 30 次后,在试瓶内加入干燥剂无水氯化钙(除去过 4 目筛的细粉,置 110 ℃ 干燥 1 h):20 mL 或 20 mL 以上的试瓶,加入干燥剂至距瓶口 13 mm 处;小于 20 mL 的试瓶,加入的干燥剂量为容积的 2/3,立即将盖盖紧。另取两个试瓶装入与干燥剂相等量的玻璃小球,作对照用。试瓶紧盖后分别称定重量,然后将试瓶置于恒温恒湿箱中,放置 72 h,取出,用干燥绸布擦干每个试瓶,室温放置 45 min,分别称定。按下式计算水蒸气渗透量:

$$水蒸气透过量(mg/24 h \cdot L) = \frac{1000}{3V}[(T_t - T_i) - (C_t - C_i)]$$

式中,V 为试瓶的容积,mL;T_i 为试瓶试验前的重量,mg;C_i 为对照瓶试验前的平均重量,mg;T_t 为试瓶试验后的重量,mg;C_t 为对照瓶试验后的平均重量,mg。

(3)适用于输液用容器

仪器装置①恒温恒湿箱:恒温恒湿箱温度精度为 ±0.6 ℃;相对湿度精度为 ±2%;风速为0.5~2.5 m/s。恒温恒湿箱关闭之后,15 min内应重新达到规定的温、湿度。

②分析天平:灵敏度为 1 mg。

试验条件除另有规定外,

A:温度 40 ℃ ± 2 ℃,相对湿度 25% ± 5%

B:温度 25 ℃ ± 2 ℃,相对湿度 40% ± 5%

C:温度 30 ℃ ± 2 ℃,相对湿度 35% ± 5%

测定法除另有规定外,取装液容器数个,精密称重。然后将容器置于恒温恒湿箱中,放置 14 天,取出后,室温放置 45 min 后,精密称定。按下式计算重量损失:

$$水分损失百分率 = \frac{W_1 - W_2}{W_1} \times 100\%$$

式中,W_1 为试验前液体瓶及水溶液的重量,g;W_2 为试验后液体瓶及水溶液的重量,g。

第四法 红外检测器法(仲裁法)

红外检测器法系指当样品置于测试腔时,样品将测试腔隔为两腔,样品一边为低湿腔,另一边为高湿腔,里面充满水蒸气且温度已知,由于存在一定的湿度差,水蒸气从高湿腔通过样品渗透到低湿腔,由载气传送到红外检测器产生一定量的电信号,当试验达到稳定状态后,通过输出的电信号计算出样品水蒸气透过量的分析方法。

仪器装置红外透湿仪示意图见图 2,透湿仪由湿度调节装置、测试腔、红外检测器、干燥管及流量表等组成。高湿腔的湿度调节可采用载气加湿的方式或饱和盐溶液的方式调节,红外检测器与低湿腔相连测定水蒸气浓度。

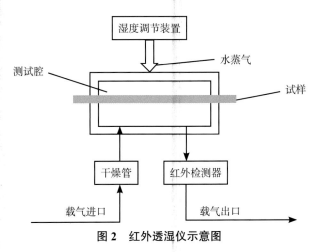

图 2 红外透湿仪示意图

红外传感器对水蒸气的灵敏度至少为 1 ug/L 或 1 mm^3/dm^3。

试验条件

应优先从表 2 中选择测试条件,也可根据实际需要变动测试条件。

测定法

除另有规定外,选取具有代表性、厚度均匀、无皱褶、折痕、针孔及其他缺陷的试样三片,样品应在温度 23 ℃±2℃,相对湿度 50%~100% 的条件下,进行状态调节,调节时间至少 4 h。然后进行试验,当仪器显示的值已稳定一段时间后,测试结束(试验稳定时输出的电压值或仪器显示的水蒸气透过率值变化在 5% 以内,如果输出值变化未在 5% 以内,应在报告里加以说明)。

表 2　测试条件

序号	温度(℃)	相对湿度(%)
1	25±0.5	90±2
2	38±0.5	90±2
3	40±0.5	90±2
4	23±0.5	85±2
5	25±0.5	75±2

注:试验具体操作如零点漂移测定、载气流量调节等等应根据所测材料阻隔性能的高低,按照仪器使用说明书的要求进行。

试验结果以所测三个试样的算术平均值表示,结果若小于 1,小数点后保留 2 位;大于 1,则保留两位有效数字。按照下式计算每个样品水蒸气透过量:

$$WVT = \frac{S \times (E_S - E_0)}{(E_R - E_0)} \times \frac{A_R}{A_S}$$

式中,WVT 为水蒸气透过量,g/(m²·24 h);E_0 为零点漂移值电压,V;E_R 为参考膜测试稳定时电压,V;S 为参考膜水蒸气透过量,g/(m²·24 h);E_S 为样品测试稳定时电压,V;A_R 为—参考膜测试面积,m²;A_S 为样品测试面积,m²。

YBB 00082003—2015

气体透过量测定法
Qiti Touguoliang Cedingfa
Test for Gas Transmission

气体透过量系指在恒定温度和单位压力下，在稳定透过时，单位时间内透过试样单位面积的气体的体积。以标准温度和压力下的体积值表示，单位为：$cm^3/(m^2·24\,h·0.1\,MPa)$。

气体透过系数系指在恒定温度和单位压力差下，在稳定透过时，单位时间内透过试样单位厚度、单位面积的气体的体积。以标准温度和压力下的体积值表示，单位为：$cm^3·cm/(m^2·s·Pa)$。

测试环境：温度 23 ℃ ± 2 ℃，相对湿度 50% ± 5%

第一法　压差法

药用薄膜或薄片将低压室和高压室分开，高压室充约 0.1 MPa 的试验气体，低压室的体积已知。试样密封后用真空泵将低压室内的空气抽到接近零值。用测压计测量低压室的压力增量 Δp，可确定试验气体由高压室透过试样到低压室的以时间为函数的气体量，但应排除气体透过速度随时间而变化的初始阶段。

仪器装置　气体透过量测定仪，仪器主要包括以下几部分：

透气室：由上下两部分组成，当装入试样时，上部为高压室，用于存放试验气体。下部为低压室，用于贮存透过的气体并测定透气过程中的前后压差，上下两部分均装有试验气体的进样管。

测压装置：高、低压室应分别有一个测压装置，低压室测压装置的准确度应不低于 6 Pa。

真空泵：应能使低压室的压力不大于 1 Pa。

压差法气体透过量测定仪示意图见图 1。

测定法除另有规定外，选取平整无可见缺陷的试样三片，在 23 ℃ ± 2 ℃ 环境下，置于干燥器中，放置 48 h 以上，进行以下试验（也可按仪器使用说明书操作）。

按 GB/T6672 测量试样厚度，至少测量 5 个点，取算术平均值。在试验台密封圈处涂一层真空油脂，将试样置于试验台上，轻轻按压，使试样与试样台上的真空油脂良好接触，试样应保持平整，不得有皱褶。开启低压室排气阀，开始抽真空，试样在真空下应紧贴试验台，盖好上盖并紧固。打开高压室排气阀，开始抽真空直到 27 kPa 以下，并持续脱气以排除试样所吸附的气体和水蒸气。脱气结束后，打开试验气瓶和气源开关向高压室充试验气体,气体流量为每分钟 100 mL,高压室的气体压力应在 $1.0 \times 10^5 \sim 1.1 \times 10^5$ Pa 范围内。关闭高、低压室排气阀,开始透气试验。为剔除开始试验时的非线性阶段,应进行 10 min 的预透气试验,继续试验直到在相同的时间间隔内压差的变化保持恒定,达到稳定透过。气体透过量(Qg)按下式进行计算:

$$Q_g = \frac{\Delta P}{\Delta t} \times \frac{V}{S} \times \frac{T_0}{P_0 T} \times \frac{24}{(P_1 - P_2)}$$

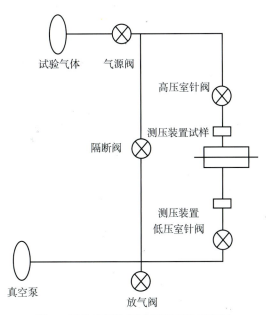

图 1　压差法气体透过量测定仪示意图

式中,Q_g 为材料的气体透过量,cm³/(m²·24 h·0.1 MPa);$\Delta P/\Delta t$ 为在稳定透过时,单位时间内低压室气体变化的算术平均值,Pa/h;V 为低压室体积,cm³;S 为试样的试验面积,m²;T 为试验温度,K;$P_1 - P_2$ 为试样两侧的压差,Pa;T_0 为标准状态下的温度(273.15 K);p_0 为标准状态下的压力($1.013\,3 \times 10^5$ Pa)。

试验结果以三个试样的算术平均值表示,每一个试样测定值与算术平均值的偏差应不得过 ±10%。气体透过系数(pg)按下式进行计算:

$$P_g = \frac{\Delta P}{\Delta t} \times \frac{V}{S} \times \frac{T_0}{P_0 T} \times \frac{D}{(P_1 - P_2)} = 1.1574 \times 10^{-9} Q_g \times D$$

式中,P_g 为材料的气体透过率,cm³·cm/(m²·s·Pa);$\Delta P/\Delta t$ 为在稳定透过时,单位时间内低气压室气体压力变化的算术平均值,Pa/s;T 为试验温度,K;D 为试样厚度,cm。

试验结果以三个试样的算术平均值表示。

气体透过量和气体透过系数也可由仪器所带的计算机按规定程序计算后输出或打印在记录纸上。

第二法 电量分析法（本法仅适用于检测氧气透过量）

试样将透气室分成两部分。试样的一侧通氧气，另一侧通氮气载气。透过试样的氧气随氮气载气一起进入电量分析检测仪中进行化学反应并产生电压，该电压与单位时间内通过电量分析检测仪的氧气成正比。

仪器装置电量分析法气体透过量测试仪，仪器主要包括以下几部分。

透气室：测试面积已知，应在 50 cm^2 到 100 cm^2。

载气通道：通常为氮气。

电量分析探测器：气体分析用电极。

检测装置：灵敏度不小于 0.05 cm^3/（m^2·24 h·0.1 MPa）。

电量分析法 氧气透过量测试仪示意图见图 2。

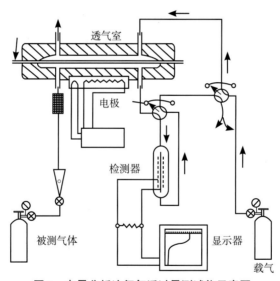

图 2 电量分析法氧气透过量测试仪示意图

测定法除另有规定外，选取厚度均匀、无皱褶、折缝、针孔及其他缺陷的试样三片，在 23 ℃±2 ℃ 环境下，置于干燥器中，放置 48 h 以上，按 GB/T 6672—2001 测量试样厚度，至少测量 5 个点，取算术平均值。

将样品放入透气室进行试验，当显示的值已稳定一段时间后，测试结束。试验结果以三个试样的算术平均值表示，每一个试样测定值与算术平均值的偏差应不得过 ±10%。

YBB 00102003—2015

剥离强度测定法
Boli Qiangdu Cedingfa
Tests for Peel Strength

本法适用于塑料复合在塑料或其他基材（如铝箔、纸等）上的各种软质、硬质复合塑料材料剥离强度的测定。

剥离强度系指将规定宽度的试样，在一定速度下，进行T形剥离，测定复合层与基材的平均剥离力。

测定法　取试样适量，将试样宽度方向两端除去50 mm，均匀截取纵、横向宽度为15.0 mm±0.1 mm，长度200 mm的试样各5条。复合方向为纵向。试样应在温度23 ℃±2 ℃，相对湿度50%±5%的环境中，放置4 h以上，并在上述条件下进行试验。沿试样长度方向将复合层与基材预先剥开50 mm，被剥开部分不得有明显损伤。若试样不易剥开，可将试样一端约20 mm浸入适当的溶剂（常用乙酸乙酯、丙酮）中处理，待溶剂完全挥发后，再进行剥离强度的试验。

若复合层经上述方法的处理，仍不能与基材分离，则试验不可进行，判断为不能剥离。

将试样剥开部分的两端分别夹在试验机上下夹具中，使试样剥开部分的纵轴与上、下夹具中心连线重合，并松紧适宜。试验时，未剥开部分与拉伸方向呈T型，见图1，试验速度为300 mm/min±30 mm/min，记录试样剥离过程中的剥离力曲线。

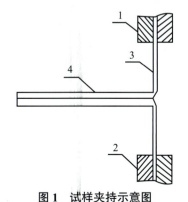

图1　试样夹持示意图

1.上夹具；2.下夹具；3.试样剥开部分；4.未剥离试样

试验结果：参照图2三种典型曲线采取其中相近的一种取值方法，算出平均剥离强度。每组试样分别计算其纵、横向剥离强度算术平均值,取两位有效数字,单位以 N/15 mm 表示。

若复合层不能剥离或复合层断裂时,其剥离强度为合格。

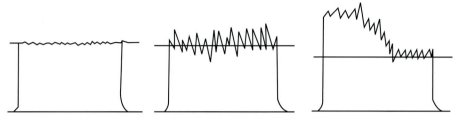

图 2　剥离力典型曲线的取值(虚线示值为试样的平均值)

YBB 00112003—2015

拉伸性能测定法
Lashen Xingneng Cedingfa
Tests for Tensile Properties

本法适用于塑料薄膜和片材（厚度应不大于1 mm）的拉伸强度和断裂伸长率的测定。

拉伸强度系指在拉伸试验中，试验直至断裂为止，单位初始横截面上承受的最大拉伸负荷。

断裂伸长率系指在拉伸试验中，试样断裂时，标线间距离的增加量与初始标距之比，以百分率表示。

仪器装置仪器应有适当的夹具，夹具应使试样长轴与通过夹具中心线的拉伸方向重合，夹具应尽可能避免试样在夹具处断裂，并防止被夹持试样相对于夹具中滑动。夹具的移动速度应满足试验要求。仪器的示值误差应在±1%内。

试样形状及尺寸

本方法规定使用四种类型的试样，Ⅰ、Ⅱ、Ⅲ型为哑铃形试样。见图1~图3。Ⅳ型为长条形试样，宽度10~25 mm，总长度不小于150 mm，标距至少为50 mm。试样形状和尺寸根据各品种项下规定进行选择。

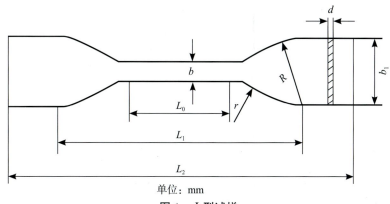

图1 Ⅰ型试样

L_2.总长120；L_1.夹具间初始距离86±5；L_0.标线间距离40±0.5；d-厚度；R.大半径25±2；r.小半径14±1；b.平行部分宽度10±0.5；b_1.端部宽度25±0.5。

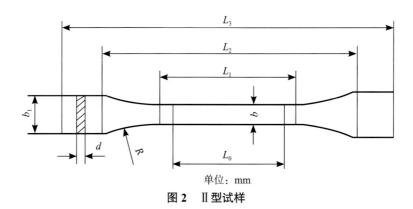

图 2　Ⅱ型试样

L_3. 总长 115；L_2. 夹具间初始距离 80±5；L_1. 平行部分长度 33±2；L_0. 标线间距离 25±0.25；R. 大半径 25±2；b. 平行部分宽度 6±0.4；b_1. 端部宽度 25±1；d. 厚度。

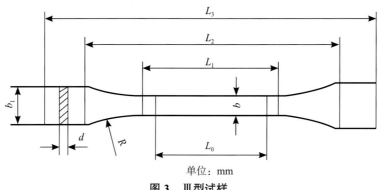

图 3　Ⅲ型试样

L_3. 总长 150；L_2. 夹具间初始距离 115±5；L_1. 平行部分长度 60±0.5；d. 厚度；L_0. 标线间距离 50±0.55；R- 半径 60；b. 平行部分宽度 10±0.5；b_1. 端部宽度 20±0.5。

试样制备　试样应沿纵、横方向大约等间隔裁取。哑铃形及长条形试样可用冲刀冲制，长条形试样也可用在标准试片截取板上用裁刀截取。试样边缘必须平滑无缺口损伤，按试样尺寸要求准确打印或画出标线。此标线应对试样产品不产生任何影响。

试样按每个试验方向为一组，每组试样不少于 5 个。试样应在 23 ℃±2 ℃、50%±5% 相对湿度的环境中放置 4 h 以上，并在此条件下进行试验。

试验速度（空载）

a. 1 mm/min ± 0.2 mm/min；

b. 2 mm/min ± 0.4 mm/min 或 2.5 mm/min ± 0.5 mm/min；

c. 5 mm/min ± 1 mm/min；

d. 10 mm/min ± 2 mm/min；

e. 30 mm/min ± 3 mm/min 或 25 mm/min ± 2.5 mm/min；

f. 50 mm/min ± 5 mm/min；

g. 100 mm/min ± 10 mm/min；

h. 200 mm/min ± 20 mm/min 或 250 mm/min ± 25 mm/min；

i. 500 mm/min ± 50 mm/min。

应按各品种项下规定的要求选择速度。如果没有规定速度，则硬质材料和半硬质材料选用较低的速度，软质材料选用较高的速度。

测定法

（1）用上、下两侧面为平面的精度为 0.001 mm 的量具测量试样厚度，用精度为 0.1 mm 的量具测量试样宽度。每个试样的厚度及宽度应在标距内测量三点，取算术平均值。长条形试样宽度和哑铃型试样中间平行部分宽度应用冲刀的相应部分的平均宽度。

（2）将试样置于试验机的两夹具中，使试样纵轴与上、下夹具中心连线相重合，夹具松紧适宜，以防止试样滑脱或在夹具中断裂。

（3）按规定速度开动试验机进行试验。试样断裂后读取断裂时所需负荷以及相应的标线间伸长值。若试样断裂在标线外的部位时，此试样作废。另取试样重做。

结果的计算和表示

拉伸强度 按下式计算：

$$\sigma_t = \frac{p}{bd}$$

式中，σ_t 为拉伸强度，MPa；p 为最大负荷、断裂负荷，N；b 为试样宽度，mm；d 为试样厚度，mm。

断裂伸长率 按下式计算：

$$\varepsilon_t = \frac{L - L_0}{L_0} \times 100\%$$

式中，ε_t 为断裂伸长率，%；L_0 为试样原始标线距离，mm；L 为试样断裂时标线间距离，m。

分别计算纵、横试验结果的平均值表示结果。

YBB 00122003—2015

热合强度测定法
Rehe Qiangdu Cedingfa
Tests for Welding Strength

本法适用于塑料热合在塑料或其他基材（如铝箔等）上的热合强度及塑料复合袋的热合强度的测定。

试样制备材料：根据产品项下规定的热合条件，将试样在热封仪上进行热合。从热合中间部位纵向、横向裁取 15.0 mm ± 0.1 mm 宽的试样各 5 条。

复合袋：如图1所示，在复合袋的侧面、背面、顶部和底部，与热合部位成垂直方向上裁取 15.0 mm ± 0.1 mm 宽的试样总共 10 条，各部位取样条数相差不得超过一条。展开长度 100 mm ± 1 mm，若展开长度不足 100 mm ± 1 mm 时，可按图2所示，用胶粘带黏接与袋相同材料，使试样展开长度满足 100 mm ± 1 mm 要求。

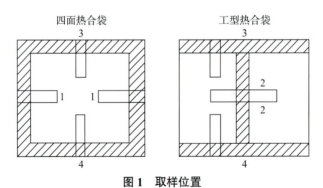

图 1　取样位置

1. 侧面热合；2. 背面热合；3. 顶部热合；4. 底部热合

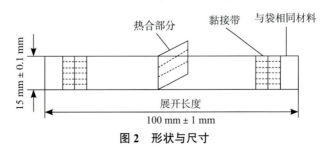

图 2　形状与尺寸

试样应在温度 23 ℃ ± 2 ℃，相对湿度 50% ± 5% 环境中放置 4 h 以上，并在此条件下进行试验。

测定法　取试样，以热合部位为中心，打开呈180°，把试样的两端夹在试验机的两个夹具上，试样轴线应与上下夹具中心线相重合，并要求松紧适宜，以防止试验前试样滑脱或断裂在夹具内。夹具间距离为 50 mm，试验速度为 300 mm/min ± 20 mm/min，读取试样分离或断裂时的最大载荷。（拉力试验机示值误差应在 ±1% 之内）。

若试样断在夹具内，则此试样作废，另取试样重做。

结果判定　试验结果，材料以纵向、横向 5 个试样的算术平均值，复合袋以不同热合部位 10 个试样的平均值作为该产品的热合强度，单位以 N/15 mm 表示。

YBB 00292004—2015

加热伸缩率测定法
Jiare Shensuolü Cedingfa
Test Method for Thermal Tensile Ratio

本方法适用于各类药用塑料硬片的加热伸缩率的测定。加热伸缩率系指样品在一定时间内经受一定温度后尺寸的变化,以标点间距离的变化量与初始标点间距离之比的百分率表示。

仪器装置

(1)加热装置:烘箱或老化实验箱,温度控制精度为 ±1 ℃。

(2)测量用尺:测量精度为:±0.2 mm。测定法

从硬片上切取正方形试片二片(图1),每片边长分别为 120 mm ± 1 mm。在中心点位置,用刀片切透,划出标点间距为 100 mm ± 1 mm 的二条互相垂直线纵向AB、横向CD,再分别在两条线的顶端划出刻痕,准确测定每片AB、CD线段长度后分别取算术平均值(L1)。

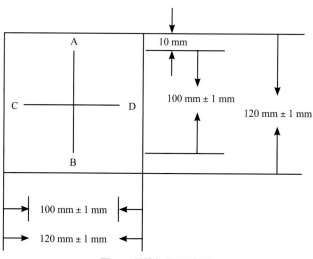

图1 硬片切取示意图

将试片平放在玻璃或金属板上,不应影响试片的自由变形,水平放置于 100 ℃ ± 1 ℃ 的加热装置内,保持 10 min,取出冷却至室温,然后分别准确测定每片AB、CD线段长度后分别取算术平均值(L2)。

结果表示加热伸缩率(S)按下式计算:

$$S = \frac{L_2 - L_1}{L_1} \times 100\%$$

式中，S——加热伸缩率，%；L_1——加热前 AB 或 CD 标点间的距离，mm；L_2——加热后 AB 或 CD 标点间的距离，mm。

YBB 00292004—2015

氯乙烯单体测定法
Lüyixi Danti Cedingfa
Tests for Determination of Vinyl Chloride Monomer

本标准适用于聚氯乙烯产品中残留氯乙烯单体的测定。

本法以气–液平衡为基础，试样在密封容器内，用合适的溶剂溶解。在一定温度下，氯乙烯单体向空间扩散，达到平衡后，取定量顶空气体注入气相色谱中测定，以保留时间定性，以峰面积定量。

本法照气相色谱法（《中华人民共和国药典》2015年版四部通则0521）测定。

色谱条件与系统适应性试验

1. 填充柱：上试407有机担体，60～80目，200 ℃老化4 h。

测定条件（供参考）：柱温100 ℃，进样口温度150 ℃，氮气20 mL/min，氢气30 mL/min，空气300 mL/min。检测器：火焰离子化检测器（FID）

理论板数：不得低于500。

2. 毛细管柱：固定相为聚苯乙烯–二乙烯苯（如HP-PLOTQ0.53 mm×40 μm×30 m）。

测定条件（供参考）：柱温150 ℃，进样口温度200 ℃，检测器温度210 ℃，氮气5 mL/min，氢气40 mL/min、空气400 mL/min、分流比5∶1。

检测器：火焰离子化检测器（FID）。

理论板数：不得低于5 000。

分离度：测物质与相邻色谱峰的分离度应大于1.5。

3. 测定结果的相对标准偏差不大于10%。

供试品溶液的制备　将供试品剪成细小颗粒，取0.5～1.0 g，精密称定，置于20 mL顶空瓶中，加3 mLN,N二甲基乙酰胺（DMAC）后，立即压盖密闭，振摇使完全溶解或充分溶胀。

测定法除另有规定外，测定方法一般采用第一法；当第一法测定结果不符合规定时，应采用第二法进行复验或测定。

第一法　外标法

对照溶液的制备　精密量取氯乙烯标准物质适量，用标准物质用的稀释溶剂稀释，配制成适宜浓度的对照溶液，取适量注入预先已加入3 mL DMAC的20 mL顶空瓶中（通常对照溶液的色谱峰面积与供试品中对应的色谱峰面积比值不超过2倍），立即压盖密闭。

取对照溶液和供试品溶液，分别置于 70 ℃ ± 1 ℃ 的条件下平衡 30 min（如手动进样，进样器预热至相同温度）。取 1 mL 瓶内气体注入气相色谱仪中，记录色谱图，测量对照溶液和供试品溶液氯乙烯的峰面积，计算。

第二法 标准曲线法

标准曲线对照溶液的制备　精密量取氯乙烯标准物质适量，用标准物质用的稀释溶剂稀释，配制成浓度为 0.2 mg/mL 的对照溶液。取 20 mL 顶空瓶数个，预先各加 3 mL 的 DMAC，用微量注射器吸取 5 μL、10 μL、15 μL、20 μL、25 μL 的对照溶液分别注入各顶空瓶，立即压盖密闭，配成 1 μg、2 μg、3 μg、4 μg、5 μg 的氯乙烯标准曲线对照溶液（必要时可根据供试品实际情况调整线性范围），分别置于 70 ℃ ± 1 ℃ 的条件下，平衡 30 min（如手动进样，进样器预热至相同温度）。取 1 mL 瓶内气体注入气相色谱仪中，记录色谱图，测量峰面积，绘制峰面积标准曲线。

取供试液，置于 70 ℃ ± 1 ℃ 的条件下平衡 30 min（如手动进样，进样器预热至相同温度）。取 1 mL 瓶内气体注入气相色谱仪中，记录色谱图，根据供试品溶液中氯乙烯峰面积，从标准曲线上求得供试品中氯乙烯质量，按下式计算出供试品中氯乙烯单体含量：

$$x = \frac{m_1}{m_2}$$

式中，x——供试品中氯乙烯单体含量，μg/g；m_1——标准曲线上求出的供试品溶液中氯乙烯质量，μg；m_2——供试品质量，g。

YBB 00152003—2015

偏二氯乙烯单体测定法
Pianerlüyixi Danti Cedingfa
Tests for Determination of Ethylene Dichloride

本法适用于聚偏二氯乙烯产品中残留偏二氯乙烯单体的测定。

本法以气—固平衡为基础，在密封容器内，在一定的温度下，试样中残留的偏二氯乙烯迅速地向空间扩散，达到平衡后，取定量顶空气体注入色谱仪中分析，以保留时间定性，峰面积定量。

本法照气相色谱法（《中华人民共和国药典》2015年版四部通则0521）测定。

色谱条件与系统适用性试验

1.填充柱（推荐）：固定相为涂有2.5%邻苯二甲酸二辛酯和2.5%有机皂土34[Bentone34][二甲基双十八烷基铵皂土]的102硅藻土担体的填充柱。

测定条件（推荐）：柱温70 ℃，进样口温度130 ℃，检测温度130 ℃，氮气25 mL/min，氢气30 mL/min，空气400 mL/min。

检测器：火焰离子化检测器（FID）。

理论板数：不得低于5 000。

2.毛细管柱（推荐）：固定液为聚乙二醇（如HP-INNOWax 0.53 mm × 1 μm × 30 m）。

测定条件（推荐）：柱温80 ℃，进样口温度180 ℃，检测器温度190 ℃，氮气5 mL/min，氢气40 mL/min、空气450 mL/min、分流比5∶1。

检测器：火焰离子化检测器（FID）。

理论板数：不得低于5 000。

待测物质与相邻色谱峰的分离度应大于1.5。

3.测定结果的相对标准偏差不大于10%。

供试品的制备　将供试品剪成细小颗粒，取1.0 g，精密称定，放入20 mL顶空瓶中，压盖密闭。

测定法除另有规定外，测定方法一般采用第一法；当第一法测定结果不符合规定时，应采用第二法进行复验或测定。

第一法　外标法

对照溶液的制备　精密量取偏二氯乙烯标准物质适量，用标准物质用的稀释溶剂稀释，配制成适宜浓度的对照溶液，取适量注入20 mL顶空瓶中（通常对照溶液的色谱峰面积与供试品中对应的色谱峰面积比值不超过 2 倍），立即压盖密闭。

取对照溶液和供试品，分别置于 80 ℃±1 ℃ 的条件下平衡 30 min（如手动进样，进样器预热至相同温度）。取 1 mL 瓶内气体注入气相色谱仪中，记录色谱图，测量对照溶液和供试品偏二氯乙烯的峰面积，计算。

第二法　标准曲线法

标准曲线对照溶液的制备 精密量取偏二氯乙烯标准物质适量，用标准物质用的稀释溶剂稀释，配制成浓度为 0.2 mg/mL 的对照溶液。用微量注射器吸取 5、10、15、20、25 μL 的对照溶液分别注入 20 mL 顶空瓶中，立即压盖密闭，分别配成 1、2、3、4、5 μg 的偏二氯乙烯标准曲线对照溶液（必要时可根据供试品实际情况调整线性范围），分别置于 80 ℃±1 ℃ 的条件下平衡 30 min。取 1 mL 瓶内气体注入气相色谱仪中，记录色谱图，测量峰面积，绘制峰面积标准曲线。

取供试品，置于 80 ℃±1 ℃ 的条件下平衡 30 min。取 1 mL 瓶内气体注入气相色谱仪中，记录色谱图，根据供试品中偏二氯乙烯峰面积，从标准曲线上求得供试品中偏二氯乙烯质量，按下式计算出供试品中偏二氯乙烯单体含量：

$$x = \frac{m_1}{m_2}$$

式中，x——供试品品中偏二氯乙烯单体含量，μg/g；m_1——标准曲线上求出的样品中偏二氯乙烯质量，μg；m_2——供试品质量，g。

YBB 00312004—2015

包装材料溶剂残留量测定法
Baozhuangcailiao Rongji Canliuliang Cedingfa
Test for Residue Solvent of Packaging Material

本法适用于药品包装材料中残留溶剂的测定。药包材中的残留溶剂系指药包材原辅材料和生产过程中使用的，但在药包材生产工艺过程中未能完全除去的有机挥发物。药包材中有机溶剂的残留量应符合各品种项下的规定。需要检测的溶剂种类，应根据产品配方工艺特点确定，不仅局限本标准中举例的溶剂。

本法以气–固平衡为基础，取一定面积的试样置于密封容器内，在一定的温度和时间条件下，试样中残留的有机溶剂受热挥发，达到平衡后，取顶空气体定量注入色谱仪中分析，以保留时间定性，峰面积定量。照残留溶剂测定法（《中华人民共和国药典》2015年版通则0861）测定，残留溶剂的限度应符合各品种项下的要求，其中苯及苯类每种溶剂的方法检出限应不得高于 0.01 mg/m^2，而且随着检验方法灵敏度的提高而改变。

色谱条件与系统适用性试验 色谱柱可选用能满足待测溶剂分离要求的毛细管柱或其他适宜色谱柱。

用待测物质的色谱峰计算，理论板数一般不得低于 1 000。

毛细管色谱柱除另有规定外，极性相近的同类色谱柱之间可以互代使用。理论板数：不得低于 5 000。

1. 非极性色谱柱：100% 的二甲基聚硅氧烷。
2. 极性色谱柱：聚乙二醇 PEG-20 M。
3. 中极性色谱柱：6% 氰丙基苯基 –94% 二甲基聚硅氧烷。
4. 弱极性色谱柱：5% 苯基 –95% 甲基聚硅氧烷。

一般选用：

色谱柱：INNOWAX（60 m × 0.32 mm × 0.5 μm）。

检测器：火焰离子检测器（FID）。

测定条件（供参考）：柱温起始温度 50 ℃，保持 5 min，再以每 min10 ℃ 的速率升温至 150 ℃，进样口温度 200 ℃，检测器温度 220 ℃。

分流比：10∶1。

氮气 2 mL/min，氢气 30 mL/min，空气 400 mL/min

分离度：待测物质色谱峰与其相邻色谱峰的分离度应大于 1.5。

待测物峰面积的相对标准偏差应不大于 10%。

可分离甲醇、异丙醇、丙酮、丁酮、乙酸乙酯、乙酸丁酯、苯、甲苯、乙苯、对、邻、间二甲苯等。

供试品的制备除另有规定外，将样品剪成 1 cm × 3 cm 大小，置顶空瓶中，加入两粒玻珠后，压盖，密封，平行试验 2 份。

对照品溶液的制备　分别取上述有机溶剂适量置装有约 40 mL 稀释溶剂（该溶剂应不干扰所有组分的测定，推荐使用正己烷）的 50 mL 容量瓶中，加溶剂稀释至刻度，摇匀，备用。用微量进样器精密量取适量（各组分浓度应与规定限度基本相当，总量应不高于样品中可能的总量），注入已压盖密封的顶空瓶内，平行试验 3 份。

测定法

第一法　外标法（推荐使用）

除另有规定外，将加有对照品溶液和供试品的顶空瓶，分别置于 100 ℃ ± 2 ℃ 保持 60 min。精密量取供试品和对照品的顶空瓶中相同体积的气体注入气相色谱仪中。记录色谱图，测量峰面积，按外标法计算供试品中各溶剂的含量。对照品连续进样三次，三次结果的相对偏差不大于 10%。

注：如果溶剂残留量不符合规定，应采用第二法进行测定。

第二法　标准曲线法

用微量进样器分别精密量取上述对照品溶液适量，分别注入五个已压盖密封的各顶空瓶中（线性范围根据样品待测有机溶剂实际含量确定），制成五种不同浓度的对照品。将加入对照品和供试品的顶空瓶分别置 100 ℃ ± 2 ℃ 保持 60 min，精密量取供试品和对照品相同体积的气体注入气相色谱仪中。记录色谱图，测量峰面积，绘制峰面积与对照品中相应溶剂浓度的标准曲线，并从标准曲线读出各溶剂的浓度，并计算供试品中各溶剂的含量。